计算机系列教材

傅 兵 编著

软件测试技术教程

清华大学出版社

北 京

内 容 简 介

本书全面地介绍了软件测试的基本理论、基本技术和常用方法以及近几年新的软件测试技术和方法。首先,从软件测试背景和软件开发过程入手,介绍软件测试的基本知识,以及软件质量保证 SQA、软件能力成熟度模型 CMM 和能力成熟度整合模型 CMMI 等内容;然后,全面介绍黑盒测试、白盒测试、单元测试、集成测试、系统测试等测试技术和基本方法;最后,介绍目前比较流行的自动化软件测试工具,并介绍软件测试行业的现状和发展趋势以及如何成为合格的软件测试工程师。

本书的特点是测试技术介绍全面,实践和理论并重,本书的另一个特色是实例多。本书着重介绍软件测试及管理技术理论中最重要、最精华的部分以及它们之间的融会贯通。本书既有整体框架,又有重点理论和技术。通过本课程的学习,使学生了解并掌握软件测试技术的基本内容和软件质量保证的基础知识以及具体的软件测试技术的方法、技术和工具的使用,为全面掌握软件技术和软件项目管理打下坚实的基础。本教材注重培养读者的软件测试实践能力,适应软件企业的环境和业界标准,并和国际先进的软件开发理念和软件测试技术同步。

全书共分 9 章,第 1 章绪论,第 2 章软件测试基础,第 3 章黑盒测试,第 4 章白盒测试,第 5 章单元测试,第 6 章集成测试,第 7 章系统测试,第 8 章自动化测试及工具,第 9 章软件测试行业综述。每章均附有习题,并配有内容丰富的附录。

本书适合作为高校的计算机专业、软件工程或其他相关专业高年级本科生或研究生软件测试课程的教材,同时还可作为广大软件开发人员、软件测试人员和研究人员的参考书。

图书在版编目(CIP)数据

软件测试技术教程/傅兵编著. —北京:清华大学出版社,2014(2018.1 重印)
计算机系列教材
ISBN 978-7-302-36179-4

Ⅰ. ①软… Ⅱ. ①傅… Ⅲ. ①软件-测试-高等学校-教材 Ⅳ. ①TP311.5

中国版本图书馆 CIP 数据核字(2014)第 072640 号

责任编辑:白立军 徐跃进
封面设计:常雪影
责任校对:李建庄
责任印制:王静怡

出版发行:清华大学出版社
　　　　网　　址:http://www.tup.com.cn,http://www.wqbook.com
　　　　地　　址:北京清华大学学研大厦 A 座　　　邮　编:100084
　　　　社 总 机:010-62770175　　　　　　　　　　邮　购:010-62786544
　　　　投稿与读者服务:010-62776969,c-service@tup.tsinghua.edu.cn
　　　　质量反馈:010-62772015,zhiliang@tup.tsinghua.edu.cn
　　　　课件下载:http://www.tup.com.cn,010-62795954
印 装 者:三河市君旺印务有限公司
经　　销:全国新华书店
开　　本:185mm×260mm　　印　张:18　　字　数:449 千字
版　　次:2014 年 5 月第 1 版　　　　　印　次:2018 年 1 月第 4 次印刷
印　　数:4001~5000
定　　价:34.50 元

产品编号:057164-01

随着信息时代的到来,人们对软件质量的要求越来越高;同时由于软件系统变得越来越复杂,如何提高软件质量是广大计算机技术人员所关注的,这使得软件开发人员和软件测试人员面临着巨大挑战。

基于这种情况,国内许多高校的计算机、软件工程和信息技术等相关专业纷纷开设软件测试课程以培养更多的软件测试人才。目前,市场上的软件测试教材良莠不齐,精品教材少,尤其是对软件测试技术介绍全面、深入的教材更少。为了适应当前教学和软件测试技术人员的需要,编者查阅了大量国内外有关软件测试方面的著作和文献,并结合自己多年的从业和教学经验编写了这本教材。

本书的特点是测试技术介绍全面,不但阐述了所有基本的软件测试技术,并附有许多软件测试实例,从而使读者更好地理解和掌握软件测试的基本理论,可以迅速地应用到实际测试工作中去。

全书共分9章。第1章绪论,本章主要介绍软件和软件危机、软件开发过程、软件缺陷以及著名软件缺陷案例,为学习本书的后续内容打好基础,做好准备。第2章软件测试基础,介绍软件测试的定义、软件测试的过程,软件测试的分类,软件测试的必要性,软件测试的原则等。第3章黑盒测试,介绍黑盒测试的基本概念,包括等价类划分、边界值分析法、因果图法、决策表法、正交实验设计法等。第4章白盒测试,介绍白盒测试的基本概念,详细阐述了语句覆盖、判定覆盖、条件覆盖、判定/条件覆盖、条件组合覆盖和路径覆盖等白盒测试的方法以及基于缺陷模式的测试技术等内容。第5章单元测试,主要讲解单元测试概述、对单元测试的误解、单元测试的必要性、单元测试环境和方法、单元测试策略、单元测试用例设计和单元测试过程。第6章集成测试,介绍集成测试概念、集成测试策略、测试用例设计和测试过程等。第7章系统测试,本章从性能测试、可靠性测试、安全性测试、恢复测试、备份测试、可用性测试、协议测试、文档测试、GUI测试、网站测试、α测试和β测试、回归测试等方面介绍系统测试。第8章自动化测试及工具,介绍自动化测试概述、自动化测试的实施、自动化测试工具的选择和比较。第9章软件测试行业综述,介绍了软件测试行业的现状和发展趋势,软件测试技术的发展方向以及软件测试人员职位和责任、对软件测试工程师的要求。本书的附录内容丰富,既有工具性的内容,如软件测试基本术语中英文词汇、正交表和IEEE模板;也有非常实用性的内容,如软件测试工程师面试题、软件测试工程师考试模拟试题及解析。

本书在编写过程中参阅了大量国内外同行的著作及文献，汲取了软件测试领域的最新知识。在此，对这些作者表示深深的感谢。同时，由于编者的水平有限、时间仓促，书中难免存在错误和不足之处，希望大家批评指正。

编　者

2014 年 3 月

FOREWORD

第1章 绪论 /1

1.1 软件和软件危机 /1

　　1.1.1 计算机软件 /1

　　1.1.2 软件危机 /2

1.2 软件开发 /4

　　1.2.1 软件开发过程 /5

　　1.2.2 软件开发过程模型 /6

1.3 软件缺陷 /9

　　1.3.1 软件缺陷概述 /9

　　1.3.2 软件缺陷的严重性和优先级 /11

　　1.3.3 软件缺陷分类 /13

　　1.3.4 预防和修复软件缺陷 /15

　　1.3.5 软件缺陷案例 /17

习题 /21

第2章 软件测试基础 /22

2.1 软件测试的含义 /22

　　2.1.1 软件测试的发展 /22

　　2.1.2 软件测试的基本原则 /23

　　2.1.3 软件测试与软件开发的关系 /25

2.2 软件测试模型 /26

2.3 软件测试过程 /30

2.4 软件测试基本理论 /33

　　2.4.1 软件测试用例设计 /33

　　2.4.2 软件测试方法 /36

　　2.4.3 软件测试的误区 /38

2.5 软件质量 /41

　　2.5.1 软件质量概述 /41

　　2.5.2 软件质量保证 /44

　　2.5.3 软件能力成熟度模型 /48

2.5.4　能力成熟度整合模型　/50

2.6　软件可靠性　/51

习题　/55

第3章　黑盒测试　/56

3.1　黑盒测试概述　/56

3.2　等价类划分法　/57

3.2.1　划分等价类　/57

3.2.2　设计测试用例　/58

3.2.3　等价类划分法举例　/58

3.3　边界值分析法　/63

3.3.1　边界值分析法的含义　/64

3.3.2　边界值分析法原理　/65

3.3.3　边界值分析法举例　/66

3.4　决策表法　/68

3.4.1　决策表的含义　/68

3.4.2　决策表法举例　/69

3.5　因果图分析法　/73

3.5.1　因果图法的含义　/73

3.5.2　因果图法的原理　/73

3.5.3　因果图法举例　/75

3.6　正交实验设计法　/77

3.6.1　正交实验设计法的含义　/77

3.6.2　正交实验法举例　/79

3.7　黑盒测试方法比较　/84

习题　/85

第4章　白盒测试　/87

4.1　白盒测试概述　/87

4.1.1　白盒测试含义　/87

4.1.2　黑盒测试和白盒测试的比较　/88

4.1.3　静态测试和动态测试　/90

4.1.4　程序流程图和控制流图　/91

4.2　逻辑覆盖测试　/92

4.3　白盒静态测试　/97

　　4.3.1　桌前检查　/97

　　4.3.2　代码审查　/97

　　4.3.3　代码走查　/98

　　4.3.4　代码评审和同行评审　/99

　　4.3.5　基于缺陷模式测试　/100

4.4　其他白盒测试方法　/109

　　4.4.1　程序插装测试　/109

　　4.4.2　程序变异测试　/110

　　4.4.3　循环语句测试　/111

4.5　白盒测试策略　/112

习题　/113

第5章　单元测试　/114

5.1　单元测试概述　/114

　　5.1.1　单元测试的定义　/114

　　5.1.2　单元测试的目标　/115

　　5.1.3　单元测试的任务　/115

5.2　对单元测试的误解　/116

5.3　单元测试的必要性　/119

5.4　单元测试环境和方法　/120

　　5.4.1　驱动模块和桩模块的定义　/120

　　5.4.2　驱动模块和桩模块的使用条件　/121

5.5　单元测试策略　/122

5.6　单元测试用例设计　/123

5.7　单元测试过程和单元测试工具　/124

5.8　面向对象的单元测试　/126

习题　/127

第 6 章　集成测试 /128

　　6.1　集成测试概述 /128

　　6.2　集成测试方案 /130

　　　　6.2.1　大爆炸式集成测试 /130

　　　　6.2.2　渐增式集成 /131

　　　　6.2.3　几种集成测试比较 /134

　　　　6.2.4　基于功能的集成测试 /135

　　　　6.2.5　核心系统先行集成测试 /135

　　　　6.2.6　客户/服务器集成测试 /136

　　　　6.2.7　高频集成测试 /137

　　6.3　集成测试用例设计 /138

　　6.4　集成测试过程 /139

　　习题 /141

第 7 章　系统测试 /143

　　7.1　性能测试 /146

　　　　7.1.1　性能测试概述 /146

　　　　7.1.2　压力测试 /151

　　　　7.1.3　容量测试 /153

　　　　7.1.4　负载测试 /156

　　7.2　可靠性测试 /156

　　　　7.2.1　可靠性测试方法 /156

　　　　7.2.2　可靠性测试的数学模型 /157

　　7.3　安全性测试 /159

　　　　7.3.1　安全性测试概述 /159

　　　　7.3.2　安全性测试的主要内容 /160

　　　　7.3.3　安全性测试方法 /161

　　7.4　恢复测试 /164

　　　　7.4.1　恢复测试的含义 /164

　　　　7.4.2　恢复测试的主要内容和步骤 /165

　　　　7.4.3　恢复测试中一些要注意的地方 /166

　　7.5　备份测试 /167

7.6 可用性测试 /167

　　7.6.1 可用性测试概述 /167

　　7.6.2 可用性测试的发展 /168

　　7.6.3 可用性测试方法 /168

　　7.6.4 可用性测试的必备要素 /170

　　7.6.5 可用性测试时需要注意的问题 /172

7.7 协议测试 /172

7.8 文档测试 /174

　　7.8.1 文档测试的含义 /174

　　7.8.2 文档性测试方法 /177

7.9 GUI 软件测试 /178

　　7.9.1 GUI 测试概述 /179

　　7.9.2 GUI 软件测试方法 /180

　　7.9.3 GUI 测试的几个要素 /182

　　7.9.4 GUI 测试主要内容 /185

　　7.9.5 GUI 测试常见问题 /186

7.10 网站测试 /187

　　7.10.1 网站测试的含义 /187

　　7.10.2 网站测试的主要内容 /188

7.11 α 测试和 β 测试 /192

7.12 回归测试 /194

习题 /196

第8章 自动化测试及工具 /198

8.1 自动化测试概述 /198

　　8.1.1 自动化测试的含义 /198

　　8.1.2 自动化测试的优点 /199

　　8.1.3 自动化测试的缺点 /200

　　8.1.4 自动化测试与手工测试的互补性 /201

8.2 实施自动化测试 /201

　　8.2.1 自动化测试的对象和范围 /201

　　8.2.2 自动功能测试的脚本开发 /202

8.3 自动化测试工具的选择与比较 /203

　　8.3.1 白盒测试工具 /204

　　8.3.2 黑盒测试工具 /205

　　8.3.3 测试管理工具 /206

　　8.3.4 常用自动化测试工具 /207

　　8.3.5 自动化测试工具 QTP /212

　　8.3.6 自动化测试工具 AutoRunner /216

习题 /220

第9章 软件测试行业综述 /221

9.1 软件测试的发展和现状 /221

9.2 软件测试技术的发展方向 /224

9.3 软件测试外包 /226

9.4 对软件测试工程师的要求 /228

　　9.4.1 软件测试工作特点 /229

　　9.4.2 软件测试工程师 /232

9.5 软件测试工程师考试 /236

习题 /238

附录 A 基本术语中英文词汇 /239

附录 B 正交表 /250

附录 C IEEE 模板 /259

附录 D 软件测试工程师面试题及参考答案 /261

附录 E 全国计算机等级考试四级软件测试工程师练习题 /269

参考文献 /274

第1章 绪 论

随着 1946 年第一台电子计算机的诞生,计算机软件也开始走进人们的视野。由于软件的复杂度的增加,导致软件危机的产生,由于软件缺陷引起了很多著名的软件缺陷案例,在 20 世纪 70 年代逐渐形成了软件工程的概念。

本章主要介绍软件和软件危机、软件开发过程、软件缺陷以及著名软件缺陷案例,为学习本书的后续内容打好基础,做好准备。

1.1 软件和软件危机

计算机系统分为硬件系统和软件系统。软件是软件开发的基础,软件在现代社会占有重要的地位,软件产业已经成为信息社会的支柱产业之一。

1.1.1 计算机软件

1. 软件的概念

计算机软件(Computer Software)是指计算机系统中的程序、数据及其文档。程序是计算任务的处理对象和处理规则的描述。文档是为了便于了解程序所需的阐明性资料。程序必须装入机器内部才能工作,文档一般是给人阅读的,不一定装入机器。

软件是用户与硬件之间的接口界面。用户主要是通过软件与计算机进行交流。软件是计算机系统设计的重要依据。为了方便用户,为了使计算机系统具有较高的总体效用,在设计计算机系统时,必须通盘考虑软件与硬件的结合以及用户的要求和软件的要求。

2. 计算机软件分类

计算机软件总体分为系统软件和应用软件两大类。

系统软件是负责管理计算机系统中各种独立的硬件,使得它们可以协调工作。系统软件使得计算机使用者和其他软件将计算机视为一个整体而不需要顾及底层每个硬件是如何工作的。

系统软件包括各类操作系统,如 Windows、Linux、UNIX 等,还包括操作系统的补丁程序及硬件驱动程序,这些都是系统软件类。此外,系统软件还包括一系列基本的工具软件(比如编译器、数据库管理、存储器格式化、文件系统管理、用户身份验证、驱动管理、网络连接等方面的工具)。

应用软件是为了某种特定的用途而开发的软件。它可以是一个特定的程序,比如一个图像浏览器;也可以是一组功能联系紧密,可以互相协作的程序的集合,比如微软公司的 Office 软件;还可以是一个由众多独立程序组成的庞大的软件系统,比如数据库管理系统。应用软件可以进一步细分,如工具软件、游戏软件、管理软件等都属于应用软件类。

3. 几种软件的功能

1) 操作系统

操作系统是管理、控制和监督计算机软硬件资源协调运行的程序系统,由一系列具有不同控制和管理功能的程序组成,它是直接运行在计算机硬件上的、最基本的系统软件,是系统软件的核心。操作系统是计算机发展中的产物,其主要目的有两个:一是方便用户使用计算机,是用户和计算机的接口。比如用户输入一条简单的命令就能自动完成复杂的功能,这就是操作系统帮助的结果;二是统一管理计算机系统的全部资源,合理组织计算机工作流程,以便充分、合理地发挥计算机的效率。

2) 语言处理程序(翻译程序)

机器语言是计算机唯一能直接识别和执行的程序语言。如果要在计算机上运行高级语言程序就必须配备程序语言翻译程序(或简称翻译程序)。翻译程序本身是一组程序,不同的高级语言都有相应的翻译程序。

3) 服务程序

服务程序能够提供一些常用的服务,它们为用户开发程序和使用计算机提供了方便,像计算机上经常使用的诊断程序、调试程序、编辑程序均属此类。

4) 数据库管理系统

在信息社会里,社会和生产活动产生的信息很多,使人工管理难以应付,人们希望借助计算机对信息进行搜集、存储、处理和使用。数据库系统就是在这种需求背景下产生和发展的。数据库是指按照一定联系存储的数据集合,可为多种应用共享。数据库管理系统则是能够对数据库进行加工、管理的系统软件,其主要功能是建立、消除、维护数据库及对库中数据进行各种操作。数据库系统主要由数据库、数据库管理系统以及相应的应用程序组成。

5) 应用软件

为解决各类实际问题而设计的程序系统称为应用软件。从其服务对象的角度,又可分为通用软件和专用软件两类。通用软件通常是为解决某一类问题而设计的,而这类问题是很多人都要遇到和解决的。例如,文字处理、表格处理、电子演示等。专用软件则针对性较强,专用软件有些在市场上可以买到,有些特殊功能和需求的软件需要用户自己组织开发。

1.1.2 软件危机

软件危机(Software Crisis)泛指在计算机软件的开发和维护过程中所遇到的一系列严重问题。落后的软件生产方式无法满足迅速增长的计算机软件需求,从而导致软件开发与维护过程中出现一系列严重问题的现象。

1. 软件危机的由来

20 世纪 60 年代以前,计算机刚刚投入实际使用,软件设计往往只是为了一个特定的应用而在指定的计算机上设计和编制,采用密切依赖于计算机的机器代码或汇编语言,软件的规模比较小,文档资料通常也不存在,很少使用系统化的开发方法,设计软件往往等同于编制程序,基本上是个人设计、个人使用、个人操作、自给自足的私人化的软件生产方式。

20 世纪 60 年代中期,大容量、高速度计算机的出现,使计算机的应用范围迅速扩大,软件开发急剧增长。高级语言开始出现;操作系统的发展引起了计算机应用方式的变化;大量数据处理导致第一代数据库管理系统的诞生。软件系统的规模越来越大,复杂程度越来越高,软件可靠性问题也越来越突出。原来的个人设计、个人使用的方式不再能满足要求,迫切需要改变软件生产方式,提高软件生产率,软件危机开始爆发。

1968 年北大西洋公约组织的计算机科学家在联邦德国召开国际会议,第一次讨论软件危机问题,并正式提出"软件工程"一词,从此一门新兴的为研究和克服软件危机应运而生的学科,软件工程学诞生了。

2. 软件危机的主要表现

1)软件开发费用和进度失控

费用超支、进度拖延的情况屡屡发生。有时为了赶进度或压成本不得不采取一些权宜之计,这样又往往严重损害了软件产品的质量。

2)软件的可靠性差

尽管耗费了大量的人力、物力,而系统的正确性却越来越难以保证,出错率很高,由于软件错误而造成的损失十分惊人。

3)生产出来的软件难以维护

很多程序缺乏相应的文档资料,程序中的错误难以定位,难以改正,有时改正了已有的错误又引入新的错误。随着软件的社会拥有量越来越大,维护占用了大量人力、物力和财力。进入 20 世纪 80 年代以来,尽管软件工程研究与实践取得了可喜的成就,软件技术水平有了长足的进展,但是软件生产水平依然远远落后于硬件生产水平的发展速度。

4)用户对软件系统不满意现象经常发生

一方面,许多用户在软件开发的初期不能准确完整地向开发人员表达他们的需求;另一方面,软件开发人员常常在对用户需求还没有正确全面认识的情况下,就急于编写程序。

5)软件成本逐年上升

由于硬件成本逐年下降,性能和产量迅速提高。然而软件开发需要大量人力,软件成本随着软件规模和数量的剧增而持续上升。从美、日两国的统计数字表明,1985 年度软件成本大约占总成本的 90%。

6)软件开发生产率提高的速度远远跟不上计算机应用迅速普及深入的需要

软件产品供不应求的状况使得人类不能充分利用现代计算机硬件所能提供的巨大

潜力。

3. 软件危机产生的原因

如此多的软件危机表现，它们产生的原因是什么呢？软件工程研究结果表明，软件危机的原因主要有以下两个。

1）与软件本身的特点有关

软件不同于硬件，它是计算机系统中的逻辑部件而不是物理部件。软件具有可运行的行为特性，在写出程序代码并在计算机上试运行之前，软件开发过程的进展情况较难衡量，软件质量也较难评价，因此管理和控制软件开发过程十分困难；软件质量不是根据大量制造的相同实体的质量来度量，而是与每一个组成部分的不同实体的质量紧密相关，因此，在运行时所出现的软件错误几乎都是在开发时期就存在却一直未被发现的，改正这类错误通常意味着改正或修改原来的设计，这就在客观上使得软件维护远比硬件维护困难；软件是一种信息产品，具有可延展性，属于柔性生产，与通用性强的硬件相比，软件更具有多样化的特点，更加接近人们的应用问题。

2）来自于软件开发人员

软件产品是人的思维结果，因此软件生产水平最终在相当程度上取决于软件人员的教育、训练和经验的积累；对于大型软件往往需要许多人合作开发，甚至要求软件开发人员深入应用领域的问题研究，这样就需要在用户与软件人员之间以及软件开发人员之间相互沟通，在此过程中难免发生理解的差异，从而导致后续错误的设计或实现，而要消除这些误解和错误往往需要付出巨大的代价；由于计算机技术和应用发展迅速，知识更新周期加快，软件开发人员经常处在变化之中，不仅需要适应硬件更新的变化，而且还要涉及日益扩大的应用领域问题研究；软件开发人员所进行的每一项软件开发几乎都必须调整自身的知识结构以适应新的问题求解的需要，而这种调整是人所固有的学习行为，难以用工具来代替。

4. 解决途径

软件工程诞生于 20 世纪 60 年代末期，主要研究软件生产的客观规律性，建立与系统化软件生产有关的概念、原则、方法、技术和工具，指导和支持软件系统的生产活动，以期达到降低软件生产成本、改进软件产品质量、提高软件生产率的目标。

在软件开发过程中人们开始研制和使用软件工具，用以辅助进行软件项目管理与技术生产，人们还将软件生命周期各阶段使用的软件工具有机地集合成为一个整体，形成能够连续支持软件开发与维护全过程的集成化软件支援环境，以期从管理和技术两方面解决软件危机问题。

1.2 软件开发

软件开发过程是软件工程重要部分，也是软件测试的基础。软件开发流程即软件设计思路和方法的一般过程，包括设计软件的功能和实现的算法和方法、软件的总体结构设计和模块设计、编程和调试、程序联调和测试以及编写、提交程序,最后达到用户的满意。

1.2.1 软件开发过程

通常的软件开发过程包括需求分析、概要设计、详细设计、编写代码、软件测试、运行和维护六个阶段。

1. 需求分析

系统分析员向用户初步了解需求,然后列出要开发的系统的大功能模块,每个大功能模块有哪些小功能模块。系统分析员进一步了解和分析需求,根据自己的经验和需求用相关的工具做出一份文档系统的功能需求文档。系统分析员向用户再次确认需求。

2. 概要设计

开发者需要对软件系统进行概要设计,即系统设计。概要设计需要对软件系统的设计进行考虑,包括系统的基本处理流程、系统的组织结构、模块划分、功能分配、接口设计、运行设计、数据结构设计和出错处理设计等,为软件的详细设计提供基础。

3. 详细设计

在概要设计的基础上,开发者需要进行软件系统的详细设计。在详细设计中,描述实现具体模块所涉及的主要算法、数据结构、类的层次结构及调用关系,需要说明软件系统各个层次中的每一个程序(每个模块或子程序)的设计考虑,以便进行编码和测试。应当保证软件的需求完全分配给整个软件。详细设计应当足够详细,能够根据详细设计报告进行编码。

4. 编写代码

在软件编码阶段,开发者根据《软件系统详细设计报告》中对数据结构、算法分析和模块实现等方面的设计要求,开始具体的编写程序工作,分别实现各模块的功能,从而实现对目标系统的功能、性能、接口、界面等方面的要求。

5. 软件测试

将测试编写好的系统交付给用户使用,用户使用后一个一个地确认每个功能。软件测试是项目研发中一个相当重要的步骤,对于一个大型软件,几个月到 1 年以上的外部测试都是正常的,因为永远都会有不可预料的问题存在。完成测试后,完成验收并完成最后的一些帮助文档,整体项目才算告一段落,当然日后少不了升级,修补等工作。

6. 运行和维护

在软件测试证明软件达到要求后,软件开发者应向用户提交开发的目标安装程序、数据库的数据字典、用户安装手册、用户使用指南、需求报告、设计报告、测试报告等双方合同约定的产物。交给用户使用,用户使用后一个一个地确认每个功能,然后验收。进入运行维护阶段,这个阶段可能维持多年,并且在运行中可能有多种原因需要对软件进行修改和打补丁。

1.2.2　软件开发过程模型

软件开发过程模型有瀑布模型、原型模型、螺旋模型、增量模型、喷泉模型、形式化方法、敏捷模型等很多种,这里介绍瀑布模型、原型模型、螺旋模型三种最常见的模型。

1. 瀑布模型

温斯顿·罗伊斯在1970年提出了著名的瀑布模型,直到20世纪80年代早期,它一直是唯一被广泛采用的软件开发模型。瀑布模型是将软件生存周期的各项活动规定为按固定顺序而连接的若干阶段工作,形如瀑布流水,最终得到软件产品。

瀑布模型(Waterfall Model)强调系统开发应有完整的周期,将软件生命周期划分为制订计划、需求分析、软件设计、程序编写、软件测试和运行维护等六个基本活动,并且规定了它们自上而下、相互衔接的固定次序,如同瀑布流水,逐级下落。瀑布模型是最早出现的软件开发模型,在软件工程中占有重要的地位,它提供了软件开发的基本框架。其过程是从上一项活动接收该项活动的工作对象作为输入,利用这一输入实施该项活动应完成的内容给出该项活动的工作成果,并作为输出传给下一项活动。同时评审该项活动的实施,若确认,则继续下一项活动;否则返回前面,甚至更前面的活动。瀑布模型如图1-1所示。

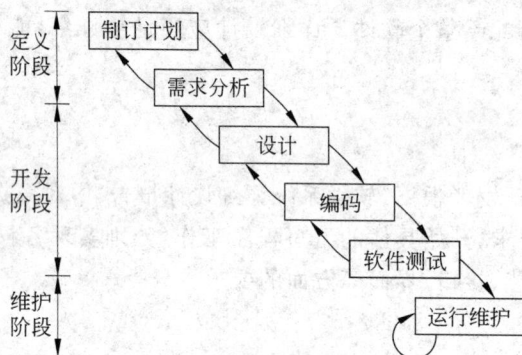

图 1-1　瀑布模型

1) 瀑布模型的优点
(1) 为项目提供了按阶段划分的检查点。
(2) 当前一阶段完成后,只需去关注后续阶段。
(3) 可在迭代模型中应用瀑布模型。
(4) 它提供了一个模板,这个模板使得分析、设计、编码、测试和支持的方法可以在该模板下有一个共同的指导。

2) 瀑布模型的缺点

（1）各个阶段的划分完全固定，阶段之间产生大量的文档，极大地增加了工作量。

（2）由于开发模型是线性的（瀑布模型又称为线性模型），用户只有等到整个过程的末期才能见到开发成果，从而增加了开发风险。

（3）通过过多的强制完成日期和里程碑来跟踪各个项目阶段。

（4）瀑布模型的突出缺点是不适应用户需求的变化。

（5）早期的错误可能要等到开发后期的测试阶段才能发现，进而带来严重的后果。

按照瀑布模型的阶段划分，软件测试可以分为单元测试、集成测试、系统测试。尽管瀑布模型招致了很多批评，但是它对很多类型的项目而言依然是有效的，如果正确使用，可以节省大量时间和金钱。在瀑布模型中，软件开发的各项活动严格按照线性方式进行，当前活动接受上一项活动的工作结果，实施完成所需的工作内容。当前活动的工作结果需要进行验证，如果验证通过，则该结果作为下一项活动的输入，继续进行下一项活动，否则返回修改。同时，瀑布模型强调文档的作用，并要求每个阶段都要仔细验证。但是，这种模型的线性过程已不再适合现代的软件开发模式，几乎被业界抛弃。

2. 原型模型

原型模型是快速建立起来的可以计算机运行的程序，它通过向用户提供原型获取用户的反馈，使开发出的软件能够真正反映用户的需求。同时，原型模型采用逐步求精的方法完善原型，使得原型能够快速开发，避免了像瀑布模型一样在冗长的开发过程中难以对用户的反馈作出快速的响应。相对瀑布模型而言，原型模型更符合人们开发软件的习惯，使目前较流行的一种实用软件模型。原型模型如图 1-2 所示。

原型模型的特点：

（1）开发人员和用户在原型上达成一致。这样一来，可以减少设计中的错误和开发中的风险，也减少了对用户培训的时间，从而提高系统的实用性、正确性以及用户的满意程度。

（2）缩短了开发周期，加快了工程进度。

（3）降低成本。

原型模型的缺点表现在：当告诉用户，还必须重新生产该产品时，用户是很难接受的。这往往给工程继续开展带来不利因素。

而快速原型模型的提出，可以较好地解决瀑布模型的局限性，通过建立原型，可以更好地和客户进行沟通，解决对一些模糊需求的澄清，并且对需求的变化有较强的适应能力。原型模型可以减少技术、应用的风险，缩短开发时间，减少费用，提高生产率，通过实际运行原型，提供了用户直接评价系统的方法，促使用户主动参与开发活动，加强了信息的反馈，促进各类人员的协调交流，减少误解，能够适应需求的变化，最终有效提高软件系统的质量。

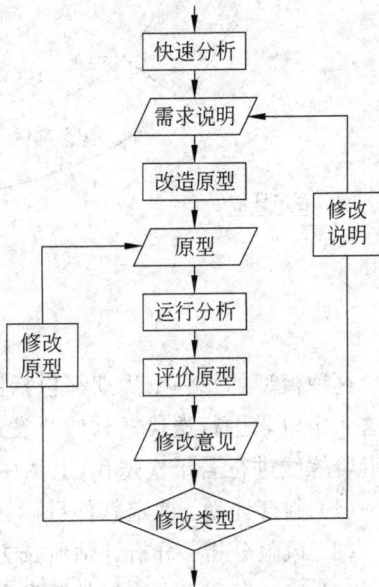

图 1-2 原型模型

但是,开发者为了使一个原型快速运行起来,往往在实现过程中采用这种手段。不宜利用原型系统作为最终产品。采用原型模型开发系统,用户和开发者必须达成一致,原型被建造仅仅是用户用来定义需求,之后便部分或全部抛弃,最终的软件是要充分考虑了质量和可维护性等方面之后才被开发。

3. 螺旋模型

巴利·玻姆(Barry Boehm)1988 年正式发表了软件系统开发的螺旋模型,它将瀑布模型和快速原型模型结合起来,强调了其他模型所忽视的风险分析,特别适合于大型复杂的系统。螺旋模型(Spiral Model)采用一种周期性的方法来进行系统开发。这会导致开发出众多的中间版本。使用它的项目经理在早期就能够为客户实证某些概念。螺旋模型如图 1-3 所示。

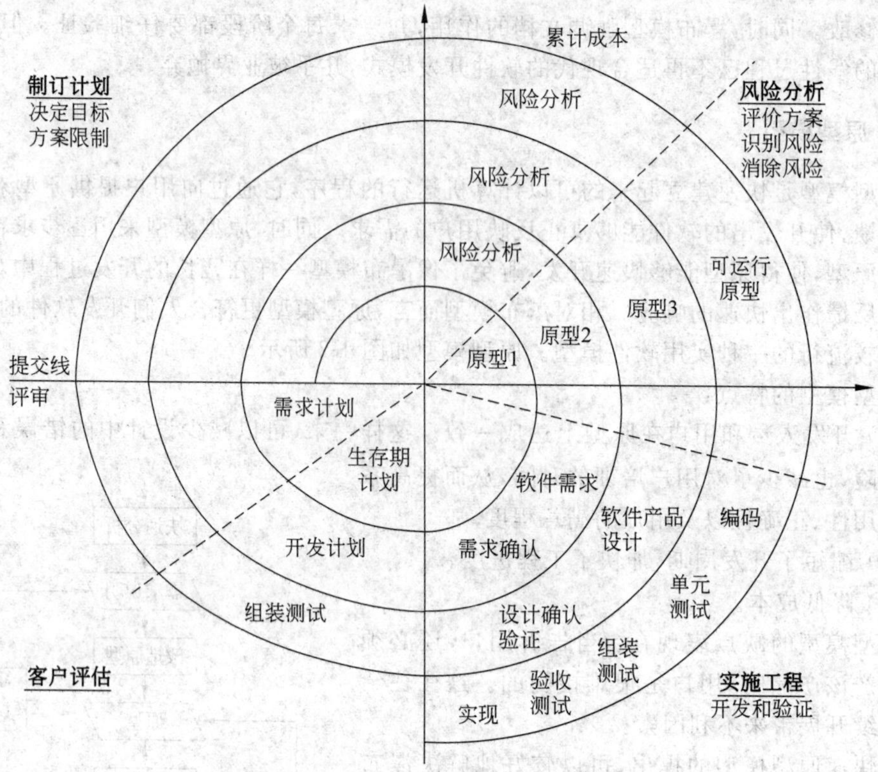

图 1-3 螺旋模型

这种模型的每一个周期都包括制订计划、风险分析、实施工程和客户评估 4 个阶段,由这 4 个阶段进行迭代。软件开发过程每迭代一次,软件开发又前进一个层次。螺旋模型沿着螺线进行若干次迭代,上图中的四个象限代表了以下活动。

(1)制订计划:确定软件目标,选定实施方案,弄清项目开发的限制条件。

(2)风险分析:分析评估所选方案,考虑如何识别和消除风险。

(3)实施工程:实施软件开发和验证。

（4）客户评估：评价开发工作，提出修正建议，制订下一步计划。

螺旋模型基本做法是在"瀑布模型"的每一个开发阶段前引入一个非常严格的风险识别、风险分析和风险控制，它把软件项目分解成一个个小项目。每个小项目都标识一个或多个主要风险，直到所有的主要风险因素都被确定。

螺旋模型强调风险分析，使得开发人员和用户对每个演化层出现的风险有所了解，继而做出应有的反应，因此特别适用于庞大、复杂并具有高风险的系统。对于这些系统，风险是软件开发不可忽视、潜在的不利因素，它可能在不同程度上损害软件开发过程，影响软件产品的质量。减小软件风险的目标是在造成危害之前，及时对风险进行识别及分析，决定采取何种对策，进而消除或减少风险的损害。

螺旋模型由风险驱动，强调可选方案和约束条件从而支持软件的重用，有助于将软件质量作为特殊目标融入产品开发之中。

螺旋模型的优点：

（1）设计上的灵活性，可以在项目的各个阶段进行变更。

（2）以小的分段来构建大型系统，使成本计算变得简单容易。

（3）客户始终参与每个阶段的开发，保证了项目不偏离正确方向以及项目的可控性。

（4）随着项目推进，客户始终掌握项目的最新信息，从而能够和管理层有效地交互。

（5）客户认可这种公司内部的开发方式带来的良好的沟通和高质量的产品。

螺旋模型的缺点：

（1）采用螺旋模型需要具有相当丰富的风险评估经验和专门知识，在风险较大的项目开发中，如果未能及时标识风险，势必造成重大损失。

（2）过多的迭代次数会增加开发成本，延迟提交时间。

螺旋模型很大程度上是一种风险驱动的方法体系，因为在每个阶段之前及经常发生的循环之前，都必须首先进行风险评估。在实践中，螺旋法技术和流程变得更为简单，但是对于项目管理人员的要求会比较高。

1.3 软件缺陷

1.3.1 软件缺陷概述

缺陷的英文是 Bug。Bug 这个词相信所有的计算机人员都不陌生。下面介绍一下它的起源。1945 年 9 月 9 日，下午三点。哈珀中尉正领着她的小组构造一个称为"马克二型"的计算机。这还不是一个完全的电子计算机，它使用了大量的继电器，是一种电子机械装置。第二次世界大战还没有结束。哈珀的小组夜以继日地工作。机房是一间第一次世界大战时建造的老建筑。那是一个炎热的夏天，房间没有空调，所有窗户都敞开散热。突然，马克二型死机了。技术人员试了很多办法，最后定位到第 70 号继电器出错。哈珀观察这个出错的继电器，发现一只飞蛾躺在中间，已经被继电器电死。她小心地用镊子将蛾子夹出来，用透明胶布帖到记录本中，并注明"第一个发现虫子的实例"。从此以后，人们将计算机错误戏称为虫子（Bug），而把找寻错误的工作称为 Debug，就是捉虫子的意思。

所谓软件缺陷，即为计算机软件或程序中存在的某种破坏正常运行能力的问题、错误，或者隐藏的功能缺陷。缺陷的存在会导致软件产品在某种程度上不能满足用户的需要。IEEE 729—1983 对缺陷有一个标准的定义：从产品内部看，缺陷是软件产品开发或维护过程中存在的错误、毛病等各种问题；从产品外部看，缺陷是系统所需要实现的某种功能的失效或违背。在软件开发生命周期的后期，修复检测到的软件错误的成本较高。已发现的缺陷数和残存的缺陷数的关系如图 1-4 所示。

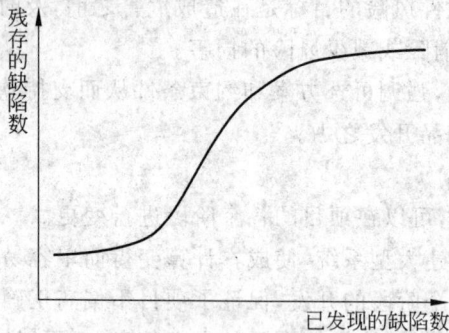

图 1-4 已发现的缺陷数和残存的缺陷数的关系

在软件开发的过程中，软件缺陷的产生是不可避免的，造成软件缺陷的主要原因：

1. 来自软件本身

（1）需求不清晰，导致设计目标偏离客户的需求，从而引起功能或产品特征上的缺陷。

（2）系统结构非常复杂，而又无法设计成一个很好的层次结构或组件结构，结果导致意想不到的问题或系统维护、扩充上的困难；即使是设计成良好的面向对象的系统，由于对象、类太多，也很难完成对各种对象、类相互作用的组合测试，会隐藏着一些参数传递、方法调用、对象状态变化等方面问题。

（3）对程序逻辑路径或数据范围的边界考虑不够周全，漏掉某些边界条件，造成容量或边界错误。

（4）对一些实时应用，要进行精心设计和技术处理，保证精确的时间同步，否则容易引起时间上不协调，不一致性带来的问题。

（5）没有考虑系统崩溃后的自我恢复或数据的异地备份、灾难性恢复等问题，从而存在系统安全性、可靠性的隐患。

（6）系统运行环境的复杂，不仅用户使用的计算机环境千变万化，包括用户的各种操作方式或各种不同的输入数据，容易引起一些特定用户环境下的问题；在系统实际应用中，数据量很大，从而会引起强度或负载问题。

（7）由于通信端口多、存取和加密手段的矛盾性等，会造成系统的安全性或适用性等问题。

（8）新技术的采用，可能涉及技术或系统兼容的问题，事先没有考虑到。

2. 来自团队工作

(1) 系统需求分析时对客户的需求理解不清楚,或者和用户的沟通存在一些困难。

(2) 不同阶段的开发人员相互理解不一致。例如,软件设计人员对需求分析的理解有偏差,编程人员对系统设计规格说明书某些内容重视不够或存在误解。

(3) 对于设计或编程上的一些假定或依赖性,相关人员没有充分沟通。

(4) 项目组成员技术水平参差不齐、新员工较多或培训不够等原因也容易引起问题。

3. 来自技术问题

(1) 算法错误:在给定条件下没能给出正确或准确的结果。

(2) 语法错误:对于编译性语言程序,编译器可以发现这类问题;但对于解释性语言程序,只能在测试运行时发现。

(3) 计算和精度问题:计算的结果没有满足所需要的精度。

(4) 系统结构不合理、算法选择不科学,造成系统性能低下。

(5) 接口参数传递不匹配,导致模块集成出现问题。

4. 项目管理的问题

(1) 缺乏质量文化,不重视质量计划,对质量、资源、任务、成本等的平衡性把握不好,容易挤掉需求分析、评审、测试等时间,遗留的缺陷会比较多。

(2) 系统分析时对客户的需求不是十分清楚,或者和用户的沟通存在一些困难。

(3) 开发周期短,需求分析、设计、编程、测试等各项工作不能完全按照定义好的流程来进行,工作不够充分,结果也就不完整、不准确,错误较多;周期短,还给各类开发人员造成太大的压力,引起一些人为的错误。

(4) 开发流程不够完善,存在太多的随机性和缺乏严谨的内审或评审机制,容易产生问题。

(5) 文档不完善,风险估计不足等。

1.3.2 软件缺陷的严重性和优先级

1. 什么是缺陷的严重性和优先级

严重性就是软件缺陷对软件质量的破坏程度,即此软件缺陷的存在将对软件的功能和性能产生怎样的影响。

在软件测试中,软件缺陷的严重性的判断应该从软件最终用户的观点做出判断,即判断缺陷的严重性要为用户考虑,考虑缺陷对用户使用造成的恶劣后果的严重性。

优先级是表示处理和修正软件缺陷的先后顺序的指标,即哪些缺陷需要优先修正,哪些缺陷可以稍后修正。

确定软件缺陷优先级，主要是站在软件开发工程师的角度考虑问题，因为缺陷的修正顺序是个复杂的过程，有些不是纯粹技术问题，而且开发人员更熟悉软件代码，能够比测试工程师更清楚修正缺陷的难度和风险。

2. 缺陷的严重性和优先级的关系

缺陷的严重性和优先级是含义不同但相互联系密切的两个概念。它们都从不同的侧面描述了软件缺陷对软件质量和最终用户的影响程度和处理方式。

一般地，严重性程度高的软件缺陷具有较高的优先级。严重性高说明缺陷对软件造成的质量危害性大，需要优先处理，而不严重的缺陷可能只是软件不太尽善尽美，可以稍后处理。

但是，严重性和优先级并不总是一一对应。有时候严重性高的软件缺陷，优先级不一定高，甚至不需要处理，而一些严重性低的缺陷却需要及时处理，具有较高的优先级。

修正软件缺陷不是一件纯技术问题，有时需要综合考虑市场发布和质量风险等问题。例如，如果某个严重的软件缺陷只在非常极端的条件下产生，则没有必要马上解决。另外，如果修正一个软件缺陷，需要重新修改软件的整体架构，可能会产生更多潜在的缺陷，而且软件由于市场的压力必须尽快发布，此时即使缺陷的严重性很高，是否需要修正，需要全盘考虑。

另一方面，如果软件缺陷的严重性很低，例如，界面单词拼写错误，但是如果是软件名称或公司名称的拼写错误，则必须尽快修正，因为这关系到软件和公司的市场形象。

3. 处理缺陷的严重性和优先级的常见错误

(1) 将比较轻微的缺陷报告成较高级别的缺陷和高优先级，夸大缺陷的严重程度，经常给人的错觉，会影响软件质量的正确评估，也耗费开发人员辨别和处理缺陷的时间。

(2) 将很严重的缺陷报告成轻微缺陷和低优先级，这样可能掩盖了很多严重的缺陷。如果在项目发布前，发现还有很多由于不正确分配优先级造成的严重缺陷，将需要投入很多人力和时间进行修正，影响软件的正常发布。或者这些严重的缺陷漏掉，随软件一起发布出去，影响软件的质量和用户的使用信心。

因此，正确处理和区分缺陷的严重性和优先级，是软件测试人员和开发人员以及全体项目组人员的一件大事。处理严重性和优先级，既是一种经验或技术，也是保证软件质量的重要环节，应该引起足够的重视。

4. 如何表示缺陷的严重性和优先级

缺陷的严重性和优先级通常按照级别划分，各个公司和不同项目的具体表示方式有所不同。为了尽量准确的表示缺陷信息，通常将缺陷的严重性和优先级分成四级。如果分级超过四级，则造成分类和判断尺度的复杂程度，而少于四级，精确性有时不能保证。

具体的表示方法可以使用数字表示，也可以使用文字表示，还可以数字和文字综合表示。使用数字表示通常按照从高到低或从低到高的顺序，需要软件测试前达成一致。例如,使用数字 1、2、3、4 分别表示轻微、一般、较严重和非常严重的严重性。对于优先级而言,1、2、3、4 可以分别表示低优先级、一般、较高优先级和最高优先级。

5．如何确定缺陷的严重性和优先级

通常由软件测试人员确定缺陷的严重性,由软件开发人员确定优先级较为适当。但是,实际测试中,通常都是由软件测试人员在缺陷报告中同时确定严重性和优先级。

确定缺陷的严重性和优先级要全面了解和深刻体会缺陷的特征,从用户和开发人员以及市场的因素综合考虑。通常功能性的缺陷较为严重,具有较高的优先级,而软件界面类缺陷的严重性一般较低,优先级也较低。

对于缺陷的严重性,如果分为四级,则可以参考下面的方法确定。

(1) 非常严重的致命性缺陷:例如,软件的意外退出甚至操作系统崩溃,造成数据丢失、主要功能完全丧失等。

(2) 较严重的缺陷:例如,软件的某个菜单不起作用或者产生错误的结果,主要功能部分丧失,次要功能全部丧失,或致命的错误声明。

(3) 一般缺陷:例如,本地化软件的某些字符没有翻译或者翻译不准确、用户界面差和操作时间长等。

(4) 轻微的缺陷:例如,一些小问题如:某个控件没有对齐,某个标点符号丢失,有个别错别字、文字排版不整齐等,对功能几乎没有影响,软件产品仍可使用。

对于缺陷的优先性,如果分为四级,则可以参考下面的方法确定。

(1) 最高优先级:例如,软件的主要功能错误或者造成软件崩溃,数据丢失的缺陷。

(2) 较高优先级:例如,影响软件功能和性能的一般缺陷。

(3) 一般优先级:例如,本地化软件的某些字符没有翻译或者翻译不准确的缺陷。

(4) 低优先级:例如,对软件的质量影响非常轻微或出现几率很低的缺陷。

6．注意事项

(1) 软件测试要规范,在使用软件缺陷管理数据库进行缺陷报告和处理时,需要在测试项目开始前对全体测试人员和开发人员进行培训,对统一规定缺陷严重性和优先级的表示和划分方法。

(2) 在测试项目进行过程中和项目接收后,充分利用统计功能统计缺陷的严重性,确定软件模块的开发质量,评估软件项目实施进度。统计优先级的分布情况,控制开发进度,使开发按照项目尽快进行,有效处理缺陷,降低风险和成本。

(3) 为了报告缺陷的严重性和优先级的一致性,质量保证人员需要经常检查测试和开发人员对于这两个指标的分配和处理情况,发现问题,及时反馈给项目负责人,及时解决。

1.3.3 软件缺陷分类

从软件测试观点出发,软件缺陷可分为以下几类。

1. 功能缺陷

(1) 规格说明书缺陷：规格说明书可能不完全，有二义性或自身矛盾。另外，在设计过程中可能修改功能，如果不能紧跟这种变化并及时修改规格说明书，则产生规格说明书错误。

(2) 功能缺陷：程序实现的功能与用户要求的不一致。这常常是由于规格说明书包含错误的功能、多余的功能或遗漏的功能所致。在发现和改正这些缺陷的过程中又可能引入新的缺陷。

(3) 测试缺陷：软件测试的设计与实施发生错误。特别是系统级的功能测试，要求复杂的测试环境和数据库支持，还需要对测试进行脚本编写。因此软件测试自身也可能发生错误。另外，如果测试人员对系统缺乏了解，或对规格说明书做了错误的解释，也会发生许多错误。

(4) 测试标准引起的缺陷：对软件测试的标准要选择适当，若测试标准太复杂，则导致测试过程出错的可能就大。

2. 系统缺陷

(1) 外部接口缺陷：外部接口是指如终端、打印机、通信线路等系统与外部环境通信的手段。所有外部接口之间、人与机器之间的通信都使用形式的或非形式的专门协议。如果协议有错，或太复杂难以理解，致使在使用中出错。此外，还包括对输入输出格式错误理解，对输入数据不合理的容错等。

(2) 内部接口缺陷：内部接口是指程序内部子系统或模块之间的联系。它所发生的缺陷与外部接口相同，只是与程序内实现的细节有关，如设计协议错、输入输出格式错、数据保护不可靠、子程序访问错等。

(3) 硬件结构缺陷：与硬件结构有关的软件缺陷在于不能正确的理解硬件如何工作。如忽视或错误地理解分页机构、地址生成、通道容量、I/O指令、中断处理、设备初始化和启动等而导致的出错。

(4) 操作系统缺陷：与操作系统有关的软件缺陷在于不了解操作系统的工作机制而导致出错。当然，操作系统本身也有缺陷，但是一般用户很难发现这种缺陷。

(5) 软件结构缺陷：由于软件结构不合理而产生的缺陷。这种缺陷通常与系统的负载有关，而且往往在系统满载时才出现。如错误地设置局部参数或全局参数；错误地假定寄存器与存储器单元初始化了；错误地假定被调用子程序常驻内存或非常驻内存等，都将导致软件出错。

(6) 控制与顺序缺陷：如忽视了时间因素而破坏了事件的顺序；等待一个不可能发生的条件；漏掉先决条件；规定错误的优先级或程序状态；漏掉处理步骤；存在不正确的处理步骤或多余的处理步骤等。

(7) 资源管理缺陷：由于不正确地使用资源而产生的缺陷。如使用未经获准的资源，使用后未释放资源，资源死锁，把资源链接到错误的队列中等。

3. 加工缺陷

（1）算法与操作缺陷：是指在算术运算、函数求值和一般操作过程中发生的缺陷。如数据类型转换错,不正确地使用关系运算符,不正确地使用整数与浮点数做比较等。

（2）初始化缺陷：如忘记初始化工作区,忘记初始化寄存器和数据区;错误地对循环控制变量赋初值;用不正确的格式、数据或类型进行初始化等。

（3）控制和次序缺陷：与系统级同名缺陷相比,它是局部缺陷。如遗漏路径、不可达到的代码、不符合语法的循环嵌套、循环返回和终止的条件不正确、漏掉处理步骤或处理步骤有错等。

4. 代码缺陷

包括数据说明错、数据使用错、计算错、比较错、控制流错、界面错、输入输出错及其他错误。

一般情况,规格说明书是软件缺陷出现最多的地方,其原因是程序编写错误、文档和其他错误。排在产品规格说明书之后的是设计,编程排在第三位。在许多人印象中,软件测试主要是找程序代码中的错误,这是一个认识的误区。

1.3.4 预防和修复软件缺陷

1. 预防软件缺陷

预防软件缺陷就是把缺陷消灭在萌芽状态,就是能在缺陷还没产生出来就已经被扼杀了,这也是软件测试者所追求的最高境界。一般的软件测试属于后来弥补型,产生 Bug 之后再来修改,但是 Bug 发现越晚,修改掉花的代价就越大,所以软件缺陷预防技术就是项目生命周期的早期消灭 Bug。一般常用的缺陷预防有几个阶段：需求阶段、设计阶段、编码阶段。

在需求阶段,最重要的事情是需求验证。一般验证的几个大项是,功能是否完整,是否考虑性能,有没有模糊需求,有没有考虑安全性,有没有冗余和错误的需求,需求是不是过于苛刻,需求是不是矛盾等方面。一般常用的方法是列出需求检查表,并进一步执行需求/测试矩阵。

设计阶段,这个阶段主要通过技术评审测试逻辑设计。常用比较规范的作法是建立过程/数据矩阵,把过程影射到实体,把整个程序的数据的生命周期(建立、更新、读取、删除)反映出来。

编码阶段,这个阶段预防措施主要有统一编码规范、代码评审、单元测试。统一代码规范一般是开发经理统一要求,代码评审则是开发小组成员互相评审或者开发小组长进行评审,最后也是最重要的则是单元测试,就是一般说的白盒测试。

2. 修复软件缺陷

软件测试原则总是说问题发现越早越好,发现缺陷后要尽快修复。其原因在于错误并不只是在编程阶段产生,需求和设计阶段同样会产生错误。也许一开始,只是一个很小范围内的错误,但随着产品开发工作的进行,小错误会扩散成大错误,为了修改后期的错误所做的工作要大得多,即越到后来往往返工也越远。如果错误不能及早发现,那只可能造成越来越严重的后果。缺陷发现或解决得越迟,成本就越高。

平均而言,如果在需求阶段修正一个错误的代价是1,那么,在设计阶段就是它的3~6倍,在编程阶段是它的10倍,在内部测试阶段是它的20~40倍,在外部测试阶段是它的30~70倍,而到了产品发布出去时,这个数字就是40~1000倍,修正错误的代价不是随时间线性增长,而几乎是呈指数增长的。软件缺陷的修复代价如图1-5所示。

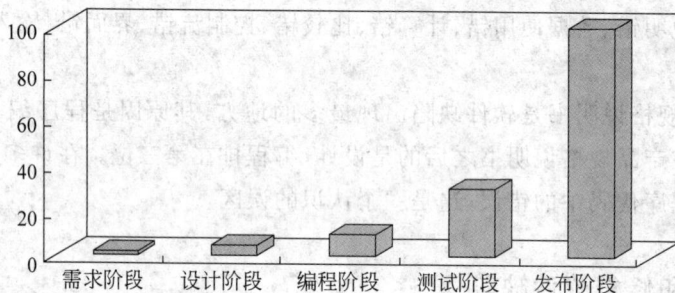

图 1-5 软件缺陷的修复代价

3. 处理软件缺陷要遵循的两个原则

处理软件缺陷要遵循的两个原则:2/8原则和ABC法则。

1) 2/8 原则

做事情必须分清轻重缓急。最糟糕的是什么事都做,这必将一事无成。80%的有效工作往往是在20%的时间内完成的,而20%的工作是在80%的时间内完成的。因此,为了提高测试质量,必须清晰地认识到哪些缺陷是最重要的,哪些缺陷是最关键的。不要捡了芝麻,却丢了西瓜。所以,只有抓住了重要的关键缺陷,测试效果才能产生最大的效益,这也是第一个原则,即分清轻重缓急,把测试活动用在最有生产力的事情上。

2) ABC 法则

古人云:事有先后,用有缓急。测试工作其实也是如此,分清缺陷的轻重缓急,不但处理起来井井有条,完成后的效果也是不同凡响。因此,在测试工作中要时时记住一点,手边的缺陷并不一定就具有第一优先处理的重要性。只有正确的判断,才可将测试活动效率增加数倍。

ABC法则是设定缺陷优先顺序重要工具之一。这ABC工具的关键点在于根据缺陷的重要程度决定优先顺序,按需求目标进行量化规划。把A类缺陷作为测试最重要的最有价值的最关键的缺陷,并保证首先把A类缺陷先处理。其次是B类,然后是C类,然后是其他缺陷,还有一些不紧急不重要的缺陷根本没有必要去做。

1.3.5 软件缺陷案例

一些软件缺陷的案例带来的损失是巨大的,有的甚至导致了人员伤亡。以下这些案例都是非常著名的案例。

1. 2008 北京奥运会售票系统瘫痪事故

2008 北京奥运会售票系统刚开始运行不久,于 2007 年 10 月 30 日上午 11 时瘫痪:北京奥运会的指定独家票务供应商——北京歌华特玛捷票务有限公司成立于 2006 年 9 月,由美国特玛捷公司、中体产业股份有限公司及北京歌华文化发展集团三家出资构建而成。

2007 年 10 月 30 日,北京奥运会门票面向境内公众第二阶段预售正式启动。上午一开始,公众提交申请空前踊跃。上午 9 时至 10 时,官方票务网站的浏览量达到了 800 万次,票务呼叫中心热线从 9 时至 10 时的呼入量超过了 380 万人次。由于瞬间访问数量过大,技术系统应对不畅,造成很多申购者无法及时提交申请,为此北京奥组委票务中心对广大公众未能及时、便捷地实现奥运门票预订表示歉意。

北京奥组委票务中心主任容军介绍有关情况。北京奥运会门票面向境内公众销售第二阶段正式启动,启动以后不久,系统访问流量猛增,官方票务网站流量瞬时达到每小时 800 万次,超过了系统设计每小时 100 万次的承受量。启动后第一小时从各售票渠道瞬时提交到票务系统的门票达到 20 万张,也超过了系统设计每小时销售 15 万张的票务处理能力,从而出现网络拥堵,售票速度慢或暂时不能登录系统的情况,直接造成公众通过中国银行的售票网点、票务呼叫中心和官方票务网站三个售票渠道都无法及时提交购票申请。

从技术记录结果来看,当天上午 9:00 到 10:00,票务呼叫中心呼入量超过 380 万人次,由于成功接通电话的公众无法成功订票,迟迟不愿意挂线,造成后续用户无法接通电话,形成票务呼叫中心长时间占线的结果。在中国银行各售票网点由于同样的原因,购票人排起了长队。从上午 9:00 到 12:00,访问达到两千万次,三个渠道连接到官方票务网站时,网络带宽容量超出负荷。拥堵情况的主要原因是后台处理系统在承受了每小时 800 万次流量压力后显现出处理能力不足的问题。

解决的办法是扩容、改进处理机制、增加带宽等。

首先,对北京和上海的数据中心都进行了扩容。无论是服务器还是数据库,都通过添加模块来进行扩容。

其次,改造后的系统强化了申请池的功能。在同时进入系统用户过多时,申请池可以让系统采取比较机动的处理方法。当同一时间提交的购票申请超出了系统的处理能力的时候,系统将会将所有申请置入一个申请池,并在其中随机选择一部分进行处理,直至将池内清空。由于系统在改进后处理能力得到提高,保证了等待处理的量比之前得到大幅度提升,同时有效地避免系统崩溃。

再次,扩大带宽。第三轮售票中,中国网通为每个数据中心都配备了两个直接接入主干网的千兆接口,最大限度地保证带宽不成为购票系统的瓶颈。

最后,在两轮售票间的几个月内对新系统进行了充分的测试,其中包括各模块测试、整体测试、与中国银行并发过程的测试、压力测试以及数据中心间灾备测试,以保证正式售票过程能够顺利进行。

2. 许霆 ATM 案例

许霆(1983 年出生),南下的打工小伙,2006 年 4 月 21 日(周五)晚在广州商业银行的一个 ATM 机取款,原本卡上只有 176.97 元,他想取 100 元,但多敲了一个 0,其结果是 ATM 机真的吐了 1000 元出来,而且他查询后发现账上只扣了一元钱。随后,他连续取款 171 笔,合计 17.5 万元。银行于 4 月 24 日(周一)进行设备例行检查时发现情况,30 日报案。

2008 年 3 月 31 日广州市中级人民法院二审判定"许霆犯盗窃罪,判处有期徒刑五年,并处罚金二万元"(一审判的是无期,引起巨大的社会舆论)。2010 年 7 月 31 日,许霆因表现良好获假释。

原因分析如下:

2006 年 4 月 21 日 17 时许,运营商广州广达运通公司对涉案的自动柜员机进行系统升级。该自动柜员机在系统升级后出现异常,1000 元以下(不含 1000 元)取款交易正常,1000 元以上的取款交易,每取款 1000 元按 1 元形成交易报文向银行主机报送,即持卡人输入取款 1000 元的指令,自动柜员机出钞 1000 元,但持卡人账户实际扣款 1 元。(摘自二审判决书)许霆在 170 余次取款中间,还把情况告诉了他的一位郭姓工友,该位先生以农行卡同样在该柜员机上分多次取款 19 000 元(按以上情况推测,广州商行以"本代他"的形式通知农行扣款 19 元)。这是一个典型的软件缺陷,软件不经测试直接上线运行。

3. AT&T 系统瘫痪事故

AT&T 拥有多达 115 个交换站,将遍及世界的当地电话公司连接起来,每天可处理 1.15 亿次美国境内的呼叫和 150 万次的海外呼叫,每个交换站每小时能处理将近 75 万次呼叫。

1990 年 1 月 15 日的下午,AT&T 的全球电话网络的管理人员发现显示网络状态的视频监视器上不断出现红色报警信号。报警信号说明网络不能完成呼叫,在接下来的 9 个小时内,有近 6500 万个电话没有接通,造成大约 6000 万美元的损失。尽管系统的管理人员设法在 9 小时内解决了问题,但是要查明原因恐怕需要好几天。

大约在系统瘫痪前一个月,软件进行了升级,以允许某种类型的消息更快地通过系统。在升级软件的一小段代码中发现了一个错误,该错误在严格的测试和一个月的试用中没有被发现,因为那几行代码只在网络特别忙而发生了特定的事件序列时才会调用。各单个交换站工作都正常,但交换站之间的消息传递的快速步调引起系统反复重启。当运行升级软件的交换站数减少到 80 台左右时,网络似乎又恢复正常。这时,其余的交换站仍然运行旧版软件,可以处理尽可能多的呼叫。

这种类型的"网络隐形错误"确实很难发现和想到,要在一个测试用的系统上精确模拟和预料真实世界中的网络通信是十分困难的。事实上,AT&T确实也在它的测试网络上测试了该软件,但没能发现该问题。

与首次瘫痪相隔 6 个月,又遇到了另一个控制交换站的软件失效。在 1991 年 6 月到 7 月间的三个星期内,8 次电话不通事故影响了大约 2000 万电话客户。不通的原因难以捉摸,而且,本地电话公司之间似乎也不愿意彼此透露如何修复问题的有关信息。最终,由 BellCore 贝尔通信研究公司经过 6 个月的调查,认定引起这一问题的原因仍然是这个交换机软件。

这些事故的原因是制造交换机的软硬件公司 DSC 通信公司对软件的一次修改不当造成的。1991 年 4 月,DSC 通信公司发布了交换机的新版本。很快,华盛顿、宾夕法尼亚和北卡罗来纳州的用户碰到了这一问题。每次瘫痪首先由一个交换机的一个小问题引起,该问题与信号传输点(Signal Transfer Point,STP)有关。然后这一问题会触发大量的错误消息,结果导致 STP 被关闭,进而导致邻近系统的瘫痪。

最后,BellCore 发现问题出在新版软件中的一个数字错误:一个应是十六进制数 D(1101)的数误为十六进制数 6(0110)。在交换算法中,这个数字错误导致交换机允许错误消息饱和。通过网络,一个系统出错导致其他系统崩溃。正常情况下,饱和的交换机只简单地通告其他系统出现了拥塞情况。DSC 通信公司很快发布了该软件的补丁,专门处理这一问题。对源程序作了广泛的测试之后发现,一个程序员对源程序中的三行代码做了修改,其中一行包含低级的打字错误,软件发布前,该段代码没有经过测试。

4. 阿丽亚娜火箭

1996 年 6 月 4 日,阿丽亚娜(Ariane)5 型火箭在法属圭亚那库鲁航天中心首次发射。当火箭离开发射台升空 30 秒时,距地面约 4000 米,天空中传来两声巨大的爆炸声并出现一团橘黄色的巨大火球,火箭碎块带着火星撒落在直径约两公里的地面上。与阿丽亚娜 5 型火箭一同化为灰烬的还有 4 颗太阳风观察卫星。这是世界航天史上又一大悲剧。阿丽亚娜 5 型火箭爆炸如图 1-6 所示。

图 1-6　阿丽亚娜 5 型火箭爆炸

阿丽亚娜 5 型火箭由欧洲航天局研制,火箭高 52.7 米,重 740 吨,研制费用为 70 亿美元,研制时间 1985—1996 年,参研人员约万人。事故原因报道:阿丽亚娜 5 型火箭采用阿丽亚娜 4 型火箭初始定位软件。软件不适应物理环境的变化。阿丽亚娜 5 型火箭起飞推力 15 900kN,重量 740 吨,阿丽亚娜 4 型火箭起飞推力 5400kN,重量 474 吨。阿 5 型火箭加速度＝21.5g,阿 4 型火箭加速度＝11.4g。阿丽亚娜 5 型火箭加速度值输入到计算机系统的整型加速度值产生上溢出,以加速度为参数的速度、位置计算错误,导致惯性导航系统对火箭控制失效,程序只得进入异常处理模块,引爆自毁。箭载两套计算机系统由于硬件、软件完全相同,没有达到软件容错的目的。

导航系统负责参照基于惯性参考系统输入的特定轨道来计算航线矫正。Ariane5 的计算机系统与 Ariane4 不同,电子仪器多了一倍。有两个惯性参考系统来计算火箭的位置,两台计算机将计划中的轨道和实际轨道进行比较,并用两套控制仪器来控制火箭。如果某个构件出了问题,后备系统将随时接替现行系统。

专为地面设计的校准系统,使用 16 位字来存储水平速度(对由于风和地球运行产生的位移计算而言,16 位是绰绰有余的)。飞行 30 秒后,Ariane5 的水平速度计算产生了溢出,由此引出了一种意外,通过关掉机载计算机来处理这一问题,并把控制权交给后备系统。这个事故的教训是军用软件的运行依赖于支持环境,武器平台的变化可能影响军用软件采集数据的精度、范围和对系统的控制。军用软件重用必须重新进行系统论证和系统测试/试验,决不能想当然。

5. 辐射治疗仪案例

Therac-25 事件是在软件工程界被大量引用的案例。Therac-25 是 Atomic Energy of Canada Limited 所生产的一种辐射治疗的机器。由于其软件设计时的瑕疵,致命地超过剂量设定,导致在 1985 年 6 月到 1987 年 1 月之间产生多起医疗事故,5 名患者死亡,多名患者严重辐射灼伤。这些事故是操作失误和软件缺陷共同造成的。Therac-25 有两种电子束设置:低能量模式,可以直接照射病人;高能量模式,需要屏蔽一个 X 射线过滤镜。

问题在于,用户界面和射线控制器之间用户界面设计存在竞争。一旦操作者选择了一种模式,机器就开始自我配置。如果操作者在 8 秒之内,撤销了前面的操作并选择其他不同的模式,系统的其他部分并不会接受新的设置。因为,该机器需要 8 秒钟才能使磁针摇摆到位。因此,某些操作熟练、动作敏捷的操作者会不经意地增加病人的药量,而这些致命的药量造成了几个病人的死亡。

事故产生的情况是:

(1) 操作人员首先错误选择了高能量模式(此时,机器将开始配置,而且机器配置是高级别任务,在配置完成的 8 秒钟内将不接受新命令)。

(2) 操作人员撤销前面的高能量模式选择,并选择另一种模式——低能量模式。

(3) 操作人员熟练到在 8 秒钟之内完成其他输入操作,并启动放射。

(4) 机器将仍按高能量方式照射病人,而不是操作人员重新输入的低能量模式。

事故原因确定后,所有的 Therac-25 停止使用,并召回和重新修改设计,安装硬件保护装置。此后管理层、工程界、学术界进行了长时间的讨论,对事故的教训进行了探讨。其中美国著名的安全性工程专家 Leveson 对事故的总结和认识最具系统性和代表性,下述部分引用了她得出的一些主要结论：

用户界面在 Therac-25 事件中受到了某种程度的关注，实际上它在这次事件中只有部分影响，虽然软件的界面和这个软件的其他部分一样，存在改进的余地。软件工程师需要接受更多的界面设计培训，从人-机工程的角度需要更多的数据输入。必须着重指出在用户友好界面和安全性方面存在着潜在冲突。用户界面设计的一个目的是尽可能方便操作者使用，但是在 Therac-25 软件中，操作的简单性是以牺牲系统安全性为代价的。最后不仅在初始设计中必须考虑软件和软件界面的安全性，而且需要记录决策理由，使得以后的变更有依据可查。

6. 千年虫问题

20 世纪 70 年代有一个叫 Dave 的程序员，负责本公司的工资系统。他使用的计算机存储空间很小，迫使它尽量节省每一个字节。Dave 自豪地将自己的程序压缩的比其他人小。他使用的其中一个方法是把 4 位数日期缩减为 2 位，例如 1973 年为 73。因为工资系统极度依赖数据处理，Dava 节省了可观的存储空间。Dava 并没有想到这是个很大的问题，他认为只有在 2000 年时程序计算 00 或 01 这样的年份时才会出现错误。他知道那时会出问题，但是在 25 年之内程序肯定会更改或升级，而且眼前的任务比未来更加重要。这一天毕竟是要来的。1995 年，Dava 的程序仍然在使用，而 Dava 退休了，谁也不会想到进入程序检查 2000 年的兼容性问题，更不用说去修改了。

例如，银行在计算利息时，是用现在的日期如"2000 年 1 月 1 日"减去客户当时的存款日期如"1980 年 1 月 1 日"，如果年利息为 3%，那么银行应付给客户 20 年利息。如果年份存储问题没有得到纠正，其存款年数就变为 -80 年，客户反而应付给银行利息。

开发者认为在 20 多年内程序肯定会更新或升级，而且眼前的任务比计划遥不可及的未来更加重要。为此，全世界付出了十分巨大的代价来更换或升级类似程序以解决千年虫问题，特别是金融、保险、军事、科学、商务等领域，花费大量的人力、物力对现有的各种各样程序进行检查、修改和更新。估计全球各地更换或升级类似的前者程序以解决潜在的千年虫问题的费用已经达数千亿美元。

通过以上的例子，可以看出软件发生错误时对人类生活所造成的各种影响，有的甚至会带来灾难性的后果。软件测试可以使这种风险降低，它在一定程度上解放了程序员，使他们能够更专心于解决程序的算法效率。同时它也减轻了售后服务人员的压力，交到他们手里的程序再也不是那些"一触即死机"的定时炸弹，而是经过严格检验的完整产品。同时，软件测试的发展对程序的外形、结构、输入和输出的规约和标准化提供了参考，并推动了软件工程的发展。

习题

1. 简述软件和软件危机。
2. 简述软件开发过程和软件开发过程模型。
3. 什么是软件缺陷？简述软件缺陷产生的原因和构成。

第 2 章　软件测试基础

本章介绍软件测试的基础知识。要成为一名合格的软件测试人员,要理解软件测试的含义和软件测试的基本原则,了解软件测试的发展过程以及软件测试与软件开发的关系;了解软件测试 V 模型、W 模型、H 模型、X 模型和前置模型;同时还要了解软件测试的一些基本理论,如软件测试用例的设计和软件测试方法等,如静态测试和动态测试、黑盒测试、白盒测试和灰盒测试,避免进入一些软件测试的误区。本章还介绍了什么是软件质量和软件质量标准以及与软件测试密切相关的软件可靠性问题。

2.1　软件测试的含义

对于软件测试的含义,根据侧重点的不同有很多种定义,下面是三种比较有代表性的软件测试定义。

G. J. Myers 在其经典论著"The Art of Software Testing"中对软件测试的定义如下:软件测试是为了发现错误而执行程序的过程;测试是为了证明程序有错,而不是证明程序无错;一个好的测试用例在于它能发现至今未发现的错误;一个成功的测试就是发现了至今未发现的错误的测试。

1983 年 IEEE(国际电子电气工程师协会)提出的软件工程标准术语中给软件测试下的定义是:使用人工或自动手段来运行或测定某个系统的过程,其目的在于检验它是否满足规定的需求或是弄清预期结果与实际结果之间的差别。

1990 年 IEEE 再次给软件测试下的定义是:在特定的条件下运行系统或构件,观察或记录结果,对系统的某个方面做出评价;分析某个软件项以发现现存的与要求的条件之差别(即错误)并评价此软件项的特征。

总之,软件测试的目的就是希望能以最少的人力和时间发现潜在的各种错误和缺陷。应根据开发各阶段的需求、设计等文档或程序的内部结构精心设计测试用例,并利用这些实例来运行程序,以便发现错误。需要强调的一点是,软件测试不只是软件测试人员的工作,也是软件开发人员和软件使用者的工作。

2.1.1　软件测试的发展

软件测试随着软件的诞生而同时出现了。只不过当时的测试只是人们现在所说的调程序,只是为了证明程序可以正常进行而已;也没有计划和方法,测试用例的设计和选取也都是根据测试人员的经验随机进行的。

自 20 世纪 50 年代后期到 20 世纪 60 年代,各种高级语言相继诞生,测试的重点也逐步转到使用高级语言编写的软件系统中来,但程序的复杂性远远超过了以前。尽管如此,由于受到硬件的制约,在计算机系统中,软件仍然处于次要位置。1957 年,软件测试首次作为发现软件缺陷的活动,与调试区分开来。这个时期,世界著名的科学家图灵给软件测试一个最初的定义:测试是程序正确性的一种极端实验形式。到了 20 世纪 60 年代,关于软件行业的研究发现软件行业总在经历着危机,有些人认为当前软件行业的危机已经减缓。但软件趋于复杂,使得软件缺陷几乎是不可避免的。特别是 21 世纪以来,随着互联网技术的传播、开发技术的提高、行业竞争的加剧,软件技术也在加速发展。例如,用 Java 语言比以往高级语言更容易编写程序。同时软件技术的发展,使得越来越多的用户对软件的依赖性及对软件质量的期望值也迅速提高。

在 20 世纪 70 年代以后,随着计算机处理速度的提高,存储器容量的迅速增加,软件在整个计算机系统中的地位变得越来越重要。随着软件开发技术的成熟和完善,软件的规模也越来越大,复杂度也大幅度增加。因此,软件的可靠性面临着前所未有的危机,给软件测试工作带来了更大的挑战,很多测试理论和测试方法应运而生,逐渐形成了一套完整的体系,培养和造就了一批批出色的测试人才。1972 年,北卡罗来纳大学举行首届软件测试会议,John Good Enough 和 Susan Gerhart 在 IEEE 上发表《测试数据选择的原理》一文,确定了软件测试是软件的一种研究方向。

进入 20 世纪 90 年代后,计算机技术日趋成熟,软件应用范围逐步扩大,软件规模和复杂性急剧增加,与此同时,计算机出现故障引起系统失效的可能性也逐渐增加。由于计算机硬件技术的进步,元器件可靠性的提高,硬件设计和验证技术的成熟,硬件故障相对显得次要了,软件故障正逐渐成为导致计算机系统失效和停机的主要因素,每年在几百万行代码中找到并纠正错误,业界需要花费 600 亿美元。

如今在软件产业化发展的大趋势下,人们对软件质量,成本和进度的要求也越来越高。传统软件的测试大多是基于代码运行的,并且常常是软件开发的后期才开始进行。而在整个软件开发过程中,测试已经不再只是基于程序代码进行的活动,而是一个基于整个软件生命周期的质量控制活动,贯穿于软件开发的各个阶段。

2.1.2　软件测试的基本原则

软件测试是一个复杂的系统工程,软件测试过程中测试人员必须十分清楚软件测试的基本原则,制订详细、周密的计划。不充分的测试是愚蠢的,过度的测试也是一种罪孽。软件测试的基本原则有如下几点。

1. 所有的软件测试都应该追溯到用户需求

软件开发过程中犯的最严重的错误是导致软件系统无法满足用户需求的错误,系统开发过程中发现的问题可能发生在开发前期的某个阶段,因此纠正错误必须追溯前期的工作。

2．尽早地和不断地进行软件测试

软件测试应该尽早进行，最好在需求阶段就开始介入，因为最严重的错误不外乎是系统不能满足用户的需求。IBM 的研究结果表明，缺陷存在放大趋势。图 2-1 表示了软件缺陷放大模型大致状况。

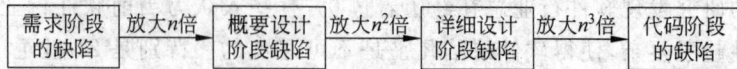

需求阶段的缺陷 → 放大n倍 → 概要设计阶段缺陷 → 放大n^2倍 → 详细设计阶段缺陷 → 放大n^3倍 → 代码阶段的缺陷

图 2-1 软件缺陷放大模型

由此可见，问题发现越早，解决问题的代价就越小，这是软件开发过程中的黄金法则。

3．程序员应该避免检查自己的程序

程序员应该避免检查自己的程序，软件测试应该由第三方来负责，主要原因是：
（1）程序员轻易不会承认自己写的程序有错误。
（2）程序员的测试思路有局限性，在做测试时很容易受到编程思路的影响。
（3）多数程序员没有严格正规的职业训练，缺乏专业测试人员的意识。
（4）程序员没有养成错误跟踪和回归测试的习惯。

4．不可能完全的测试

对一个程序进行完全测试就意味着在测试结束之后，再也不会发现其他软件错误了。实际情况是不可能的。其主要原因有以下几点：
（1）不可能测试程序对所有可能输入的响应。
（2）不可能测试到程序每一条可能的执行路径。
（3）无法找出所有的设计错误。
（4）不能采用逻辑来证明程序的正确性。

5．应该充分注意测试中的群集现象

注意错误集中的现象，软件缺陷的"扎堆"现象的常见形式：
（1）对话框的某个控件功能不起作用，可能其他控件的功能也不起作用。
（2）某个文本框不能正确显示，则其他文本框也可能有显示问题。
（3）联机帮助某段文字的翻译包含了很多错误，与其相邻的上下段的文字可能也包含很多的语言质量问题。
（4）安装文件某个对话框的"上一步"或"下一步"按钮被截断，则这两个按钮在其他对话框中也可能被截断。
（5）在一段程序中发现了某些不良的编写程序的习惯，这个程序员其他程序可能也有类似问题，或者整个团队都有类似问题。

6. 合理安排测试计划

合理的测试计划有助于测试工作顺利有序地进行,因此要求在对软件进行测试之前所制订的测试计划中,应该结合多种针对性强的测试方法,列出所有可使用资源,建立一个正确的测试目标。

要本着严谨、准确的原则,周到细致地做好测试前期的准备工作,避免测试的随意性。尤其是要尽量科学合理地安排测试时间。测试时间安排尽量宽松,不要希望在极短的时间内完成一个高水平的测试。

7. 测试时既要考虑合法情况,也要考虑非法情况

设计测试用例时应考虑到合法的输入和不合法的输入,以及各种边界条件特殊情况下要制造极端状态和意外状态,如网络异常中断、电源断电等。

8. 对缺陷结果要进行一个确认过程

一般由 A 测试出来的错误,一定要由 B 来确认。严重的错误可以召开评审会议进行讨论和分析,对测试结果要进行严格地确认,是否真的存在这个问题以及严重程度等。

9. 妥善保存所有文档

在测试过程中应妥善保存所有文档,包括测试计划、测试用例、出错统计和最终分析报告,为维护提供方便。

2.1.3　软件测试与软件开发的关系

软件开发过程一般包括六个阶段,即第一阶段规划、第二阶段需求分析、第三阶段设计、第四阶段编写程序、第五阶段测试和第六阶段运行和维护,这六个阶段构成了软件的生存周期。软件测试在整个软件的生命周期中占有重要的地位,测试从生命周期的第一个阶段就开始了,并且贯穿整个软件开发生命周期,以检验各个阶段的成果是否达到预期的目标。

(1) 项目规划阶段:负责整个测试阶段的监控。

(2) 需求分析阶段:确定测试需求分析,制订系统测试计划。

(3) 概要设计和详细设计阶段:制订集成测试计划和单元测试计划。

(4) 编码阶段:开发相应的测试代码或测试脚本。

(5) 测试阶段:实施测试,并提交相应的测试报告。

软件测试的基本要求体现在两个方面,首先是软件产品的正确性和完整性,其次是软件系统的协调性和一致性。软件测试贯穿于软件开发过程的整个期间。软件测试与软件开发的关系如图 2-2 所示。

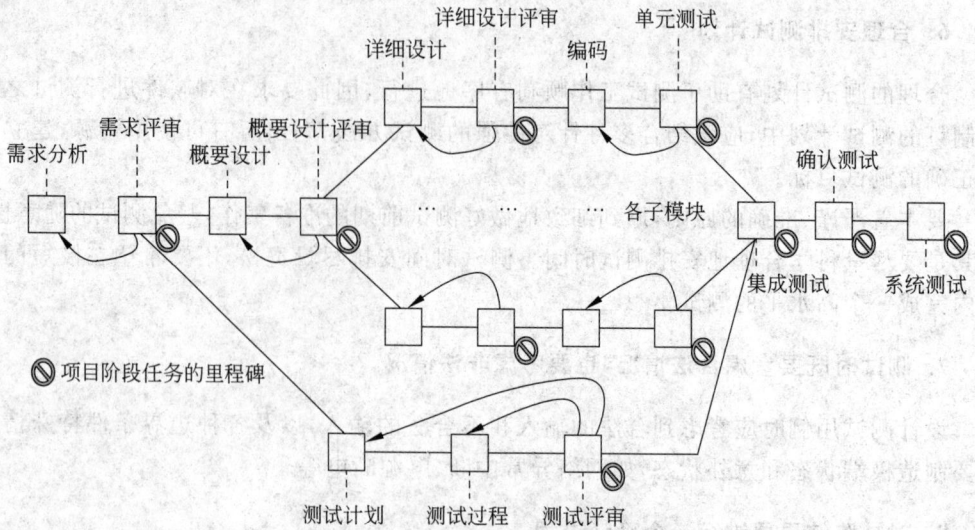

图 2-2　软件测试与软件开发的关系

2.2　软件测试模型

软件测试技术的发展过程中出现了很多的模型,下面介绍最具代表性 V 模型、W 模型、H 模型、X 模型和前置模型等五种模型。

1. V 模型

V 模型是最具有代表性的测试模型。V 模型最早是由 Paul Rook 在 20 世纪 80 年代后期提出的,旨在改进软件开发的效率和效果。V 模型是软件开发瀑布模型的变种,因此软件测试的过程模型中,V 模型是最广为人知的模型,如图 2-3 所示。

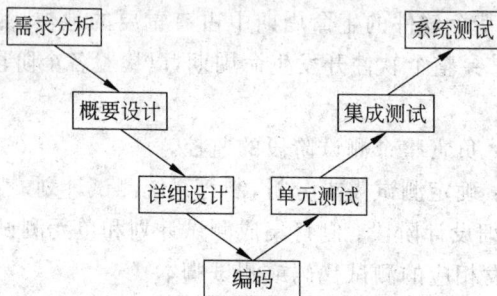

图 2-3　V 模型

V 模型描述了基本的开发过程和测试行为,左侧依次是需求分析、概要设计、详细设计和编码,右侧依次是编码、单元测试、集成测试和系统测试。V 模型的价值在于它非常明确地标明了测试过程中存在的不同级别,并且清楚地描述了这些测试阶段和开发过程期间各阶段的对应关系。V 模型主要反映测试活动与分析和设计的关系,各个阶段存在着一一对应关系。

V 模型局限性是把测试作为编码之后的最后一个活动,需求分析等前期产生的错误直到后期的验收测试才能发现。容易使人理解为测试是软件开发的最后一个阶段,主要是针对程序进行测试寻找错误,而需求分析阶段隐藏的问题一直到后期的验收测试才被发现。

2. W 模型

V 模型的局限性在于没有明确地说明早期的测试,无法体现"尽早地和不断地进行软件测试"的原则。在 V 模型中增加软件各开发阶段应同步进行的测试,演化为 W 模型,如图 2-4 所示。

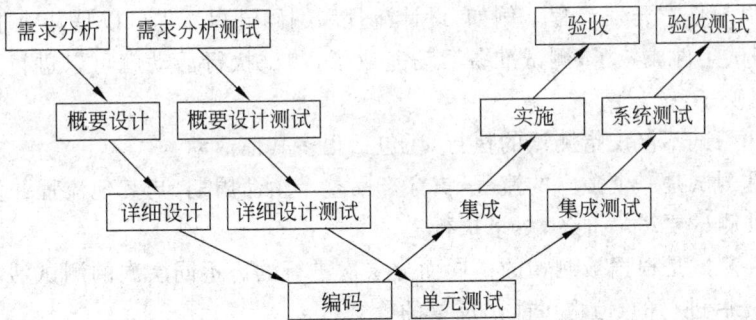

图 2-4　W 模型

W 模型由 Evolutif 公司提出,相对于 V 模型,W 模型更科学。W 模型是 V 模型的发展,强调的是测试伴随着整个软件开发周期,而且测试的对象不仅仅是程序,需求、功能和设计同样要测试。测试与开发是同步进行的,从而有利于尽早地发现问题。W 模型相当两个 V 模型的叠加,一个是开发的 V,一个是测试的 V。由于在项目中开发和测试的是同步进行,相当于两个 V 是同步并行的,测试在一定程度是随着开发的进展而不断向前进行。

W 模型也有局限性。W 模型和 V 模型都把软件的开发视为需求、设计、编码等一系列串行的活动,无法支持迭代、自发性以及变更调整。只是在 V 模型的基础上,增加了开发阶段的同步测试,形成 W 模型;测试与开发同步进行,有利于尽早发现问题。

3. H 模型

V 模型和 W 模型均存在一些不妥之处。首先,如前所述,它们都把软件的开发视为需求、设计、编码等一系列串行的活动,而事实上,虽然这些活动之间存在相互牵制的关系,但在大部分时间内,它们是可以交叉进行的。虽然软件开发期望有清晰的需求、设计和编码阶段,但实践告诉我们,严格的阶段划分只是一种理想状况。现实工作中有几个软件项目是在有了明确的需求之后才开始设计的呢?所以,相应的测试之间也不存在严格的次序关系。同时,各层次之间的测试也存在反复触发、迭代和增量关系。其次,V 模型和 W 模型都没有很好地体现测试流程的完整性。为了解决以上问题,提出了 H 模型。

它将测试活动完全独立出来,形成一个完全独立的流程,将测试准备活动和测试执行活动清晰地体现出来。H 模型如图 2-5 所示。

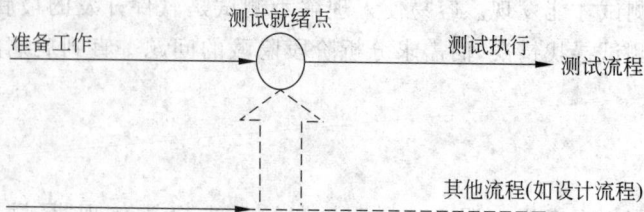

图 2-5　H 模型

H 模型图仅仅演示了在整个生存周期中某个层次上的一次测试"微循环"。图中的其他流程可以是任意开发流程。例如,设计流程和编码流程。也可以是其他非开发流程。因此,只要测试条件成熟了,测试准备活动完成了,测试执行活动就可以进行了。概括地说,H 模型反映了:

(1) 软件测试不仅仅指测试的执行,还包括很多其他活动。

(2) 软件测试是一个独立的流程,贯穿产品整个生命周期,与其他流程并发地进行。

(3) 软件测试要尽早准备,尽早执行。

(4) 软件测试是根据被测物的不同而分层次进行的。不同层次的测试活动可以是按照某个次序先后进行的,但也可能是反复的。

在 H 模型中,软件测试模型是一个独立的流程,贯穿于整个产品周期,与其他流程并发地进行。当某个测试时间点就绪时,软件测试即从测试准备阶段进入测试执行阶段。

4. X 模型

X 模型也是对 V 模型的改进,X 模型提出针对单独的程序片段进行相互分离的编码和测试,此后通过频繁交接,最终集成为可执行的程序,如图 2-6 所示。

X 模型的左边描述的是针对单独程序片段所进行的相互分离的编码和测试,此后将进行频繁交接,通过集成最终成为可执行的程序,然后再对这些可执行程序进行测试。已通过集成测试的成品可以进行封装并提交给用户,也可以作为更大规模和范围内集成的一部分。多根并行的曲线表示变更可以在各个部分发生。由图 2-6 可见,X 模型还定位了探索性测试,这是不进行事先计划的特殊类型的测试,这一方式往往能帮助有经验的测试人员在测试计划之外发现更多的软件错误。但是这样可能对测试造成人力、物力和财力的浪费,对测试员的熟练程度要求比较高。

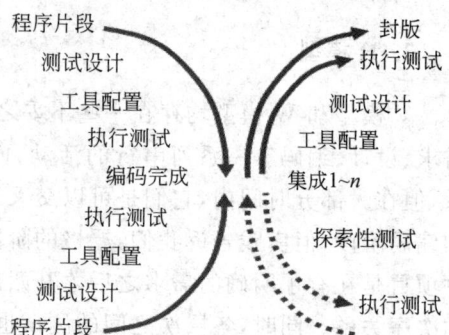

图 2-6　X 模型

5. 前置模型

前置测试是一个将测试和开发紧密结合的模型,该模型提供了轻松的方式,可以使项目开发加快速度,如图 2-7 所示。

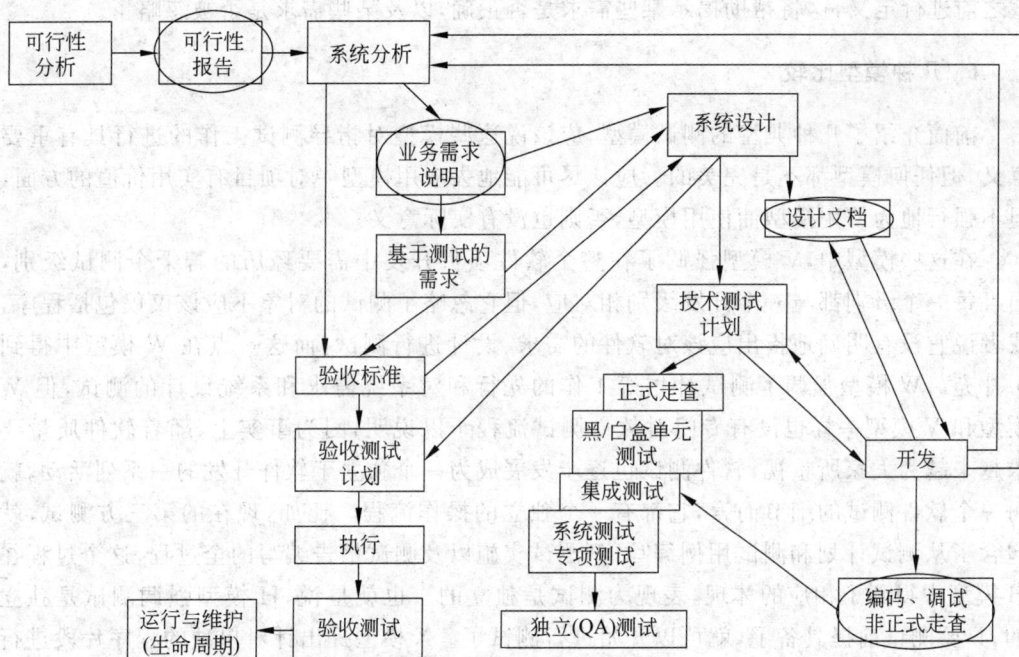

图 2-7 前置模型

前置模型体现了下列要点。

1) 开发和测试相结合

前置模型将开发和测试的生命周期整合在一起,标识了项目生命周期从开始到结束之间的关键行为。并且表示了这些行为在项目周期中的价值所在。如果其中有些行为没有得到很好的执行,那么项目成功的可能性就会因此而有所降低。如果有业务需求,则系统开发过程将更有效率。我们认为在没有业务需求的情况下进行开发和测试是不可能的。而且,业务需求最好在设计和开发之前就被正确定义。

2) 对每一个交付内容进行测试

每一个交付的开发结果都必须通过一定的方式进行测试。源程序代码并不是唯一需要测试的内容。在图 2-7 中的被圈框表示了其他一些要测试的对象,包括可行性报告、业务需求说明以及系统设计文档等。这同 V 模型中开发和测试的对应关系是相一致的,并且在其基础上有所扩展,变得更为明确。

前置模型包括两项测试计划技术。其中的第一项技术是开发基于需求的测试用例,这并不仅仅是为以后提交上来的程序的测试做好初始化准备,也是为了验证需求是否是可测试的。这些测试可以交由用户进行验收测试,或者由开发部门做某些技术测试。很多测试团体都认为,需求的可测试性即使不是需求首要的属性,也应是其最基本的属性之一。因此,在必要的时候可以为每一个需求编写测试用例。不过,基于需求的测试最多也只是和需求本身一样重要。一项需求可能本身是错误的,但它仍是可测试的。而且,你无法为一些被忽略的需求来编写测试用例。第二项技术是定义验收标准。在接受交付的系统之前,用户需要用验收标准来进行验证。验收标准并不仅仅是定义需求,还应在前置测试之前进行定义,这将帮助揭示某些需求是否正确,以及某些需求是否被忽略了。

6. 几种模型比较

前面介绍了几种典型的测试模型,应该说这些模型对指导测试工作的进行具有重要意义,但任何模型都不是完美的。应该尽可能地去应用模型中对项目有实用价值的方面,但不强行地为使用模型而使用模型,否则也没有实际意义。

在这些模型中,V模型强调了在整个软件项目开发中需要经历的若干个测试级别,而且每一个级别都与一个开发级别相对应,但它忽略了测试的对象不应该仅仅包括程序,或者说它没有明确地指出应该对软件的需求、设计进行测试,而这一点在W模型中得到了补充。W模型强调了测试计划等工作的先行和对系统需求和系统设计的测试,但W模型和V模型一样也没有专门对软件测试流程予以说明,因为事实上,随着软件质量要求越来越为大家所重视,软件测试也逐步发展成为一个独立于软件开发的一系列活动,就每一个软件测试的细节而言,它都有一个独立的操作流程。比如,现在的第三方测试,就包含了从测试计划和测试用例编写,到测试实施以及测试报告编写的全过程,这个过程在H模型中得到了相应的体现,表现为测试是独立的。也就是说,H模型强调测试是独立的,只要测试前提具备了,就可以开始进行测试了。X模型提出针对单独的程序片段进行相互分离的编码和测试,然后经过频繁交接,通过集成最终合成为可执行的程序。前置模型体现了开发与测试的结合,要求对每个交付的内容进行测试。

因此,在实际的工作中,要灵活地运用各种模型的优点,并同时将测试与开发紧密结合,寻找恰当的就绪点开始测试并反复迭代测试,最终保证按期完成预定任务。

2.3 软件测试过程

软件测试过程的先后顺序可以分为单元测试、集成测试、确认测试、系统测试、验收测试等阶段。软件测试过程如图 2-8 所示。

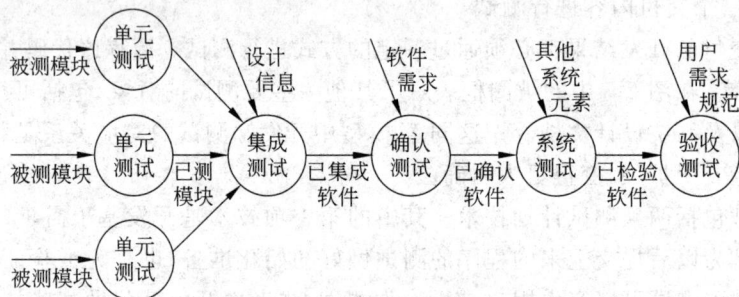

图 2-8 软件测试过程

1. 单元测试

单元测试(Unit Testing),又称模块测试。在软件测试的开始阶段进行的测试,是软件开发过程中要进行的最低级别的测试活动,或者说是针对软件设计的最小单位程序模块进行的测试工作。其目的在于发现每个程序模块内部可能存在的差错。单元测试是开发者编写的一小段代码,用于检验被测代码的一个很小的、很明确的功能是否正确。通常而言,一个单元测试用于判断某个特定条件(或者场景)下某个特定函数的行为。

单元测试是由开发人员自己来完成,最终受益的也是开发人员自己。进行单元测试,就是为了证明这段代码的行为和期望的一致。对于开发人员来说,如果养成了对自己写的代码进行单元测试的习惯,不但可以写出高质量的代码,而且还能提高编程水平。

单元测试具有如下特征:

(1) 单元测试是针对软件设计的最小单位程序模块进行。

(2) 单元测试的执行率100%。

(3) 单元测试提升了软件系统的可信度。

(4) 单元测试包括对可能出现问题的代码进行排查。

(5) 单元测试准确反映代码的变化便于后期维护。

2. 集成测试

集成测试(Integration Testing),也称为组装测试或联合测试。集成就是把多个单元组合起来形成更大的单元。在单元测试的基础上,将所有模块按照设计要求组装成为子系统或系统,进行集成测试。通过实践发现,一些模块虽然能够单独工作,但并不能保证连接起来也能正常工作。程序在某些局部反映不出来的问题,在全局上很可能暴露出来,影响功能的实现。

集成测试的最简单的形式是:两个已经测试过的单元组合成一个组件,并且测试它们之间的接口。从这一层意义上讲,组件是指多个单元的集成聚合。在现实方案中,许多单元组合成组件,而这些组件又聚合成程序的更大部分。方法是测试片段的组合,并最终扩展进程,将您的模块与其他组的模块一起测试。最后,将构成进程的所有模块一起测试。此外,如果程序由多个进程组成,应该成对测试它们,而不是同时测试所有进程。

集成测试分为非渐增式集成和渐增式集成。非渐增式集成先分别测试每个模块,再把所有模块按设计要求放在一起结合成所要的程序。渐增式集成把下一个要测试的模块同已经测试好的模块结合起来进行测试,然后再把下一个待测试的模块结合起来进行测试,同时完成单元测试和集成测试。渐增式集成测试具体又分为自底向上集成测试、自顶向下集成测试、三明治集成测试等。

3. 确认测试

确认测试(Validation Testing)又称有效性测试或合格性测试。其目的是对软件产品进行评估以确定其是否满足软件需求的过程。确认测试一般通过一系列黑盒测试来实现软件确认。在测试时一般不由软件开发人员执行,而应由软件企业中独立的测试部门或第三方测试机构来完成。

经过集成测试以后,各个模块已经按照设计要求组装成一个完整的软件系统,各个模块间存在的问题基本解决。为了验证软件的有效性,要对它的功能和性能等方面做进一步的评价,就需要确认测试。确认测试结束后要给出一个完整评价,包括测试其功能和性能等方面是否满足需求规格说明的要求,产生一个缺陷清单,与开发部门协商出一个解决办法。

4. 系统测试

系统测试(System Testing)是针对整个产品系统进行的测试,其目的是验证系统是否满足了需求规格的定义,找出与需求规格不相符合或与之矛盾的地方。系统测试的对象不仅仅包括需要测试的产品系统的软件,还要包含软件所依赖的硬件、外设等。系统测试实际上是针对系统中各个组成部分进行的综合性检验,很接近人们的日常测试实践。

系统测试的目标是确保系统测试的活动是按计划进行;验证软件产品是否与系统需求用例不相符合;建立完善的系统测试缺陷记录跟踪库;确保软件系统测试活动及其结果及时通知有关人员。

一般可以把系统测试的过程划分为五个阶段:测试计划阶段、测试用例分析和设计阶段、测试实施阶段、测试执行阶段、分析评估阶段。

1) 测试计划阶段

系统测试计划的好与坏影响着后续测试工作的进行,系统测试计划的制定对系统测试的顺利实施起着至关重要的作用。一般是由测试经理依据系统需求规约和系统需求分析规约并结合项目计划来制定,有时系统测试计划也需要项目的管理者和测试技术人员参与。

2) 测试用例分析和设计阶段

在参考系统测试计划、系统需求规约及需求分析规约的基础上,对系统进行测试分析。本阶段工作主要由测试技术人员来完成。

3) 测试实施阶段

这个阶段的主要工作是搭建测试环境、准备测试工具、测试开发及脚本的录制,可能还会涉及必要的相关培训,如工具的培训等。另外,本阶段需要确定系统测试的软件版本基线。

4) 测试执行阶段

本阶段主要是完成测试用例的执行、记录、问题跟踪修改等工作。

5) 分析评估阶段

当系统测试执行结束后,要召集相关人员,如测试设计人员、系统设计人员等对测试结果进行评估形成一份系统测试分析报告,测试结果数据来源于手工记录或自动化工具的记录,以确定系统测试是否通过。系统测试的方法很多,如性能测试、压力测试、容量测试、安全性测试、可靠性测试、健壮性测试、兼容性测试、可用性测试、安装性测试、容错性测试、配置测试、冒烟测试、GUI测试、文档测试、网站测试、恢复性测试、协议测试等。

5. 验收测试

验收测试(Verification Testing)即通过测试发现错误,报告异常情况,提出批评意见,然后再进行改错和完善、并修正。验收测试目的:向用户表明所开发的软件系统能够像用户所预定的那样工作。软件测试活动是技术测试的最后一个阶段,也称为交付测试。

验收测试的主要任务:

(1) 明确规定验收测试通过的标准。

(2) 确定验收测试方法。

(3) 确定验收测试的组织和可利用的资源。

(4) 确定测试结果的分析方法。

(5) 制定验收测试计划并进行评审。

(6) 设计验收测试的测试用例。

(7) 审查验收测试的准备工作。

(8) 执行验收测试。

(9) 分析测试结果,决定是否通过验收。

验收测试在测试项目小组的协助下,由用户代表执行,测试人员在验收测试阶段将协助用户代表进行测试,并向用户解释测试用例的结果。

2.4 软件测试基本理论

本节首先介绍软件测试用例设计的概念、重要性和如何设计;然后介绍软件测试的基本方法,包括静态测试、动态测试、黑盒测试、白盒测试和灰盒测试等;最后是软件测试过程中应该避免进入的误区。

2.4.1 软件测试用例设计

在讲解软件测试用例设计之前,先举一个例子。当测试登录如图 2-9 所示的网易邮箱时,需要如何设计? 可以尝试不同的电子邮件和密码的组合进行测试,例如:

(1) 输入正确的电子邮件和正确的密码,成功登录。

(2) 输入正确的电子邮件和错误的密码,登录失败。

(3) 输入错误的电子邮件和正确的密码,登录失败。

(4) 输入错误的电子邮件和错误的密码,登录失败。

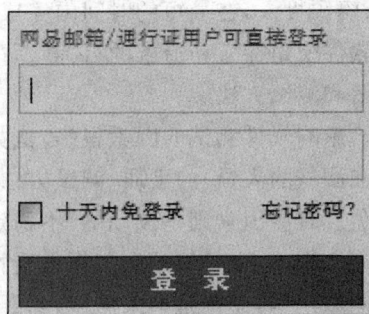

图 2-9 网易邮件登录界面

(5) 不输入电子邮件和正确的密码,单击"登录"按钮,登录失败。

⋮

上面每一种测试组合都是一个测试用例,做任何测试都要首先设计测试用例。而设计测试用例的具体方法需要根据是白盒测试还是黑盒测试,是语句覆盖测试还是路径覆盖测试,具体问题具体分析。

1. 测试用例的概念

测试用例(Test Case)指对一项特定的软件产品进行测试任务的描述,体现测试方案、方法、技术和策略。内容包括测试目标、测试环境、输入数据、测试步骤、预期结果、测试脚本等,并形成文档。

测试用例是为某个特殊目标而编制的一组测试输入、执行条件以及预期结果,以便测试某个程序路径或核实是否满足某个特定需求。测试用例是对软件测试的行为活动做一个科学化的组织归纳,目的是将软件测试的行为转化成可管理的模式;同时测试用例也是将测试具体量化的方法之一,不同类别的软件,测试用例是不同的。

要使最终用户对软件感到满意,最有力的举措就是对最终用户的期望加以明确阐述,以便对这些期望进行核实并确认其有效性。测试用例反映了要核实的需求。然而,核实这些需求可能通过不同的方式并由不同的测试员来实施。例如,执行软件以便验证它的功能和性能,这项操作可能由某个测试员采用自动测试技术来实现;计算机系统的关机步骤可通过手工测试和观察来完成;不过,市场占有率和销售数据(以及产品需求),只能通过评测产品和竞争销售数据来完成。

既然可能无法(或不必负责)核实所有的需求,那么是否能为测试挑选最适合或最关键的需求则关系到项目的成败。选中要核实的需求将是对成本、风险和对该需求进行核实的必要性这三者权衡考虑的结果。

2. 测试用例的重要性

测试用例构成了设计和规划测试过程的基础。测试工作量与测试用例的数量成比例。有了全面且细化的测试用例,可以更准确地估计测试周期各连续阶段的时间安排。

测试用例是软件测试的核心,软件测试的重要性是毋庸置疑的。但如何以最少的人力、资源投入,在最短的时间内完成测试,发现软件系统的缺陷,保证软件的优良品质,则是软件公司探索和追求的目标。每个软件产品或软件开发项目都需要有一套优秀的测试方案和测试方法。

影响软件测试的因素很多,例如软件本身的复杂程度、开发人员(包括分析、设计、编程和测试的人员)的素质、测试方法和技术的运用等。因为有些因素是客观存在的,无法避免。有些因素则是波动的、不稳定的,例如开发队伍是流动的,有经验的走了,新人不断补充进来;一个具体的人工作也受情绪等影响,等等。如何保障软件测试质量的稳定?有了测试用例,无论是谁来测试,参照测试用例实施,都能保障测试的质量。可以把人为因素的影响减少到最小。即便最初的测试用例考虑不周全,随着测试的进行和软件版本更新,也将日趋完善。

3. 测试用例的设计方法

由于穷举测试是不可能的,故测试人员应从数量极大的可用测试用例中精心挑选数量有限的具有代表性或特殊性的测试用例,以高效地揭露程序或软件中的错误。

设计测试用例的基本准则如下所述。

准则一：测试用例的代表性。

准则二：测试用例的非重复性。

准则三：测试结果的可判定性。

准则四：测试结果的可再现性。

1）白盒技术

由于白盒测试是结构测试，所以被测对象基本上是源程序，以程序的内部逻辑为基础设计测试用例。

程序内部的逻辑覆盖程度，当程序中有循环时，覆盖每条路径是不可能的，要设计使覆盖程度较高的或覆盖最有代表性的路径的测试用例。下面分别介绍几种常用的覆盖技术。

（1）语句覆盖。

为了提高发现错误的可能性，在测试时应该执行到程序中的每一个语句。语句覆盖是指设计足够的测试用例，使被测试程序中每个语句至少执行一次。

（2）判定覆盖。

判定覆盖指设计足够的测试用例，使得被测程序中每个判定表达式至少获得一次"真"值和"假"值，从而使程序的每一个分支至少都通过一次，因此判定覆盖也称分支覆盖。

（3）条件覆盖。

条件覆盖是指设计足够的测试用例，使得判定表达式中每个条件的各种可能的值至少出现一次。

（4）判定/条件测试。

该覆盖标准指设计足够的测试用例，使得判定表达式的每个条件的所有可能取值至少出现一次，并使每个判定表达式所有可能的结果也至少出现一次。

（5）条件组合覆盖。

条件组合覆盖是比较强的覆盖标准，它是指设计足够的测试用例，使得每个判定表达式中条件的各种可能的值的组合都至少出现一次。

（6）路径覆盖。

路径覆盖是指设计足够的测试用例，覆盖被测程序中所有可能的路径。

2）黑盒技术

（1）等价类划分。

划分等价类，确定有效等价类和无效等价类，确定测试用例，为每一个等价类编号。

（2）边界值分析。

使用边界值分析方法设计测试用例时一般与等价类划分结合起来。但它不是从一个等价类中任选一个例子作为代表，而是将测试边界情况作为重点目标，选取正好等于、刚刚大于或刚刚小于边界值的测试数据。

4. 测试用例设计的误区

（1）作为测试实施依据的测试用例，必须要能完整覆盖测试需求，而不应该针对单个的测试用例去评判好坏。

（2）测试用例应该给出所有的操作信息，使一个没有接触过系统的人员也能进行测试。

（3）测试用例设计是一劳永逸的事情。

这句话可能没有一个人会同意，但在实际情况中，却经常能发现这种想法的影子。导致的后果是测试用例和缺陷报告成了废纸一堆。另外，认为设计测试用例是一次性投入，片面追求测试用例设计一步到位，导致设计的测试用例与需求和设计不同步的情况在实际开发过程屡屡出现。

几乎所有软件项目的开发过程都处于不断变化过程中。设计软件测试用例与软件开发设计并行进行，必须根据软件设计的变化，对软件测试用例进行内容的调整和数量的增减，增加一些针对软件新增功能的测试用例，删除一些不再适用的测试用例，修改那些模块代码更新了的测试用例。

（4）好的用例是能发现未知 BUG 的用例。

这句话其实是很有道理的，然而很多测试人员都曲解了这句话的原意。他们把测试用例视为孤立的个例，盲目追求设计"难于发现的缺陷"的用例，忘记了测试的目标是尽可能发现程序中存在的缺陷。

（5）让新手设计测试用例即可。

实际工作中经常让测试新手设计测试用例，新手往往感到无从下手。实际上，测试新手设计的测试用例往往存在设计出的测试用例对软件功能和特性的覆盖度不高、功能设计的颗粒度不合理、可复用性差等诸多缺陷。软件测试用例设计是软件测试的中高级技能，不是每个人（尤其是测试新手）都可以编写的，测试用例编写者不仅要掌握软件测试的技术和流程，而且要对被测软件的需求、功能规格说明以及程序结构等有比较透彻的理解。我们建议安排经验丰富的测试人员进行测试用例设计，测试新手可以从执行测试用例开始，随着测试人员的测试技术的提高和对被测软件的熟悉，可以学习测试经验丰富的测试人员的用例设计经验，尝试编写测试用例。

测试用例设计好以后，还需要不断地改进，比如发现了新的缺陷以后，应及时补充新的测试用例，以期达到好的测试效果。

2.4.2 软件测试方法

在诸多软件测试方法中，本节主要给出了静态测试、动态测试、白盒测试、黑盒测试和灰盒测试的基本概念，具体的操作或实现方法将在后面介绍。

1. 静态测试

静态测试（Static Testing），指测试时不运行的部分，例如测试产品说明书，对此进行检查和审阅。静态方法是指不运行被测程序本身,仅通过分析或检查源程序的文法、结构、过程、接口等来检查程序的正确性。静态方法通过程序静态特性的分析,找出欠缺和可疑之处。静态测试结果可用于进一步查错,并为测试用例选取提供指导。静态测试常用工具有 LogiScope、TestWork 等。

1)静态测试可能发现的程序缺陷

(1)不匹配的参数。

(2)不适当的循环嵌套和分支嵌套。

(3)不允许的递归。

(4)未定义过的变量。

(5)空指针的引用和可疑的计算。

(6)遗漏的符合和代码。

(7)无终止的死循环。

2)静态测试可能发现的程序中潜在的问题

(1)未使用过的变量。

(2)无法执行到的代码。

(3)可疑的代码。

(4)潜在的死循环。

⋮

2. 动态测试

动态测试(Dynamic Testing),指的是实际运行被测程序,输入相应的测试数据,检查实际输出结果和预期结果是否相符的过程,所以判断一个测试属于动态测试还是静态测试的唯一的标准就是看是否运行程序。

动态测试是通过观察代码运行时的动作,来提供执行跟踪、时间分析以及测试覆盖度方面的信息。动态测试通过真正运行程序发现错误。

3. 白盒测试

白盒测试(White Box Testing),白盒测试又称结构测试或者逻辑驱动测试。白盒测试是把测试对象视为一个打开的盒子。利用白盒测试法进行动态测试时,需要测试软件产品的内部结构和处理过程,无须测试软件产品的功能。

白盒测试法的覆盖标准有逻辑覆盖、循环覆盖和基本路径测试。其中逻辑覆盖包括语句覆盖、判定覆盖、条件覆盖、判定/条件覆盖、条件组合覆盖和路径覆盖。

白盒测试是知道产品内部工作过程,可通过测试来检测产品内部动作是否按照规格说明书的规定正常进行,按照程序内部的结构测试程序,检验程序中的每条通路是否都有能按预定要求正确工作,而不顾它的功能,白盒测试的主要方法有逻辑驱动、基路测试等,主要用于软件验证。白盒测试常用工具有 Jtest、C++ Test、Logiscope 等。

4. 黑盒测试

黑盒测试(Black Box Testing),黑盒测试又称功能测试或者数据驱动测试。黑盒测试是根据软件的规格对软件进行的测试,这类测试不考虑软件内部的运作原理,因此软件对用户来说就像一个黑盒子,如图 2-10 所示。

程序

输入 ⟹ 输出

图 2-10 黑盒测试

软件测试人员以用户的角度,通过各种输入和观察软件的各种输出结果来发现软件存在的缺陷,而不关心程序具体如何实现的一种软件测试方法。黑盒测试常用工具有WinRunner、LoadRunner、AutoRunner 等。

5. 灰盒测试

灰盒测试(Gray box Testing),单纯从名称上来看,灰盒测试是介于黑盒测试与白盒测试之间的一种测试方式。灰盒测试是基于程序运行时的外部表现同时又结合程序内部逻辑结构来设计用例,执行程序并采集程序路径执行信息和外部用户接口结果的测试技术。

2.4.3 软件测试的误区

软件测试是软件质量的重要保证,国内外著名的软件企业对软件测试工作十分重视。在软件开发中发现缺陷越多,对软件质量就越有保障。所以,软件测试在软件项目实施过程中的重要性日益突出。但是,现实情况是,与软件编程比较,软件测试的地位和作用,还没有真正受到重视,对于很多人还存在对软件测试的认识误区,这进一步影响了软件测试活动开展和真正提高软件测试质量。

1. 测试与调试程序是一回事

在软件开发过程中调试和测试是两个不同的过程,分别由软件开发人员和软件测试人员来承担。其一,调试的过程是随机的,而测试是有计划的;其二,调试的目的是为了确认问题的存在并且加以解决,以使得程序可以正常运行,而测试的目的是为了发现与软件系统规格和标准不相符的问题,保证软件能够满足用户需要。二者既有不同点,也有共同之处,即都是为了提高软件的质量。

2. 忽视需求阶段的参与

软件测试工作同时兼顾了"证明软件的实现和需求是一致的"和"验证软件在某些情况下可能会产生问题"的两个方面。因此,测试人员对需求的理解就从另一个角度影响了整个测试工作的可靠性和效率。测试人员和开发人员同时、同等地从上游获得需求,并持有自己的理解,可以排除部分功能实现和需求错位的问题。

假设某软件公司,需求文档本来就不是很完善,从市场调研人员到项目经理、开发经理、再到具体的程序员,每一层之间的传递都有可能存在需求理解上的偏差。让测试人员参与需求阶段的工作,可以在一定程度上起到双保险。

3. 软件开发完成后进行软件测试

一般认为,软件项目要经过以下几个阶段:需求分析、概要设计、详细设计、软件编码、软件测试和软件发布。据此,认为软件测试只是软件编码后的一个过程。这是不了解软件测试周期的错误认识。软件测试是一个系列过程活动,包括软件测试需求分析、测试计划设计、测试用例设计和执行测试。因此,软件测试贯穿于软件项目的整个生命过程。在软件项目的每一个阶段都要进行不同目的和内容的测试活动,以保证各个阶段的正确性。软件测试的对象不仅仅是软件代码,还包括软件需求文档和设计文档。软件开发与软件测试应该是交互进行的,例如,单元编码需要单元测试,模块组合阶段需要集成测试。如果等到软件编码结束后才进行测试,那么,测试的覆盖面将很不全面,测试的效果也将大打折扣。更严重的是如果此时发现了软件需求阶段或概要设计阶段的错误,如果要修复该类错误,将会耗费大量的时间和人力,其代价是巨大的。

4. 期望短期通过增加软件测试投入,迅速达到零缺陷率

即使有充裕的资金,也不是说软件测试投入得越多越好。增加测试人力和时间上的投入,的确能找出更多的缺陷。但二者不是一种线性关系,随着测试投入的不断放大,产品质量上升是逐渐收敛的。一个项目投入 10 个测试人员,发现了 70% 的缺陷,并不表明投入 20 个人就能找出几乎所有的缺陷,也许这个数字只会是 85%。所以,根据公司的具体情况,如策略方针、市场定位以及产品类别等因素,来决定开发和测试人员的比率和测试投入才是合理的。

5. 规范化软件测试使项目成本增加

增加软件测试人员和预留项目测试时间,表面上看是增加了人员成本或延长了项目周期,为此会投入更多的项目资金。然而,越早发现软件中存在的问题,开发费用就越低。美国质量保证研究所对软件测试的研究结果表明:在编码后修改软件缺陷的成本是编码前的 10 倍,在产品交付后修改软件缺陷的成本是交付前的 10 倍。软件质量越高,软件发布后的维护费用越低。

6. 期望用测试自动化代替人工劳动

现在很多的企业首先是从节约成本的角度考虑去引入测试自动化工具的。自动化测试工具的确能用于完成部分重复、枯燥的手工作业,但不要指望它来代替人工测试。一般来讲,产品化的软件更适于功能测试的自动化,由标准模块组装的系统更好,因为其功能稳定,界面变化不大。不要因为自动化测试工具前面有"自动化"三个字就认为它的主要

目的是来代替手工劳动的。

7. 软件测试是技术要求不高的岗位

以目前用人最多的黑盒功能测试岗位来说，测试人员对计算机技术的要求也许可以不是很高。但是，测试人员除了逻辑思维、沟通能力等自身素质外，技能暂且可分为两种：一是行业知识，比如丰富的财务或 ERP 实施经验；另一种是计算机技术，如计算机语言和软件项目经验。好的测试人员不仅有程序设计基础，更要有严谨的态度和严密的思维，利用自己丰富的行业经验，判断需求到系统功能的实现是否合理。软件测试需要站在一定高度对软件框架、设计方法、项目管理等做出合理的建议。所有这些都说明软件测试是一个对技术要求很高的行业。

8. 软件发布后如果发现质量问题，那是软件测试人员的错

这种认识对软件测试人员的积极性是一种打击。软件中的错误可能来自软件项目中的各个过程，软件测试只能确认软件存在错误，不能保证软件没有错误，因为从根本上讲，软件测试不可能发现全部的错误。从软件开发的角度看，软件的高质量不是软件测试人员测出来的，是靠软件生命周期的各个过程中设计出来的。出现软件错误，不能简单地归结为某一个人的责任，有些错误的产生可能不是技术原因，可能来自于混乱的项目管理。应该分析软件项目的各个过程，从过程改进方面寻找产生错误的原因和改进的措施。

9. 软件测试是测试人员的事情，与程序员无关

一个好的软件项目需要软件测试人员、程序员和系统分析师等保持密切的联系，需要更多的交流和协调，以便提高测试效率。另外，对于单元测试主要应该由程序员完成，必要时测试人员可以帮助设计测试样例。对于测试中发现的软件错误，很多需要程序员通过修改编码才能修复。程序员可以通过有目的的分析软件错误的类型、数量，找出产生错误的位置和原因，以便在今后的编程中避免同样的错误，积累编程经验，提高编程能力。

10. 项目进度吃紧时可以少做些测试，等到时间富裕时再多做测试

这是不重视软件测试的表现，也是软件项目过程管理混乱的表现，必然会降低软件测试的质量。一个软件项目的顺利实现需要有合理的项目进度计划，其中包括合理的测试计划，对项目实施过程中的任何问题，都要有风险分析和相应的对策，不要因为开发进度的延期而简单地缩短测试时间、人力和资源。因为缩短测试时间带来的测试不完整，对项目质量的下降引起的潜在风险，往往造成更大的浪费。克服这种现象的最好办法是加强软件过程的计划和控制，包括软件测试计划、测试设计、测试执行、测试度量和测试控制。

11. 通过软件测试发现所有问题

我们不可能对程序的所有输入都进行测试，不可能对程序的所有输入组合都进行测试，不可能对程序的所有路径都进行测试，因此不可能通过软件测试发现所有问题。这种想法是不现实的，也是不可能完成的。

12. 通过测试证明软件的正确性

软件测试是为了检验所开发的软件系统是否达到用户的需求,是否能够按照规格和标准执行。通过测试并修改后的软件,只能说明已经发现的缺陷得到了改正,但并不能证明程序中就没有问题了。

2.5 软件质量

软件测试是按照测试方案和流程对产品进行测试,在执行测试用例后,需要跟踪故障,以确保开发的软件产品满足需求。软件测试是软件质量保证的关键步骤,软件质量越高,软件发布后的维护费用就越低。软件缺陷发现得越早,软件开发费用就越低。软件工程实践表明,深刻理解软件思想的工程师通过一系列软件测试步骤,可以大幅度地提高软件质量。

本节首先介绍了软件质量的定义、软件质量标准和软件质量标准的发展过程,然后详细介绍软件质量保证(SQA)、软件能力成熟度模型(CMM)和能力成熟度整合模型(CMMI)。

2.5.1 软件质量概述

1. 软件质量的定义

对软件质量的定义根据侧重点的不同,下面是比较权威的几种定义。

1979 年 Fisher 和 Light 将软件质量定义为:表征计算机系统卓越程度的所有属性的集合。1982 年他们将软件质量定义修改为:软件产品满足明确需求一组属性的集合。

ANSI/IEEE std729(1983)对软件质量定义是:软件产品中能够满足规定的和隐含的与定义的需求有关的全部特征和特性。具体地说,软件质量是软件符合明确叙述的功能和性能需求、文档中明确描述的开发标准以及所有专业开发的软件都应具有的隐含特征的程度。影响软件质量的主要因素包括正确性、健壮性、效率、完整性、可用性、可理解性、可维修性、灵活性、可测试性、可移植性、可再用性、互运行性等。

1994 年国际标准化组织 ISO8042 将软件质量定义为:反映实体满足明确的和隐含的需求的能力和特性的总和。

GB/T12504—1990 对软件质量定义是:软件质量是指软件产品中能满足给定需求的各种特性的总和。这些特性称为质量特性,包括功能度、可靠性、易用性、时间经济性、可维护性和移植性等。

GB/T11457—2006 对软件质量定义是:

(1) 软件产品中能满足给定需求的性质和特性的总体。

(2) 软件具有所期望的各种属性的组合程度。

（3）顾客和用户觉得软件满足其综合期望的程度。

（4）确定软件在使用中将满足顾客期望要求的程度。

反映软件质量特性的主要因素如下：

（1）正确性（Correctness）是指系统满足规格说明和用户目标的程度，即在预订环境下正确地完成预期功能的程度。

（2）可用性（Availability）是指系统能够正常运行的时间比例。

（3）可靠性（Reliability）是指系统在应用或者错误面前，在意外或者错误使用的情况下维持软件系统功能特性的能力。

（4）健壮性（Robustness）是指在处理或者环境中系统能够承受的压力或者变更能力。

（5）安全性（Security）是指系统向合法用户提供服务的同时能够阻止非授权用户使用的企图或者拒绝服务的能力。

（6）可修改性（Modification）是指能够快速地以较高的性能价格比对系统进行变更的能力。

（7）可变性（Changeability）是指体系结构扩充或者变更成为新体系结构的能力。

（8）易用性（Usability）是衡量用户使用软件产品完成指定任务的难易程度。

（9）可测试性（Testability）是指软件发现故障并隔离定位故障的能力特性以及在一定的时间或者成本前提下进行测试设计、测试执行能力。

（10）功能性（Function ability）是指系统所能完成所期望工作的能力。

（11）互操作性（Inter-Operation）是指系统与外界或系统与系统之间的相互作用能力。

（12）效率（Efficiency）是指系统能否有效地使用计算机资源，如时间和空间等。

（13）可理解性（Understandability）通常是指简单性和清晰性，对于同一用户要求，解决的方案可以有多个，其中最简单、最清晰的方案往往被认为是最好的方案。

总之，一个软件系统的质量应该从可维护性、可靠性、可理解性、效率等多个方面全面地进行评价。对于不同的软件系统，各个目标的重要程度是不同的，每个目标要求达到什么程度又受经费、时间等因素的限制，所以在开发具体软件系统的过程中，开发人员应该充分考虑各种不同的方案，在各种矛盾的目标之间进行权衡，并在一定的限制条件下使可维护性、可靠性、可理解性和效率等性质最大限度地得到满足。

2. 软件质量标准

软件质量按照制定的结构和适用的范围不同分为国际标准、国家标准、行业标准、企业标准和项目规范。

1）国际标准

国际标准是由国际联合机构制定和公布的、供各国参考的标准。国际标准化组织ISO（International Standards Organization）有着广泛的代表性和权威性，它所公布的标准也有较大的影响。其中，ISO建立了"计算机与信息处理技术委员会"，简称ISO/TC97，专门负责与计算机有关的标准化工作。这类标准通常冠有ISO字样，如ISO

8631—86 Information processing_program constructs and conventions for their representation 《信息处理——程序构造及其表示法的约定》。又如 ISO9001：2008《质量管理体系要求》。

2）国家标准

国家标准是由政府或国家级的机构制定或批准的、适用于全国范围的标准,如中华人民共和国国家技术监督局公布实施的标准,简称"国标"。现已批准了若干软件工程标准。

与软件工程和软件测试相关的国家标准有：

- GB/T 9386—1988《计算机软件测试文件编制规范》；
- GB/T 15532—1995《计算机软件单元测试规范》；
- GB/T 17544—1998《信息技术 软件包 质量要求和测试》；
- GB/T 16260.1—2003《软件工程 产品质量》；
- GBT 9386—2008《计算机软件测试文档编制规范》；
- GB/T 16260.1—2006《软件工程 产品质量》；
- GB/T 15532—2008《计算机软件测试规范》；
- GB/T 20917—2007《软件工程 软件测量过程》；
- GB/T 8567《计算机软件文档规范》；
- GB/T 18336.1—2008《信息技术 安全技术 信息技术安全性评估准则》；
- GB/T 20009—2005《信息安全技术 数据库管理系统安全评估准则》；
- GB/T 20273—2006《信息安全技术 数据库管理系统安全技术要求》；
- GB/T 21671—2008《基于以太网技术的局域网系统验收测评规范》；
- GB/T 18336.1—2008《信息技术 安全技术 信息技术安全性评估准则》；
- GB/T 20279—2006《信息安全技术 网络和终端设备隔离部件安全技术要求》；
- GB/T 20280—2006《信息安全技术 网络脆弱性扫描产品测试评价方法》；
- GB/T 20282—2006《信息安全技术 信息系统安全工程管理要求》；
- GB/T 20945—2007《信息安全技术 信息系统安全审计产品技术要求和测试评价方法》；
- GB/T 20984—2007《信息安全技术 信息安全风险评估规范》；
- GB/T 22239—2008《信息安全技术 信息系统安全等级保护基本要求》；
- GB/T 16260.1—2006《软件工程 产品质量》。

其他一些有影响的国家标准机构有：

- ANSI(American National Standards Institute)即美国国家标准协会,是美国一些民间标准化组织的领导机构,在美国和全球都有权威性。
- BS(British Standard)英国国家标准机构。
- JIS(Japanese Industrial Standard)日本工业标准机构。
- DIN(Deutsches Institut für Normung)德国标准协会。

3）行业标准

行业标准是由行业机构、学术团体或国防机构制定的、适用于某个业务领域的标准。例如,IEEE(Institute of Electrical and Electronics Engineers)美国电气与电子工程师学会。有一个软件标准分技术委员会(SESS),负责软件标准化活动。IEEE 公布的标准常冠有 ANSI 的字头。例如,ANSI/IEEE Str 828—1983《软件配置管理计划标准》。IEEE 829—1998《软件测试文档编制标准》。

GJB 中华人民共和国国家军用标准。这是由中国国防科学技术工业委员会批准,适合于国防部门和军队使用的标准。例如,GJB 437—88《军用软件开发规范》。

4) 企业标准

一些大型企业或公司,由于软件工程工作的需要,制定适用于本部门的规范。例如,美国 IBM 公司通用产品部 1984 年制定的《程序设计开发指南》,仅供该公司内部使用。

5) 项目规范

项目规范由某一企业或科研生产项目组织制定,为该项任务专用的软件工程规范,例如:

- 打印机测试规范;
- 扫描仪测试规范;
- 显示器测试规范;
- 硬盘测试规范;
- 投影机测试规范;
- 台式个人计算机测试规范;
- 笔记本测试规范;
- 显示卡测试规范;
- 服务器测试规范;
- 交换机测试规范;
- 防火墙测试规范。

3. 软件质量标准的发展过程

软件质量标准是 20 世纪 70 年代首先在美国国防部的军用标准发展而来的,其后很多跨国公司也制定自己的公司标准,一些国家制定自己国家的国标。

1986 年 11 月为了满足美国联邦政府评估软件供应商能力的要求,美国卡内基·梅隆大学软件工程研究院(SEI)展开研究,以探索一种保证软件产品质量、缩短开发周期和提高工作效率的软件工程模式与标准规范。1991 年,CMM 1.0 版正式推出,以后又出现了 CMMI。

2.5.2 软件质量保证

目前,质量管理越来越受关注,质量意识也不断在创新。单纯的质量检验已经发展到了全面质量管理、能力成熟度模型、零缺陷管理等新的理论、方法和体系。新的质量管理理念使得质量改进过程得到了极大的改善,完善的质量保证体系、严格的质量认证是软件企业提高生产力和竞争力的重要因素。相应地,高度的质量意识正慢慢扎根于软件研发和管理人员的灵魂深处,直至整个组织质量文化的形成,带来的一些有益探索和实践包括敏捷建模、极限编程、软件驱动开发、团队软件过程等。通过有效的软件质量管理模式和系统的软件质量工程体系,质量文化作为软件组织的全体员工共同质量价值观体现,发挥出越来越重要的作用,并贯穿到软件的整个生命周期。

1. 软件质量保证的定义

软件质量保证(Software Quality Assurance,SQA)是建立一套有计划,有系统的方法,来向管理层保证拟定出的标准、步骤、实践和方法能够正确地被所有项目所采用。软件质量保证的目的是使软件过程对于管理人员来说是可见的。它通过对软件产品和活动进行评审和审计来验证软件是合乎标准的。软件质量保证组在项目开始时就一起参与建立计划、标准和过程。这些将使软件项目满足机构方针的要求。

IEEE 中对软件质量保证的定义是:质量保证是有计划和系统性的活动,它对部件和产品满足确定的技术需求提供足够的信心。

伴随软件安全性问题,软件测试是利用测试工具按照测试方案和流程对产品进行功能和性能测试。或者根据需要编写不同的测试工具来设计和维护测试系统,并对测试方案可能出现的问题进行分析和评估。同时,在执行测试用例后,需要跟踪故障,以确保开发的软件产品满足需求。软件测试是软件质量保证的关键步骤,软件质量越高,软件发布后的维护费用就越低。软件缺陷发现得越早,软件开发费用就越低。软件工程实践表明,深刻理解软件思想的工程师通过一系列软件测试步骤,可以大幅度地提高软件质量。

2. SQA 的目标

实施软件质量保证的目标是以独立审查方式,从第三方的角度监控软件开发任务的执行,就软件项目是否正遵循已制定的计划、标准和规程,给开发人员和治理层提供反映产品和过程质量的信息和数据,提高项目透明度,同时辅助软件工程组取得高质量的软件产品。主要包括以下四个方面:

(1) 通过监控软件开发过程来保证产品质量。

(2) 保证开发出来的软件和软件开发过程符合相应标准与规程。

(3) 保证软件产品、软件过程中存在的不符合问题得到处理,必要时将问题反映给高级治理者。

(4) 确保项目组制定的计划、标准和规程适合项目组需要,同时满足评审和审计需要。

除了以上四个方面之外,我们还希望 SQA 能作为软件工程过程小组(SEPG)在项目组中的延伸,能够收集项目中好的实施方法和发现实施不利的原因,为修改企业内部软件开发整体规范提供依据,为其他项目组的开发过程实施提供先进方法和样例。

3. 对 SQA 人员的素质要求

(1) SQA 人员要有很强的沟通能力。从实施 SQA 的目的中可以看出,SQA 不在项目中,是独立于软件项目的第三方,但他要了解项目的开发过程和进度,捕捉到项目中不符合要求的问题,这就要求 SQA 人员能够深入项目,和软件开发经理以及项目组中的开发人员保持很好的沟通，这样才能及时获得真实的项目情况。

（2）SQA人员要熟悉软件开发过程。作为SQA人员，既然要确保项目组制定的计划、标准和规程符合项目组要求，那么SQA人员首先自己就要了解软件项目开发过程以及企业内部已经有的开发过程规范。

（3）SQA人员本身要有很强的计划性。SQA人员一方面要监督软件项目组编写计划，另一方面SQA人员自身的工作也要有计划，并且能够按照计划开展工作。

（4）SQA人员要能应对繁杂的工作。作为SQA人员在跟踪项目进行过程的时候要对项目组的很多工作产品进行审计，而且会参与项目组中的多种活动。同时一个SQA人员还有可能会面对多个项目组，所以任务相对繁杂，这就要求SQA人员在处理这些事物的时候要耐心细致。

（5）SQA人员要客观和有责任心。作为第三方对项目过程进行监督，SQA人员要能保持自己的客观性，不能一味讨好项目经理，也不能成为项目组中的宪兵，否则会影响工作的开展。对于项目组中多次协调解决不了的问题，要向项目的高层经理汇报，以完成SQA的使命。

以上五点是作为SQA人员应该具备的基本素质，此外，一个好的SQA人员还应该在软件开发过程中作为开发人员或测试人员参与过一个或多个环节，这样他们才能在过程监督中比较准确地抓住重点，同时他们的意见和提出的解决办法也会更贴近项目组，也容易被项目组接受。

4. SQA工作的主要内容

1）与SQA计划直接相关的工作

SQA在项目早期要根据项目计划制定与其对应的SQA计划，定义出各阶段的检查重点，标识出检查、审计的工作产品对象，以及在每个阶段SQA的输出产品。定义越具体，对于SQA今后的工作的指导性就会越强，同时也便于软件项目经理和SQA组长对其工作的监督。编写完SQA计划后要组织SQA计划的评审，并形成评审报告，把通过评审的SQA计划发送给软件项目经理、项目开发人员和所有相关人员。

2）参与项目的阶段性评审和审计

在SQA计划中通常已经根据项目计划定义了与项目阶段相应的阶段检查，包括参加项目在本阶段的评审和对其阶段产品的审计。对于阶段产品的审计通常是检查其阶段产品是否按计划按规程输出并内容完整，这里的规程包括企业内部统一的规程也包括项目组内自己定义的规程。但是SQA一般不负责检查阶段产品内容的正确性，对于内容的正确性通常交由项目中的评审来完成。SQA参与评审是从保证评审过程有效性方面入手，如参与评审的人是否具备一定资格、是否规定的人员都参见了评审、评审中对被评审的对象的每个部分都进行了评审、并给出了明确的结论等。

3）对项目日常活动与规程的符合性进行检查

这是SQA的日常工作内容。由于SQA独立于项目组，假如只是参与阶段性的检查和审计很难及时反映项目组的工作过程，所以SQA也要在两个阶段点之间设置若干小的跟踪点,来监督项目的进行情况,以便能及时反映出项目组中存在的问题,并对其进行追踪。假如只在阶段点进行检查和审计,即便发现了问题也难免过于滞后,不符合尽早发现问题、把问题控制在最小的范围之内的整体目标。

4) 对配置治理工作的检查和审计

SQA 要对项目过程中的配置治理工作是否按照项目最初制定的配置治理计划进行监督,包括配置治理人员是否定期进行该方面的工作、是否所有人得到的都是开发过程产品的有效版本。这里的过程产品包括项目过程中产生的代码和文档。

5) 跟踪问题的解决情况

对于评审中发现的问题和项目日常工作中发现的问题,SQA 要进行跟踪,直至解决。对于在项目组内可以解决的问题就在项目组内部解决,对于在项目组内部无法解决的问题,可以报告给高层经理。

6) 收集新方法,提供过程改进的依据

由于 SQA 人员有机会直接接触很多项目组,对于项目组在开发治理过程中的优点和缺点都能准确获得第一手资料。他们有机会了解项目组中治理好的地方是如何做的,采用了什么有效的方法,并将好的做法和方法在 SQA 小组的活动中与其他 SQA 人员共享。这样这些好的实施实例就可以被传播到更多的项目组中。对于企业内过程规范定义的不准确或是不方便的地方,软件项目组也可以通过 SQA 小组反映到软件工程过程小组,便于下一步对规程进行修改和完善。

5. 软件质量保证与软件测试的关系

软件测试是软件质量保证的重要手段。有些研究数据显示,国外软件开发机构一半以上的工作量花在软件测试上,对于一些要求高可靠、高安全的软件,测试费用可能相当于整个软件项目开发所有费用的 3 至 5 倍。由此可见,要成功开发出高质量的软件产品,必须重视并加强软件测试工作。

软件测试和软件质量保证是软件质量工程的两个不同层面的工作。软件测试只是软件质量保证工作的一个重要环节。

测试虽然也与开发过程紧密相关,但它所关心的不是过程的活动,相对的是关心结果。测试人员要对过程中的产物(开发文档和源代码)进行静态审核,运行软件,找出问题,报告质量甚至评估,而不是为了验证软件的正确性。当然,测试的目的是为了去证明软件有错,否则就违背了测试人员的本职了。因此,测试虽然对提高软件质量起了关键的作用,但它只是软件质量保证中的一个重要环节。

从公司业务出发,SQA 的工作是相对靠前,而软件测试相对靠后。这也同样验证了两者的本质区别,即软件测试和软件质量保证是软件质量工程的两个不同层面的工作。软件测试只是软件质量保证工作的一个重要环节。

软件质量保证 SQA 从流程方面保证软件的质量,而软件测试从技术方面保证软件的质量。

2.5.3 软件能力成熟度模型

随着时代的发展,人们开始意识到,软件的开发不仅仅在于新技术是否出现,更在于软件使用过程的管理。软件企业的开发结构只有在形成一套完整而熟练的过程后,其开发才能够步入正轨。目前,软件能力成熟度模型(CMM)作为当前世界上最流行、最实用的软件生产过程的评价标准,已被国际软件产业界公认为软件企业进入国际市场的通行证。

1. CMM 的产生

CMM 是 Capability Maturity Model for Software 的缩写,即软件能力成熟度模型。CMM 的研究始于 1986 年 11 月,为了满足美国联邦政府评估软件供应商能力的要求,美国卡内基·梅隆大学软件工程研究院(SEI)展开研究,以探索一种保证软件产品质量、缩短开发周期和提高工作效率的软件工程模式与标准规范。1991 年,CMM1.0 版正式推出,其后又修改升级为 CMM1.1、CMM2.0 等版本,并被纳入国际标准组织,成为认证标准之一。

CMM 除了包括有效开发软件的作业程序外,还分成了五个循序渐进的质量等级(CMM1~CMM5),分别为初始级、可重复级、已定义级、已管理级和优化级。其中,CMM5 是 CMM 认证的最高标准,可有效地帮助企业改进和优化管理,大大提高软件企业的开发水平和产品质量。根据 SEI 的统计,软件企业在引入 CMM 管理后,劳动生产率平均增长 35%,错误比率平均减少 39%,平均成本回报率为 5∶1。

获得 CMM 认证对许多软件外包企业有着不可抵挡的诱惑。所谓"外包",就是指企业把整个工作或工作的一部分交由其他公司去做。之所以这样做,一个重要的原因就是节约成本。因为外包的对象一般选择劳动力价格及运营成本相对低廉的国家,比在本国内招募员工的支出要少得多。目前,软件外包的发包市场主要集中在北美、西欧和日本等国家,外包接包市场主要是印度和爱尔兰。2003 年,印度软件与服务出口额高达 125 亿美元,居全球之冠。

为增强自身实力,积极参与国际竞争,国内软件企业把资质认证也提上了日程。我国政府明确表示鼓励软件出口型企业通过 CMM 认证。各地方政府也制定了相应的政策,如上海市就规定对在本市注册并通过 CMM3~5 认证的企业可以分别获得 40 万、60 万和 80 万元人民币资助。

获得了 CMM 认证就获得了迈向国际市场的通行证。IDG 统计数据显示,目前全球软件外包市场规模已达到 1000 亿美元。中国拥有软件企业近 9000 家,虽然 2003 年我国软件出口总额仅为 20 亿美元,但随着我们企业自身实力的壮大,中国外包市场必将拥有美好的明天。

CMM 包含四个目标:

(1) 通过对实践和技术的定义、评估和成熟预测,以加快导入和推广高成效的软件工程的实践和技术。

（2）在软件工程和技术转型方面维护一个长期有效的资格认证工作。

（3）使工业和政府组织通过自己的直接努力实现软件工程的有规划的改进。

（4）促进软件工程持续不断的应用所采纳的优秀标准。

2. CMM 的五个级别

CMM 定义了软件过程成熟度的五个级别，如图 2-11 所示。

级别 1：初始级。描述了不成熟，或者说是未定义过程的组织。

级别 2：可重复级。需要解决需求管理、软件项目计划、软件项目跟踪和监控、软件子合同管理、软件质量保证、软件配置管理等过程区域。

级别 3：已定义级。需要解决组织级过程焦点、组织级过程定义、培训大纲、集成软件管理、软件产品工程、组间协调、同行评审等过程区域。

级别 4：已管理级。需要解决定量过程管理、软件质量管理等过程区域。

图 2-11　CMM 的五个级别

级别 5：优化级。需要解决缺陷预防、技术更新管理、过程更改管理等过程区域。

多数组织的基本目标是达到成熟度 3 级。评估组织当前的成熟度级别的手段之一是软件能力评估（SCE）。SCE 通过评估软件过程和项目实践来确定该组织是否言行一致。组织的过程体现了如实记录所做的工作，项目实施是对该过程的特定剪裁和解释，应该证明说到做到。

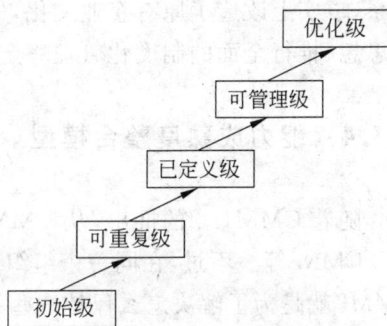

3. 国内软件企业参与实施 CMM

近来，CMM 获得了各界越来越多的关注，摩托罗拉中国过了 5 级，不少企业如华为、联想、东大阿尔派、天大天财、创智、亚信等一批企业都在进行研究或者实施预评估。国家发布的关于促进 IT 业发展的 18 号文件，以及软件企业资格认证等有关文件中，都鼓励企业实施 CMM 认证，国内很多省市对于通过 CMM 认证给予奖励政策。预计未来几年内，国内将出现软件业实施 CMM 的高潮。但是，中国相关企业实施 CMM 的过程中，存在着一些问题。

体系实施中会遇到的诸多问题，包括领导重视程度不够，开发人员、项目经理抵触情绪，质保人员和软件工程人员得不到应有的尊重和权威等，归根结底是文化冲突。ISO9000 和 CMM 体系都是基于法治的体系，而国人普遍习惯于人治的氛围，大到整个国家小到一个企业莫不如此，这种冲突正是很多问题的根源。

以 CMM 的组织结构为例，它推荐在最高领导之下设立 SEPG（软件工程过程组）、SQA（质量保证组）、SEG（软件工程组），这三个组构成是立法、监督和执法的制衡体系，体现的是西方文化的法治观念。而我们在整体企业管理上推行制度化都困难重重，何况是质量管理。冲突体现在，其一是社会的文化环境与少数企业制度化要求的冲突，其二是企业基础管理的不完全制度化和质量管理的制度化特质的冲突。

另外,CMM 的实施不是在短时间内可以看到显著成效的,它强调逐步改进。每升一个级别可能需要 1~2 年。这样的情况下,如果企业管理者没有一个坚定的支持态度,很难保证实施不被半途而废。而这样的失败又成了新的打击人们信心的案例,造成恶性循环。

企业对于为此会付出多少辛苦、时间精力、资源都应该有充分的心理准备。把推行质量管理当作企业推行全面制度化的一个手段和阶梯。从企业的层面来看,通过实施质量体系,事实上改造了原有企业文化,使制度化的观念深入人心,为企业引入西方先进的管理思想、推行全面的制度化管理奠定了思想和文化基础。

2.5.4　能力成熟度整合模型

随着 CMM1.0 的推出,从 CMM 衍生出了一些改善模型,如 SW-CMM、SE-CMM、IPD-CMM 等。不过,在同一个组织中多个过程改进模型的存在可能会引起冲突和混淆。CMMI 就是为了解决怎么保持这些模式之间的协调。

1. CMMI 的产生

2000 年 12 月由卡内基·梅隆大学软件工程研究所 SEO 率先发布了能力成熟度整合模型(Capability Maturity Model Integration,CMMI)项目致力于帮助企业缓解这种困境。CMMI 为改进一个组织的各种过程提供了一个单一的集成化框架,新的集成模型框架消除了各个模型的不一致性,减少了模型间的重复,增加透明度和理解,建立了一个自动的、可扩展的框架。因而能够从总体上改进组织的质量和效率。CMMI 主要关注点就是成本效益、明确重点、过程集中和灵活性四个方面。

与原有的能力成熟度模型类似,CMMI 也包括了在不同领域建立有效过程的必要元素,反映了业界普遍认可的最佳实践;专业领域覆盖软件工程、系统工程、集成产品开发和系统采购。在此前提下,CMMI 为企业的过程构建和改进提供了指导和框架作用;同时为企业评审自己的过程提供了可参照的行业基准。

CMMI 的主要原则如下:

(1) 强调高层管理者的支持。过程改进往往也是由高层管理者认识和提出的,大力度的、一致的支持是过程改进的关键。

(2) 仔细确定改进目标,首先应该对给定时间内的所能完成的改进目标进行正确的估计和定义并制订计划,选择能够达到的目标和能够看到对组织的效益。

(3) 选择最佳实践,应该基于组织现有的软件活动和过程财富,参考其他标准模型,取其精华去其糟粕,得到新的实践活动模型。

(4) 过程改进要与组织的商务目标一致,与发展战略紧密结合。

2. CMMI 基本内容

CMMI 内容分为要求、期望和提供信息三个级别,来衡量模型包括的质量重要性和作用。要求级别,是模型和过程改进的基础。期望级别,其在过程改进中起到主要作用,但是某些情况不是必须的可能不会出现在成功的组织模型中。提供的信息级别,构成了模型的主要部分,为过程改进提供了有用的指导,在许多情况下他们对需要和期望的构件做了进一步说明。

CMMI 提供了阶段式表述(Staged Representation)和连续式表述(Continuous Representation)两种表示方法。阶段式表述表示为一系列成熟度等级阶段,强调的是组织的成熟度,从过程域的角度考察整个组织的过程成熟度阶段。连续式表述强调的是单个过程域的能力,从过程域的角度考察基线和度量结果的改善。

两种表示法的差异反应了为每个能力和成熟度等级描述过程而使用的方法,它们虽然描述的机制可能不同,但是两种表示方法通过采用公用的目标和方法作为需要的和期望的模型元素,而达到了相同的改善目的。

3. CMM 与 CMMI 的区别

(1) 就软件工程而言,CMMI 是 CMM 的最新版本。

(2) CMMI 的过程域不再局限于纯粹的软件范畴,比 CMM 多了几个过程域。

(3) CMMI 模型最终代替 CMM 模型的趋势不可避免。

此外,CMM 的基于活动的度量方法和瀑布过程的有次序的、基于活动的管理规范有非常密切的联系,更适合瀑布型的开发过程。虽然 CMM 保留了基于活动的方法,它的确集成了软件产业内很多现代的最好的实践,因此它很大程度上淡化了和瀑布思想的联系。CMM 和瀑布思想相联系,而 CMMI 和迭代思想联系得更紧密。

在 CMMI 模型中在保留了 CMM 阶段式表述的基础上,出现了连续式表述,这样可以帮助一个组织以及这个组织的客户更加客观和全面的了解它的过程成熟度。两种表现方式从他们所涵盖的过程区域上来说并没有不同,不同的是过程区域的组织方式以及对成熟度级别的判断方式。

CMMI 模型中比 CMM 进一步强化了对需求的重视。在 CMM 中,关于需求只有需求管理这一个关键过程域,也就是说,强调对有质量的需求进行管理,而如何获取需求则没有提出明确的要求。CMM 中还强调了风险管理。不像在 CMM 中把风险的管理分散在项目计划和项目跟踪与监控中进行要求。

2.6 软件可靠性

软件可靠性(Software Reliability)是软件产品在规定的条件下和规定的时间区间完成规定功能的能力。规定的条件是指直接与软件运行相关的使用该软件的计算机系统的状态和软件的输入条件,或统称为软件运行时的外部输入条件;规定的时间区间是指软件的实际运行时间区间;规定功能是指为提供给定的服务,软件产品所必须具备的功能。软件可靠性不但与软件存在的缺陷和(或)差错有关,而且与系统输入和系统使用有关。软件可靠性的概率度量称软件可靠度。

1. 软件可靠性的概念

1975 年 Goodenough 和 Gerhart 在名为"Toward a theory of test data selection"的文章里首先提出了软件可靠性的观点。他们认为过去的测试方法之所有系统性较差,其原因是缺乏测试理论的指导。因此,他们提出了测试可靠性的概念和理论。

1983 年美国 IEEE 计算机学会对"软件可靠性"作出了定义,定义包括两方面的含义:

(1) 在规定的条件下,在规定的时间内,软件不引起系统失效的概率;

(2) 在规定的时间周期内,在所述条件下程序执行所要求的功能的能力。

其中的概率是系统输入和系统使用的函数,也是软件中存在的故障的函数,系统输入将确定是否会遇到已存在的故障(如果故障存在的话)。

2. 影响软件可靠性的因素

软件可靠性是关于软件能够满足需求功能的性质,软件不能满足需求是因为软件中的差错引起了软件故障。

1) 软件差错

软件差错是软件开发各阶段潜入的人为错误。主要表现在:

(1) 需求分析定义错误。如用户提出的需求不完整,用户需求的变更未及时消化,软件开发者和用户对需求的理解不同等。

(2) 设计错误。如处理的结构和算法错误,缺乏对特殊情况和错误处理的考虑等。

(3) 编码错误。如语法错误、变量初始化错误等。

(4) 测试错误。如数据准备错误、测试用例错误等。

(5) 文档错误。如文档不齐全,文档相关内容不一致,文档版本不一致,缺乏完整性等。

从上游到下游,错误的影响是发散的,所以要尽量把错误消除在开发前期阶段。错误引入软件的方式可归纳为两种特性:程序代码特性和开发过程特性。

(1) 程序代码一个最直观的特性是长度,另外还有算法和语句结构等,程序代码越长,结构越复杂,其可靠性越难保证。

(2) 开发过程特性包括采用的工程技术和使用的工具,也包括开发者个人的业务经历水平等。

2) 健壮性

影响软件可靠性的另一个重要因素是健壮性,即对非法输入的容错能力。所以提高可靠性从原理上看就是要减少错误和提高健壮性。

3. 可靠性保证

软件系统规模越做越大越复杂,其可靠性越来越难保证。应用本身对系统运行的可靠性要求越来越高,在一些关键的应用领域,如航空、航天等,其可靠性要求尤为重要,在银行等服务性行业,其软件系统的可靠性也直接关系到自身的声誉和生存发展竞争能力。

特别是软件可靠性比硬件可靠性更难保证,会严重影响整个系统的可靠性。在许多项目开发过程中,对可靠性没有提出明确的要求,部门也不在可靠性方面花更多的精力,往往只注重速度、结果的正确性和用户界面的友好性等,而忽略了可靠性。在投入使用后才发现大量可靠性问题,增加了维护困难和工作量,严重时只有束之高阁,无法投入实际使用。

4. 软硬件可靠性区别

硬件失效曲线如图 2-12 所示。从图 2-12 中可以看出,硬件投入不久常常出现较高的失效率,即"夭折期";当进入正常状态运行后,其失效率保持一个很小的常数;随着时间的延长,硬件磨损、灰尘、震动和误操作等,会使曲线陡然上升,直到老化和报废。我们通常把这种两端翘、中间平的曲线称为"浴盆曲线"。

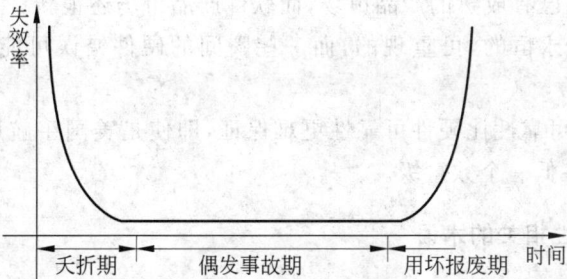

图 2-12 硬件失效曲线

软件失效曲线如图 2-13 所示,实际曲线与虚线的接触点为修改点。从图 2-13 中可以看出,软件失效曲线与硬件失效曲线有很大的不同,特别是没有右端的翘起,这是由于软件运行不存在老化和用坏的情况。但是,软件运行需要经过多次的维护工作,每次修改缺陷往往又带来新的缺陷,使得曲线陡然上升,当曲线平稳后又会出现第 2 次修改,使得曲线再次上升,这种现象会反复出现。使得软件失效曲线成为锯齿状曲线。

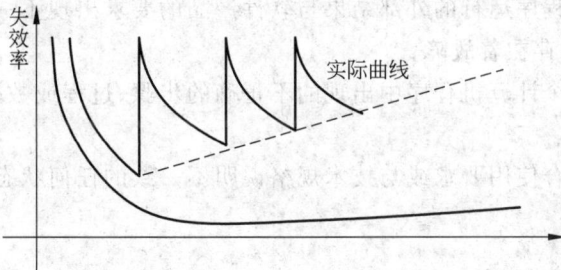

图 2-13 软件失效曲线

软件可靠性与硬件可靠性之间主要存在以下区别:

(1) 最明显的是硬件有老化损耗现象,硬件失效是物理故障,是器件物理变化的必然结果,有"浴盆曲线"现象;软件不发生变化,没有磨损现象,有陈旧落后的问题,没有浴盆曲线现象,呈现"锯齿状曲线"。

（2）硬件可靠性的决定因素是时间,受设计、生产、运用的所有过程影响,软件可靠性的决定因素是与输入数据有关的软件差错,是输入数据和程序内部状态的函数,更多地决定于人。

（3）硬件的纠错维护可通过修复或更换失效的系统重新恢复功能,软件只有通过重新设计或修改设计才能实现。

（4）对硬件可采用预防性维护技术预防故障,采用断开失效部件的办法诊断故障,而软件则不能采用这些技术。

（5）事先估计可靠性测试和可靠性的逐步增长等技术对软件和硬件有不同的意义。

（6）为提高硬件可靠性可采用冗余技术,而同一软件的冗余不能提高可靠性。

（7）硬件可靠性检验方法已建立,并已标准化且有一整套完整的理论,而软件可靠性验证方法仍未建立,更没有完整的理论体系。

（8）硬件可靠性已有成熟的产品市场,而软件产品市场还很新。

（9）软件错误是永恒的,可重现的,而一些瞬间的硬件错误可能会被误认为是软件错误。

总的说来,软件可靠性比硬件可靠性更难保证,即使是美国宇航局的软件系统,其可靠性仍比硬件可靠性低一个数量级。

5. 与软件可靠性相关的术语

（1）异常:偏离期望的状态(或期望值)的任何情形都可称为异常。

（2）差错:差错包含几个方面的含义。

① 计算的、观测的或测量的值与真实的、规定的或理论上正确的值或条件之间的差别。

② 一个不正确的步骤、过程或数据定义。

③ 一个不正确的结果。

④ 一次产生不正确的结果的人的活动。

（3）失效:一个程序运行的外部结果与软件产品的要求出现不一致时称为失效。软件失效证明了软件中存在着故障。

（4）故障:在一个计算机程序中出现的不正确的步骤、过程或数据定义常称为故障。故障包含失效。

（5）缺陷:不符合使用要求或与技术规格说明不一致的任何状态常称为缺陷。缺陷包含故障。

6. 软件可靠性测试评估

软件可靠性评价是软件可靠性工作的重要组成部分。软件可靠性评测是主要的软件可靠性评价技术,它包括测试与评价两个方面的内容,既适用于软件开发过程,也可针对最终软件产品。

在软件开发过程中使用软件可靠性评测技术,除了可以更快速地找出对可靠性影响最大的错误,还可以结合软件可靠性增长模型,估计软件当前的可靠性,以确认是否可以终止测试和发布软件,同时还可以预计软件要达到相应的可靠性水平所需要的时间和测试量,论证在给定日期提交软件可能给可靠性带来的影响。

对于最终软件产品,软件可靠性评测是一种可行的评价技术,可以对最终产品进行可靠性验证测试,确认软件的执行与需求的一致性,确定最终软件产品所达到的可靠性水平。

软件可靠性评测的主要目的是测量和验证软件的可靠性,当然实施软件可靠性评测也是对软件测试过程的一种完善,有助于软件产品本身的可靠性增长。软件测试者可以使用很多方法进行软件测试,如按行为或结构来划分输入域的划分测试,纯粹随机选择输入的随机测试,基于功能、路径、数据流或控制流的覆盖测试等。对于给定的软件,每种测试方法都局限于暴露一定数量和一些类别的错误。通过这些测试能够查找、定位、改正和消除某些错误,实现一定意义上的软件可靠性提高。

总之,软件可靠性问题是软件测试的一个难点问题之一,由于程序语言的复杂性和被测程序的多样性,需要好的可靠性模型来评价它。软件可靠性模型是建立在概率论和数理统计基础上的,具有代表性的模型有 JM 模型、马尔科夫模型、GO 模型和 LV 模型等。软件可靠性模型的建立实际是为了找到软件失效的规律,目前的模型有上百种,但都通用性不高、只能适用于某些环境。我们期待的是一种通用性强、精度高的模型的出现。

习题

1. IEEE 给软件测试下的定义是什么?
2. 软件测试的基本原则有哪些?
3. 简述软件测试的 V 模型、W 模型、H 模型、X 模型和前置模型。
4. 简单叙述软件测试过程及每个阶段的具体做什么。
5. 简述什么是静态测试和动态测试,什么是黑盒测试、白盒测试和灰盒测试。
6. 软件测试的存在哪些误区?
7. 什么是软件质量? SQA、CMM、CMMI 分别代表什么?
8. 简述什么是软件可靠性。

第3章 黑盒测试

　　黑盒测试是软件测试的核心测试方法之一,是学习本书的重点内容。在黑盒测试期间,把被测程序视为一个黑盒子,测试人员并不清楚被测程序的源代码或者该程序的具体结构,不需要对软件的结构有深层的了解,而是只知道该程序输入和输出之间的关系,依靠能够反映这一关系的功能规格说明书,来确定测试用例和推断测试结果的正确性。

　　本章介绍黑盒测试的基本概念与基本方法,常用的黑盒测试方法有等价类划分、边界值分析、决策表法、因果图、正交实验法、故障猜测法、状态图法、随机数据法等。每种黑盒测试方法各有所长,应针对软件开发项目的具体特点,选择适当的测试方法,设计高效的测试用例,有效地将软件中隐藏的故障揭露出来。一个好的测试策略和测试方法必将给整个测试工作带来事半功倍的效果。本章的实践性较强,希望能举一反三,将这些测试技术和软件开发结合起来学习。

3.1　黑盒测试概述

　　黑盒测试(Black Box Testing)也称功能测试,它是通过测试来检测每个功能是否都能正常使用。在黑盒测试中,在完全不考虑程序内部结构和内部特性的情况下,在程序接口进行测试,它只检查程序功能是否按照需求规格说明书的规定正常使用,程序是否能适当地接收输入数据而产生正确的输出信息。黑盒测试着眼于程序外部结构,不考虑内部逻辑结构,主要针对软件界面和软件功能进行测试,黑盒测试示意图如图 3-1 所示。黑盒测试是一种基于用户观点出发的测试。

图 3-1　黑盒测试示意图

　　软件黑盒测试是以用户的角度,从输入数据与输出数据的对应关系出发进行测试的。很明显,如果外部特性本身有问题或规格说明的规定有误,用黑盒测试方法是发现不了的。

　　软件黑盒测试法注重于测试软件的功能需求,主要试图发现下列几类错误:功能错误或遗漏、界面错误、数据结构或外部数据库访问错误、性能错误、初始化和终止错误等。

　　黑盒测试从理论上讲只有采用穷举输入测试,把所有可能的输入都作为测试情况考虑,才能查出程序中所有的错误。实际上测试情况有无穷多个,人们不仅要测试所有合法的输入,而且还要对那些不合法但可能的输入进行测试。这样看来,完全测试是不可能的,所以要进行有针对性的测试,通过制定测试案例指导测试的实施,保证软件测试有组织、按步骤,以及有计划地进行。软件黑盒测试行为必须能够加以量化,才能真正保证软件质量,而测试用例就是将测试行为具体量化的方法之一。

　　例如,对 Windows 中文件名的测试。Windows 文件名可以包括除了、、/、:、、、?、

＜＞和\之外的任意字符。文件名长度是 1～255 个字符。如果为文件名创建测试用例，等价类分合法字符、非法字符、合法长度的名称、超过长度的名称等。使用穷举设计输入测试测试用例，其工作量是人们无法承受的。Windows 附件中"写字板"软件的"另存为"对话框如图 3-2 所示。

图 3-2 "另存为"对话框

黑盒测试用例设计方法包括等价类划分法、边界值分析法、错误推测法、因果图法、判定表、正交实验设计法、功能图法、场景法等。

3.2 等价类划分法

等价类划分法是一种最常用的黑盒测试方法之一。等价类划分法（Equivalence Partitioning）是把程序的输入域划分成若干部分（子集），然后从每个部分中选取少数代表性数据作为测试用例。每一类的代表性数据在测试中的作用等价于这一类中的其他值。

3.2.1 划分等价类

等价类是指某个输入域的子集合。在该子集合中，各个输入数据对于揭露程序中的错误都是等效的，并合理地假定：测试某等价类的代表值就等于对这一类其他值的测试。因此，可以把全部输入数据合理划分为若干等价类，在每一个等价类中取一个数据作为测试的输入条件，就可以用少量代表性的测试数据，取得较好的测试结果，等价类划分可有两种不同的情况：有效等价类和无效等价类。

有效等价类：是指对于程序的规格说明来说是合理的，有意义的输入数据构成的集合，利用有效等价类可检验程序是否实现了规格说明中所规定的功能和性能。

无效等价类：与有效等价类的定义恰巧相反。

例如，输入值是学生成绩，范围是 0～100，其有效等价类和无效等价类划分，可以确定一个有效等价类和两个无效等价类。小于 60 分和大于 100 分为有效等价类，大于等于 60 分且小于等于 100 分为无效等价类。

设计测试用例时，要同时考虑这两种等价类。因为，软件不仅要能接收合理的数据，也要能经受意外的考验，这样的测试才能确保软件具有更高的可靠性。

下面给出六条确定等价类的原则。

（1）在输入条件规定了取值范围或值的个数的情况下，可以确立一个有效等价类和两个无效等价类。

（2）在输入条件规定了输入值的集合或者规定了"必须如何"的条件的情况下，可确立一个有效等价类和一个无效等价类。

（3）在输入条件是一个布尔量的情况下，可确定一个有效等价类和一个无效等价类。

（4）在规定了输入数据的一组值（假定 n 个），并且程序要对每一个输入值分别处理的情况下，可确立 n 个有效等价类和一个无效等价类。

（5）在规定了输入数据必须遵守的规则的情况下，可确立一个有效等价类（符合规则）和若干个无效等价类（从不同角度违反规则）。

（6）在确知已划分的等价类中各元素在程序处理中的方式不同的情况下，则应再将该等价类进一步划分为更小的等价类。

3.2.2　设计测试用例

在确立了等价类后，可建立等价类表，列出所有划分出的等价类，如表 3-1 所示。

表 3-1　等价类表

输　入　条　件	有效等价类	无效等价类
⋮	⋮	⋮

然后从划分出的等价类中按以下三个原则设计测试用例：

（1）为每一个等价类规定一个唯一的编号。

（2）设计一个新的测试用例，使其尽可能多地覆盖尚未被覆盖的有效等价类，重复这一步，直到所有的有效等价类都被覆盖为止。

（3）设计一个新的测试用例，使其仅覆盖一个尚未被覆盖的无效等价类，重复这一步，直到所有的无效等价类都被覆盖为止。

3.2.3　等价类划分法举例

1. 登录窗口

以某"学生成绩信息管理系统"为例，登录窗口的界面如图 3-3 所示。

在登录窗口中不考虑身份选择情况,只验证"用户名"、"请输入密码"和"请确认密码"的正确性。用户名和密码的输入条件均要求为不超过16位,可以使用汉字、英文字母和数字及各种组合,密码和确认密码相同。

图 3-3 登录窗口

首先,等价类划分法对用户名和密码进行等价类划分,建立等价类表,如表3-2所示。在某网站申请免费信箱时,要求用户必须输入用户名、密码及确认密码,对每一项输入条件的要求如下:

(1) 用户名要求为4~16位,可使用英文字母、数字、-、_,并且首字符必须为字母或数字;

(2) 密码要求为6~16位,只能使用英文字母、数字或-、_,并且区分大小写。

其次,根据等价类表生成测试用例,如表3-3所示。

表 3-2 等价类表

输入条件	有效等价类	编号	无效等价类	编号
用户名	4~16 位	1	少于 4 位	8
		2	多于 16 位	9
	首字符为字母	3	首字符为除字母、数字之外的其他字符	10
	首字符为数字	4	组合中含除英文字母、数字、-、_之外的其他特殊字符	11
请输入密码	英文字母、数字、-、_组合	5	少于 6 位	12
		6	多于 16 位	13
	英文字母、数字、-、_组合	7	组合中含有除英文字母、数字、-、_之外的其他特殊字符	14
请确认密码	内容同密码相同	8	内容同密码同,但确认密码字母大小写不同	15

表 3-3 测试用例

测试用例	用 户 名	密 码	确 认 密 码	预 期 输 出	覆盖的等价类
TC1	ABC_2000	ABC_123	ABC_123	注册成功	1,2,4,5,6,7
TC2	2000-ABC	123-ABC	123-ABC	注册成功	1,3,4,5,6,7
TC3	ABC	12345678	12345678	提示用户名错误	8
TC4	ABC123456	12345678	12345678	提示用户名错误	9
TC5	_ABC123	12345678	12345678	提示用户名错误	10
TC6	ABC&123	12345678	12345678	提示用户名错误	11

测试用例	用 户 名	密 码	确 认 密 码	预 期 输 出	覆盖的等价类
TC7	ABC_123	12345	12345	提示密码错误	12
TC8	ABC_123	ABC123456	ABCDEFGHIJK123456	提示密码错误	13
TC9	ABC_123	ABC&123	ABC&123	提示密码错误	14
TC10	ABC_123	ABC_123	ABC_123	提示密码错误	15

2. DIMENSION 语句

FORTRAN 编译系统的设计和程序编写工作已经完成,现需对 DIMENSION 语句的实现设计测试用例。已知 DIMENSION 语句的语法规则是:DIMENSION 语句用以规定数组的维数。形式为:

```
DIMENSION AD[;AD]…
```

其中,AD 是数组描述符,其形式为:

```
n(d [,d] …)
```

其中,n 是数组名,由 1~6 个字母或数字组成。为首的必须是字母;d 是维数说明符,数组维数最大为 7,最小为 1,它的形式为 $[lb:]ub$。

lb 和 ub 分别表示数组下界和上界,均为 $-65\,534~65\,535$ 之间的整数,也可是整型变量名(但不可是数组元素名)。若未规定 lb,则认为其值为 1,且 ub>=lb。若已规定了 lb,则它可为负数、零或正数。DIMENSION 语句也和其他语句一样,可连续写多行。

注释:以上规则中,[ ]内为任选项,小写字母代表语法单位,…表示它前面的项可重复出现多次。

首先,确定输入条件,并确定等价类,如表 3-4 所示(注:括号中数字为等价类编号)。

表 3-4　等价类表

输 入 条 件	有 效 等 价 类	无 效 等 价 类
数组描述符个数	1(1),>1(2)	无数组描述符(3)
数组名称符个数	1~6(4)	0(5),>6(6)
数组名	有字母(7),有数字(8)	有其他字符(9)
数组名以字母开头	是(10)	否(11)
数组维数	1~7(12)	0(13),>7(14)
上界是	常数(15),整型数量(16)	数组元素名(17),其他(18)
数组变量名	有字母(19),有数字(20)	其他(21)
整型变量名以字母开头	是(22)	否(23)
上下界取值	$-65\,534~65\,535$(24)	$<-65\,534$(25)。$>65\,535$(26)

续表

输 入 条 件	有效等价类	无效等价类
是否定义下界	是(27),否(28)	
上界对下界关系	＞(29),＝(30)	＜(31)
下界定义为	负数(32),0(33),正数(34)	
下界是	常数(35),整型变量(36)	数组元素名(37),其他(38)
语句多于一行	是(39),否(40)	

其次,确定覆盖有效等价类的测试用例。每一个测试用例,覆盖一个或多个有效等价类。

测试用例编号(1):DIMENSION A(2)。

覆盖有效等价类:1,4,7,10,12,15,24,28,29,40。

测试用例编号(2):DIMENSION A12345(1,9,J4YYY,65 535,H,JKL,100),BB(−65 534:100,0:1000,10:10,1:65 535)。

覆盖其余有效等价类:2,8,16,19,20,22,27,30,32,34,35,36,39。

第三,确定覆盖无效等价类的测试用例。每一个测试用例,覆盖一个无效等价类,如表 3-5 所示。

表 3-5　覆盖无效等价类的测试用例

编号	输 入 条 件	输 入 数 据	覆盖等价类
3	数组描述符个数——无数组描述符	DIMENSION	3
4	数组名称符个数—0	DIMENSION (10)	5
5	数组名称符个数—＞6	DIMENSION A12345678(2)	6
6	数组名——有其他字符	DIMENSION A.1(2)	9
7	数组名以字母开头——否	DIMENSION 1A(10)	11
8	数组维数—0	DIMENSION B	13
9	数组维数—＞7	DIMENSION B(8,8,8,8,8,8,8,8)	14
10	上界是——数组元素名	DIMENSION B(4,A(2))	17
11	上界是——其他	DIMENSION B(4,,7)	18
12	数组变量名——其他	DIMENSION C(R＊S,10)	21
13	整型变量名以字母开头——否	DIMENSION C(10,3L)	23
14	上下界取值—— ＜−65 534	DIMENSION D(−65535:1)	25
15	上下界取值—— ＞65 535	DIMENSION D(65536)	26
16	上界对下界关系—— ＜	DIMENSION D(4:3)	31
17	下界是——数组元素名	DIMENSION D(A(2):4)	37
18	下界是——其他	DIMENSION D(:4)	38

3. 三角形问题

输入三个整数 a、b 和 c 分别作为三角形的 3 条边,通过程序判断由这 3 条边构成的三角形类型是:等边三角形、等腰三角形、一般三角形或非三角形(不能构成一个三角形)。另外,假定 3 个输入 a、b 和 c 在 1~100 之间取值(整数)。

下面对题目进行更详细地分析。

输入 3 个整数 a、b 和 c 分别作为三角形的三条边,要求 a、b 和 c 必须满足以下条件:

(1) 整数。

(2) 3 个数。

(3) 边长大于等于 1 且小于等于 100。

(4) 任意两边之和大于第三边。

输出为五种情况之一:

(1) 如果不满足条件 1、2、3,则程序输出为"输入错误"。

(2) 如果不满足条件 4,则程序输出为"非三角形"。

(3) 如果三条边相等,则程序输出为"等边三角形"。

(4) 如果恰好有两条边相等,则程序输出为"等腰三角形"。

(5) 如果三条边都不相等,则程序输出为"一般三角形"。

输入域等价类划分和输出域等价类划分如表 3-6 所示。

表 3-6 输入域等价类划分和输出域等价类划分

有效等价类	编 号	无效等价类	编 号
a 为整数	1	a 非整数	13
b 为整数	2	b 非整数	14
c 为整数	3	c 非整数	15
三个数	4	大于 3	16
		小于 3	17
$1 \leqslant a \leqslant 100$	5	小于 1	18
		大于 100	19
$1 \leqslant b \leqslant 100$	6	小于 1	20
		大于 100	21
$1 \leqslant c \leqslant 100$	7	小于 1	22
		大于 100	23
两边之和大于第三边	8	$a+b<c$	24
		$a+c<b$	25
		$b+c<a$	26
非三角形	9		
等边三角形	10		
等腰三角形	11		
一般三角形	12		

覆盖有效等价类的测试用例如表 3-7 所示,覆盖无效等价类的测试用例如表 3-8 所示。

表 3-7 覆盖有效等价类的测试用例

测试用例编号	输入数据	输出结果	覆盖的等价类
TC1	30,30,30	等边三角形	1,2,3,4,5,6,7,8,10
TC2	30,30,20	等腰三角形	1,2,3,4,5,6,7,8,11
TC3	30,40,50	一般三角形	1,2,3,4,5,6,7,8,12
TC4	30,40,90	非三角形	1,2,3,4,5,6,7,9

表 3-8 覆盖无效等价类的测试用例

测试用例编号	输入数据	输出结果	覆盖的等价类
TC5	11.1,10,10	输入错误	13
TC6	10,5.5,10	输入错误	14
TC7	9,10,3.3	输入错误	15
TC8	10,10,10,4	输入错误	16
TC9	10,10	输入错误	17
TC10	0,10,10	输入错误	18
TC11	101,50,50	输入错误	19
TC12	10,−1,10	输入错误	20
TC13	50,110,50	输入错误	21
TC14	10,10,0	输入错误	22
TC15	50,50,110	输入错误	23
TC16	10,10,50	输入错误	24
TC17	10,60,10	输入错误	25
TC18	110,10,30	输入错误	26

3.3 边界值分析法

人们从长期的测试实践得知,大量的错误是发生在输入或输出范围的边界上,而不是在输入范围的内部。因此针对各种边界情况设计测试用例,可以查出更多的错误。边界值分析法是用于对输入或输出的边界值进行测试的一种黑盒测试方法。在测试过程中,边界值分析法是作为对等价类划分法的补充,专注于每个等价类的边界值,两者的区别在于前者在等价类中随机选取一个测试点。边界值分析法采用一到多个测试用例来测试一个边界,不仅重视输入条件边界值,而且重视输出域。边界值分析法比较简单,仅用于考察正处于等价划分边界或边界附近的状态,考虑输出域边界产生的测试情况,针对各种边界情况设计测试用例,发现更多的错误。边界值分析法的测试用例是由等价类的边界值产生的,根据输入输出等价类,选取稍高于边界值或稍低于边界值等特定情况作为测试用例。

3.3.1 边界值分析法的含义

在等价类划分基础上进行边界值分析测试的基本思想是,选取正好等于、刚刚大于或刚刚小于等价类边界的值作为测试数据,而不是选取等价类中的典型值或任意值为测试数据。

边界值分析法(Boundary Value Analysis)是一种补充等价类划分法的测试用例设计技术,它不注重选择等价类的任意元素,而是注重选择等价类边界的测试用例。在测试过程中,可能会忽略边界值的条件,大量的错误是发生在输入或输出范围的边界上,而不是发生在输入输出范围的内部。因此针对各种边界情况设计测试用例,可以查出更多的错误。

边界值测试主要考虑以下几条原则:

(1) 如果输入条件规定了值的范围,则应取刚达到这个范围边界的值,以及刚刚超过这个范围边界的值作为测试输入数据。

例如,一个单位对身高的要求是 1.70~1.90m,则测试用例为 1.69、1.70、1.71、1.89、1.90、1.91,以及典型值 1.80。

(2) 如果输入条件规定了值的个数,则用最大个数、最小个数、比最小个数小 1 的数、比最大个数大 1 的数作为测试数据。

例如,一个系统规定可以存储文件 1~128 个,则测试用例为 0、1、128、129。

(3) 如果程序的规格说明给出的输入域或输出域是有序集合,则应选取集合的第一个元素和最后一个元素作为测试用例。

例如,假设 C 语言中数组长度为 n,则测试用例是数组下标为 0 和数组下标为 $n-1$。

(4) 如果程序中使用了一个内部数据结构,则应当选择这个内部数据结构的边界上的值作为测试用例。

(5) 分析程序规格说明,找出其他可能的边界条件。

边界值和等价类密切相关,输入等价类和输出等价类的边界是要着重测试的边界情况。在等价类的划分过程中产生了许多等价类边界。边界是最容易出错的地方,所以,从等价类中选取测试数据时应该关注边界值。

边界值分析法的必要性体现在,软件测试常用的一个方法是把测试工作按同样的形式划分。对数据进行软件测试,就是检查用户输入的信息、返回结果以及中间计算结果是否正确。实践表明,输入域的边界值比中间的值更加容易发现错误。实践证明,大量的错误发生在输入或输出范围的边界上,而不是在输入范围的内部。因此针对各种边界情况设计测试用例,可以查出更多的错误。

3.3.2 边界值分析法原理

1. 边界值分析测试

这里讨论有两个变量 X_1 和 X_2 的程序 P。假设输入变量 X_1 和 X_2 在下列范围内取值：

$$a \leqslant X_1 \leqslant b, c \leqslant X_2 \leqslant d$$

边界值分析利用输入变量的最小值（min）、稍大于最小值（min+）、域内任意值（nom）、稍小于最大值（max-）和最大值（max）来设计测试用例。即通过使所有变量取正常值，只使一个变量分别取最小值、略高于最小值、略低于最大值和最大值，如图 3-4 所示。

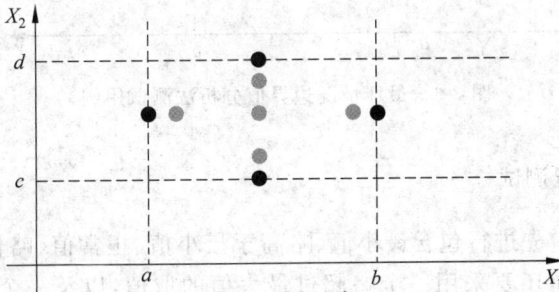

图 3-4 边界值分析法测试用例

对于一个 n 变量的程序，边界值分析测试会产生 $4n+1$ 个测试用例。

2. 健壮性边界值测试

健壮性测试是边界值分析的一种扩展。变量除了取 min、min+、nom、max- 和 max 五个边界值外，还要考虑采用一个略超过最大值（max+）以及一个略小于最小值（min-）的取值，看看超过极限值时系统会出现什么情况，如图 3-5 所示。

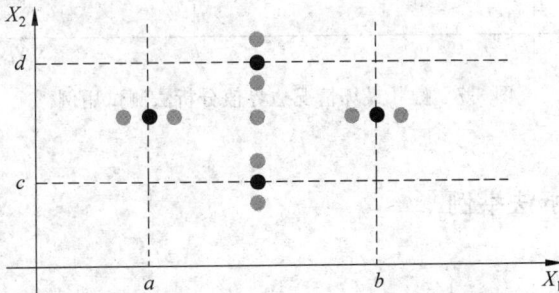

图 3-5 健壮性边界值分析法测试用例

健壮性测试最有意义的部分不是输入，而是预期的输出，观察例外情况如何处理。

健壮性边界值测试将产生 $6n+1$ 个测试用例。

3. 最坏情况边界值分析法

对每一个变量首先进行包含最小值、略高于最小值、正常值、略低于最大值、最大值五个元素集合的测试,然后对这些集合进行笛卡儿积计算,以生成测试用例。最坏情况测试显然更彻底,但测试工作量较大。

一个变量个数为 n 的最坏情况测试会产生 5^n 个测试用例,如图 3-6 所示。

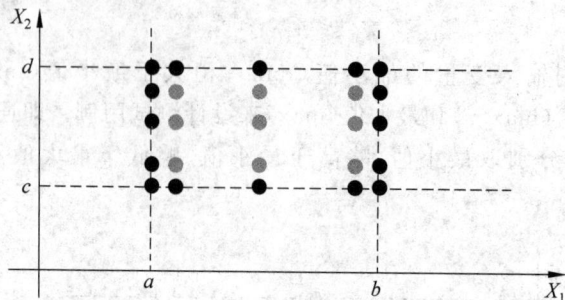

图 3-6 最坏情况边界值分析法测试用例

4. 健壮最坏情况测试

对每一个变量,首先进行包含最小值、略高于最小值、正常值、略低于最大值、最大值五个元素集合的测试,还要采用一个略超过最大值的取值,以及一个略小于最小值的取值。然后对这些集合进行笛卡儿积计算,以生成测试用例。

n 变量函数的健壮最坏情况测试会产生 7^n 个测试用例,如图 3-7 所示。

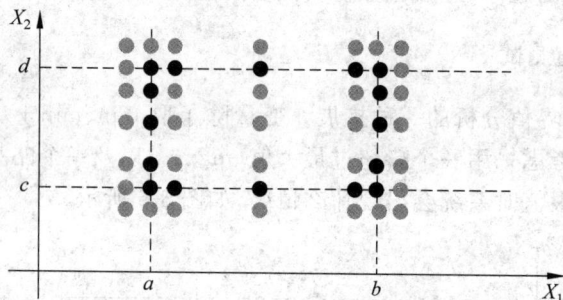

图 3-7 健壮最坏情况边界值分析法测试用例

3.3.3 边界值分析法举例

1. NextDate 函数

NextDate 是一个有三个变量(月份、日期和年)的函数。函数返回输入日期后面的那个日期。变量月份、日期和年都为整数,且 NextDate 函数规定了 Month、Day、Year 相应的取值范围,即 $1 <= \text{Month} <= 12$,$1 <= \text{Day} <= 31$,$1912 <= \text{Year} <= 2050$,

NextDate 函数的边界值分析法测试用例如表 3-9 所示。

表 3-9 NextDate 函数的边界值分析法测试用例

测试用例编号	Month	Day	Year	预 期 输 出
TC1	6	15	1911	Year 超出[1912,2050]
TC2	6	15	1912	1912,6,16
TC3	6	15	1913	1913,6,16
TC4	6	15	1975	1975,6,16
TC5	6	15	1949	1949,6,16
TC6	6	15	1950	1950,6,16
TC7	6	15	1951	Year 超出[1912,2050]
TC8	6	−1	2001	Day 超出[1,31]
TC9	6	1	2001	2001,6,2
TC10	6	2	2001	2001,6,3
TC11	6	30	2001	2001,7,1
TC12	6	31	2001	输入日期超过范围
TC13	6	32	2001	Day 超出[1,31]
TC14	−1	15	2001	Month 超出[1,12]
TC15	1	15	2001	2001,1,16
TC16	2	15	2001	2001,2,16
TC17	11	15	2001	2001,11,16
TC18	12	15	2001	2001,12,16
TC19	13	15	2001	Month 超出[1,12]

2. 三角形问题

Glenford Myers 的经典著作"The Art of Software Testing"中描述了三角形的问题。输入三个整数 a、b 和 c 分别作为三角形的三条边,通过程序判断由这三条边构成的三角形类型是:等边三角形、等腰三角形、一般三角形或非三角形(不能构成一个三角形)。

另外,假定三个输入 a、b 和 c 在 1～100 之间取值(整数),覆盖有效等价类的测试用例如表 3-10 所示。

在进行等价类分析时,往往先要确定边界。如果不能确定边界,就很难定义等价类所在的区域。只有边界值确定下来,才能划分出有效等价类和无效等价类。边界确定清楚了,等价类就自然产生了。边界值分析方法是对等价类划分法的补充。在测试中,会将两者方法结合起来共同使用。

表 3-10　覆盖有效等价类的测试用例

测试用例编号	a	b	c
TC1	50	50	1
TC2	50	50	2
TC3	50	50	50
TC4	50	50	99
TC5	50	50	100
TC6	50	1	50
TC7	50	2	50
TC8	50	99	50
TC9	50	100	50
TC10	1	50	50
TC11	2	50	50
TC12	99	50	50
TC13	100	50	50

3.4　决策表法

决策表法是把作为条件的所有输入的各种组合值以及对应输出值都罗列出来而形成的表格。它能够将复杂的问题按照各种可能的情况全部列举出来,简明并避免遗漏。因此,利用决策表能够设计出完整的测试用例集合。在所有的黑盒测试方法中,基于决策表的测试是最严格,最具有逻辑性的测试方法。

3.4.1　决策表的含义

决策表(Decision Table)又称判定表,是一种呈表格状的图形工具,适用于描述处理判断条件较多,各条件又相互组合、有多种决策方案的情况。精确而简洁描述复杂逻辑的方式,将多个条件与这些条件满足后要执行动作相对应。但不同于传统程序语言中的控制语句,决策表能将多个独立的条件和多个动作直接的联系清晰地表示出来。

决策表由条件桩、条件项、动作桩和动作项组成,如图 3-8 所示。

条件桩:列出所有的问题,即条件。

条件项:针对条件桩中的条件列出所有的取值。

动作桩:列出针对问题可能采取的操作。

动作项:针对条件项中的各组取值列出所要采取的动作。

规则:条件项和动作项中的一列称为一条规则。

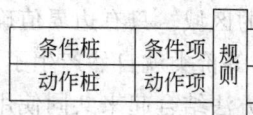

条件桩	条件项	规
动作桩	动作项	则

图 3-8　决策表组成

决策表法测试适用于具有以下特征的应用程序：

(1) if-then-else 结构。

(2) 输入变量之间存在逻辑关系。

(3) 涉及输入变量子集的计算。

(4) 输入和输出之间存在因果关系。

适用于使用决策表设计测试用例的情况：

(1) 规格说明以决策表形式给出，或者较容易转换为决策表。

(2) 条件的排列顺序不会也不应该影响执行的操作。

有 n 个条件的决策表，对应的规则将有 2^n 条。

3.4.2 决策表法举例

创建决策表有五个步骤：

(1) 列出所有的条件桩和动作桩。

(2) 确定规则的个数。

(3) 填入输入项。

(4) 填入动作项，得到初始的决策表。

(5) 对初始的决策表化简。

1. 三角形问题

输入三条边 a、b、c，判断是否是三角形；如果是三角形，继续判断是等腰三角形还是等边三角形。试画出决策表，并设计测试用例。

第一步，列出所有的条件桩和行动桩。

三角形问题的条件桩：

(1) $a < b + c$?

(2) $b < a + c$?

(3) $c < a + b$?

(4) $a = b$?

(5) $a = c$?

(6) $b = c$?

三角形问题的动作桩：

(1) 非三角形。

(2) 不等边三角形。

(3) 等腰三角形。

(4) 等边三角形。

(5) 不可能。

第二步，确定规则的个数，并填入输入项和动作项。

有 n 个条件的决策表,对应的规则将有 2^n 条,本题的规则数 $2^6=64$。

第三步,生成决策表及简化的决策表。

当 n 非常大的时候,生成的决策表非常大。因此,应对决策表进行化简。化简的原则是如果决策表中有两条规则相同则生成简化的决策表,如表 3-11 所示。

表 3-11 "三角形问题"简化的决策表

条件与动作	内容	1~32	33~48	48~56	57	58	59	60	61	62	63	64
条件	$a<b+c$?	F	T	T	T	T	T	T	T	T	T	T
	$b<a+c$?		F	T	T	T	T	T	T	T	T	T
	$c<a+b$?			F	T	T	T	T	T	T	T	T
	$a=b$?				T	T	T	T	F	F	F	F
	$a=c$?				T	T	F	F	T	T	F	F
	$b=c$?				T	F	T	F	T	F	T	F
动作	非三角形	√	√	√								
	不等边三角形											√
	等腰三角形							√		√	√	
	等边三角形				√							
	不可能					√	√		√			

最后,生成测试用例,如表 3-12 所示。

表 3-12 "三角形问题"的测试用例

编 号	a	b	c	预 期 输 出
1	5	1	2	非三角形
2	1	5	2	非三角形
3	1	2	5	非三角形
4	5	5	5	等边三角形
5	—	—	—	不可能
6	—	—	—	不可能
7	2	2	3	等腰三角形
8	—	—	—	不可能
9	2	3	2	等腰三角形
10	3	2	2	等腰三角形
11	3	4	5	不等边三角形

2. 成绩录入窗口

某信息科学与技术学院成绩录入窗口如图 3-9 所示,其需求规格说明包括三个下拉列表,分别用于显示各学院名称、各系部名称及各班级名称。只有选择了某一个学院后,系部列表框才为可用,列表中将显示出所选择学院对应的所有系部;同样,只有选择了某一个学院后,又选择了某一个系部,此时班级列表框才为可用,列表中将显示出所选择系部对应的所有班级。当三个选项都已经完成选择后,界面则会显示出所选班级名单,这时可录入成绩。

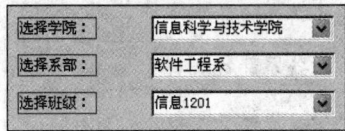

图 3-9 某信息科学与技术学院成绩录入窗口

操作步骤如下:

第一步,列出所有的条件桩和行动桩。

由规格说明可以分析出,输入事件即条件桩。

C1:选择学院。

C2:选择系部。

C3:选择班级。

输出事件及行动桩。

a1:显示所选班级名单。

a2:学院列表框可用。

a3:系部列表框可用。

a4:班级列表框可用。

a5:显示各学院名称。

a6:显示各系部名称。

a7:显示各班级名称。

a8:不能显示具体选项(如在没有选择学院,系部列表框中将不能显示所对应系部)。

第二步,确定规则的个数,并填入输入项和动作项。

本题的规则数 $2^3 = 8$。

第三步,生成决策表及简化的决策表,建立如表 3-13 所示的决策表。

表 3-13 决策表

选 项	1	2	3	4	5	6	7	8
选择学院	T	T	T	T	F	F	F	F
选择系部	T	T	F	F	T	T	F	F
选择班级	T	F	T	F	T	F	T	F
显示所选班级名单	√							
学院列表框可用		√	√	√	√	√	√	√
系部列表框可用		√	√	√				

续表

选　　项	1	2	3	4	5	6	7	8
班级列表框可用		√						
显示各学院名单		√	√	√				
显示各系部名单								
显示各班级名单								
不能形式具体选项			√		√	√	√	

最后，生成的成绩录入窗口测试用例如表 3-14 所示。

表 3-14　成绩录入窗口测试用例

测试用例	操作描述	输入数据	预期输出
TC1	单击并选择学院 单击并选择系部 单击并选择班级	学院：信息科学与技术学院 系部：软件工程系 班级：信息 1201	学院列表可用 系部列表可用 班级列表可用
TC2	单击并选择学院 单击并选择系部 单击但不选择班级	学院：信息科学与技术学院 系部：软件工程系 班级：信息 1201	学院列表可用 系部列表可用 班级列表可用
TC3	单击并选择学院 单击但不选择系部 单击并选择班级	学院：信息科学与技术学院 系部：空 班级：空	学院列表可用 系部列表可用 班级列表不能显示对应数据项
TC4	单击并选择学院 单击但不选择系部 单击但不选择班级	学院：信息科学与技术学院 系部：空 班级：空	学院列表可用 系部列表可用 班级列表不能显示对应数据项
TC5	单击但不选择学院 单击并选择系部 单击并选择班级	学院：空 系部：空 班级：空	学院列表可用 系部列表不能显示对应数据项 班级列表不能显示对应数据项
TC6	单击但不选择学院 单击并选择系部 单击但不选择班级	学院：空 系部：空 班级：空	学院列表可用 系部列表不能显示对应数据项 班级列表不能显示对应数据项
TC7	单击但不选择学院 单击但不选择系部 单击并选择班级	学院：空 系部：空 班级：空	学院列表可用 系部列表不能显示对应数据项 班级列表不能显示对应数据项
TC8	单击但不选择学院 单击但不选择系部 单击但不选择班级	学院：空 系部：空 班级：空	学院列表可用 系部列表不能显示对应数据项 班级列表不能显示对应数据项

决策表法测试的优点是能把复杂的问题按各种可能的情况一一列举出来，简明而易于理解，也可避免遗漏，其缺点是不能表达重复执行的动作，例如循环结构。

3.5　因果图分析法

前面介绍的等价类划分和边界值分析这两种方法并没有考虑到输入情况的各种组合，也没有考虑到各个输入情况之间的依赖关系。输入条件之间的相互组合，可能会产生一些新的情况。前面两种测试方法时可以检测到各个输入条件可能出错的情况，却忽略了多个条件组合起来时出错的情况。但要检查输入条件的组合不是一件容易的事情，即使把所有输入条件划分成等价类，它们之间的组合情况也相当多。因此必须考虑采用一种适合于描述对于多种条件的组合，相应产生多个动作的形式来考虑设计测试用例，这就是因果图分析法。

3.5.1　因果图法的含义

因果图法即因果分析图，又叫特性要因图、石川图或鱼翅图，它是由日本东京大学教授石川馨提出的一种通过带箭头的线，将质量问题与原因之间的关系表示出来，是分析影响产品质量的诸因素之间关系的一种工具。从用自然语言书写的程序规格说明的描述中找出因（输入条件）和果（输出或程序状态的改变），可以生成因果图。

因果图法是一种适合于描述对于多种输入条件组合的测试方法，根据输入条件的组合、约束关系和输出条件的因果关系，分析输入条件的各种组合情况，从而设计测试用例的方法，它适合于检查程序输入条件涉及的各种组合情况。因果图法一般和决策表结合使用，通过映射同时发生相互影响的多个输入来确定判定条件。因果图法最终生成的就是决策表，它适合于检查程序输入条件的各种组合情况。采用因果图法能帮助我们按照一定的步骤选择一组高效的测试用例，同时，还能指出程序规范中存在什么问题，鉴别和制作因果图。

因果图法着重分析输入条件的各种组合，每种组合条件就是"因"，它必然有一个输出的结果，这就是"果"。

利用因果图导出测试用例一般要经过以下几个步骤：

（1）分析软件规格说明的描述中哪些是原因，哪些是结果。原因是输入条件的等价类，结果是输出条件。给每个原因和结果并赋予一个标识符，根据这些关系画出因果图。

（2）因果图上用一些记号表明约束条件或限制条件。

（3）对需求加以分析并把它们表示为因果图之间的关系图。

（4）把因果图转换成决策表。

（5）将决策表的每一列作为依据，设计测试用例。

3.5.2　因果图法的原理

因果图法中使用的基本符号如图 3-10 所示。左结点表示输入状态即原因，右结点表示输出状态即结果。

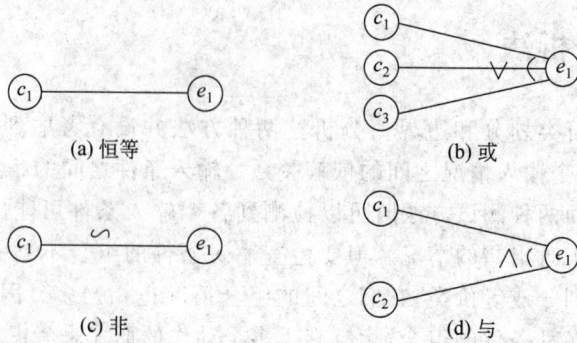

图 3-10　因果图法中使用的基本符号

恒等：如果 c_1 是 1，则 e_1 也是 1；否则 e_1 是 0。

或 $\vee$：如果 c_1 或 c_2 或 c_3 是 1，则 e_1 也是 1；否则 e_1 是 0。

非 $\sim$：如果 c_1 是 1，则 e_1 是 0；否则 e_1 是 1。

与 $\wedge$：如果 c_1 和 c_2 是 1，则 e_1 也是 1；否则 e_1 是 0。

约束：在实际问题中，输入状态之间还可能存在某些依赖关系，称之为约束。例如，某些输入条件不可能同时出现。在因果图中用一些特殊的符号表示这些约束，如图 3-11 所示。

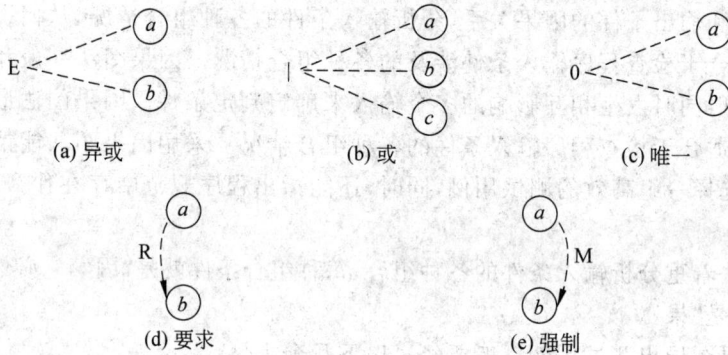

图 3-11　因果图中的约束符号

输入条件的约束如下所示。

E(Exclusive，异或)：表示至多 1 个为 1。如在图 3-11(a) 中，a 和 b 只能有一个为 1。

I(Inclusive，或)：表示至少 1 个为 1。如在图 3-11(b) 中，a 和 b 至少有一个为 1。

O(One and Only，唯一)：必有且只有一个为 1。如在图 3-11(c) 中，a 和 b 必须有且仅有一个为 1。

R(Require，要求)：表示 a 是 1，则 b 必须是 1，参见图 3-11(d)。

输出条件的约束如下所示。

M(Mask，强制)：表示 a 是 1，则 b 必须是 0，参见图 3-11(e)。

3.5.3 因果图法举例

1. 某个软件规格说明书

某个软件规格说明书中规定：第一列字符必须是 * 或 #，第二列字符必须是一个数字，在此情况下进行文件的修改，但如果第一列字符不正确，则给出信息 M；如果第二列字符不正确，则给出信息 N。

软件测试的设计步骤如下：

首先，分析软件规格说明书找出原因和结果。

原因：

1——第一列字符是 *；

2——第一列字符是 #；

3——第二列字符是一个数字。

结果：

21——修改文件；

22——给出信息 M；

23——给出信息 N。

其次，找出原因和结果之间的因果关系，原因与原因之间的约束关系，画出如图 3-12 所示的因果图。

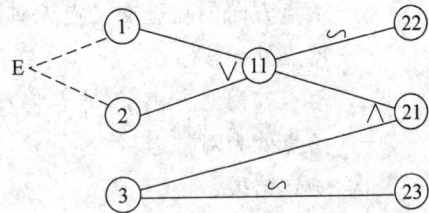

第三，根据因果图建立如表 3-15 所示的决策表和测试用例。

图 3-12 因果图

表 3-15 根据因果图建立的决策表和测试用例

列　　项		1	2	3	4	5	6
原因	1	1	1	0	0	0	0
	2	0	0	1	1	0	0
	3	1	0	1	0	1	0
结果	21	1	0	1	0	0	0
	22	0	0	0	0	1	1
	23	0	1	0	1	0	1
测试用例		*3	*M	#5	#N	C2	DY
		ok	N	ok	N	M	M,N

2. 中国象棋中跳马

中国象棋中跳马的规则如下：

（1）如果落点在棋盘外，则不移动棋子。

（2）如果落点与起点不构成日字形，则不移动棋子。

（3）如果落点处有自己方棋子，则不移动棋子。

（4）如果落点方向的临近交叉点有棋子(绊马腿)，则不移动棋子。

（5）如果不属于前4条，且落点处无棋子，则移动棋子。

（6）如果不属于前4条，且落点处为对方棋子(非老将)，则移动棋子并除去对方棋子。

（7）如果不属于前4条，且落点处为对方老将，则移动棋子，并提示战胜对方，游戏结束。

根据题目仔细分析明确原因和结果。

首先，确定原因：

1——落点在棋盘上。

2——落点与起点构成日字。

3——落点处为自己方棋子。

4——落点方向的临近交叉点无棋子。

5——落点处无棋子。

6——落点处为对方棋子(非老将)。

7——落点处为对方老将。

其次，确定结果：

21——不移动棋子。

22——移动棋子。

23——移动棋子，并除去对方棋子。

24——移动棋子，并提示战胜对方，结束游戏。

增加中间结点11，同时考虑结点5、6、7不可能同时发生要加异或约束条件E，结点21、22、23、24加唯一约束条件O。生成如图3-13所示的"中国象棋中跳马"因果图。

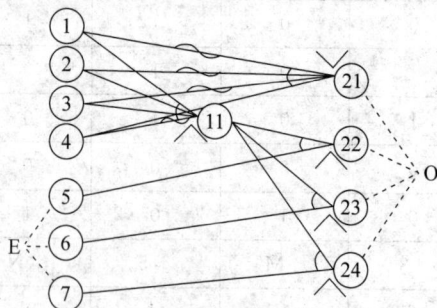

图 3-13 "中国象棋中跳马"因果图

第三步，根据因果图建立如表3-16所示的"中国象棋中跳马"决策表。

第四步，根据决策表生成测试用例，此处略。

表 3-16 "中国象棋中跳马"决策表

		1	2	3	4	5	6	7	8	9	10	11	12	13	14	15	16
原因	1	0	1	0	1	0	1	0	1	0	1	0	1	0	1	0	1
	2	0	0	1	1	0	0	1	1	0	0	1	1	0	0	1	1
	3	0	0	0	0	1	1	1	1	0	0	0	0	1	1	1	1
	4	0	0	0	0	0	0	0	0	1	1	1	1	1	1	1	1
	5	0	0	1	1	0	0	1	1	0	0	1	1	0	0	1	1
	6	0	0	0	0	1	1	1	1	0	0	0	0	1	1	1	1
	7	0	0	0	0	0	0	0	0	1	1	1	1	1	1	1	1
	11	0	0	0	0	0	0	0	0	1	0	0	0	0	0	0	0
结果	21	1	1	1	1	1	1	1	1	1	1	1	1	1	1	1	1
	22	0			1					0	0						
	23	0		0	0	0	0			0	0						
	24	0		0	0	0	0			0	1						

注释:表中 1~16 列中空的单元格表示不可能发生的现象。

3.6 正交实验设计法

当用因果图来设计测试用例时,作为输入条件的原因与输出结果之间的因果关系有时很难从软件需求规格说明中得到,因果关系非常复杂,以至于根据因果图而得到的测试用例数目常常大得惊人,给软件测试带来的工作量巨大。为了有效地、合理地减少测试的工时与费用,可以利用正交实验设计方法进行测试用例的设计。

3.6.1 正交实验设计法的含义

介绍正交实验设计法之前先看一个例子。

例如,要测试一个网页 www.live.com。

操作系统的选择:Windows NT4、Windows 2000、Windows XP、Windows Vista、Windows Server 2008。

平台的选择:32 位、64 位。

语言的选择:英文、德文、中文。

浏览器的选择:IE5、IE6、IE7、FireFox。

Javascript 的选择:启用、未启用。

这个问题的测试用例为 240,即 $5 \times 2 \times 3 \times 4 \times 2 = 240$ 种组合。这么多的情况如何化简呢?解决这个问题就可以用到正交实验设计法。

1. 正交实验设计法的定义

正交实验设计法(Orthogonal Experimental Design)是从大量的实验点中选取适量的有代表性的点,应用依据伽罗华理论推导出的正交表,合理地安排实验的一种科学的实验设计方法。利用这种方法,可使所有的因子和水平在实验中均匀且分配与搭配,均匀且有规律地变化。正交实验设计方法是依据 Galois 理论,从大量的实验测试数据中挑选适量的、有代表性的数据,从而合理地安排测试的一种科学实验设计方法。

2. 正交表的构成

行数(Runs):正交表中行的个数,即实验的次数,也是人们通过正交实验法设计的测试用例的个数。

因素数(Factors):正交表中列的个数,即人们要测试的功能点。

水平数(Levels):任何单个因素能够取得的值的最大个数。

正交表的形式:

$$L_{行数}(水平数^{因素数})$$

例如,$L_4(2^3)$ 的正交表如表 3-17 所示。

常用的有 $L_8(2^7)$、$L_{12}(2^{11})$、$L_{16}(4^5)$ 等,更多的正交表见附录 B。

表 3-17 $L_4(2^3)$ 正交表

列号 行号	1	2	3
1	1	1	1
2	1	2	2
3	2	1	2
4	2	2	1

（因素数、水平数为表中标注说明）

3. 正交表的正交性

1) 整齐可比性

在同一张正交表中,每个因素的每个水平出现的次数是完全相同的。由于在实验中每个因素的每个水平与其他因素的每个水平参与实验的几率是完全相同的,这就保证在各个水平中最大限度地排除了其他因素水平的干扰。因而,能最有效地进行比较和作出展望,容易找到好的实验条件。

2) 均衡分散性

在同一张正交表中,任意两列(两个因素)的水平搭配(横向形成的数字对)是完全相同的。这样就保证了实验条件均衡地分散在因素水平的完全组合之中,因而具有很强的代表性,容易得到好的实验条件。

4. 正交实验法设计测试用例

1) 用正交表设计测试用例的步骤

(1) 有哪些因素(变量)。

(2) 每个因素有哪几个水平(变量的取值)。

(3) 选择一个合适的正交表。

(4) 把变量的值映射到表中。

（5）把每一行的各因素水平的组合作为一个测试用例。

（6）加上自己认为可疑且没有在表中出现的组合。

2）如何选择正交表

（1）考虑因素（变量）的个数；

（2）考虑因素水平（变量的取值）的个数；

（3）考虑正交表的行数；

（4）取行数最少的一个。

3）设计测试用例时的三种情况

（1）因素数（变量）和水平数（变量的取值）都相符，取对应的正交表即可。

（2）水平数（变量的取值）相同，但因素数不相同，在正交表中找不到相同的因素数（变量），取因素数最接近但略大的实际值的表。

（3）水平数不相同，选行数取最少的一个正交表。

3.6.2　正交实验法举例

1. 网络调查

某大学进行一个大学生兴趣爱好调查，该调查对话框如图 3-14 所示。可以看到要测试的控件有六个：网络、体育、音乐、舞蹈、戏曲和其他，也就是要考虑的因素有六个；而每个因素里的状态有两个：填或者不填。

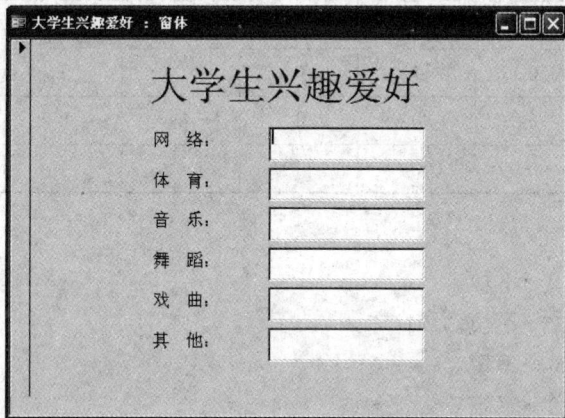

图 3-14　大学生兴趣爱好调查对话框

此实例符合设计测试用例时的三种情况的第二种情况，因素数不相同。

如果因素数不同的话，可以采用包含的方法，在正交表公式中找到包含该情况的公式，如果有 N 个符合条件的公式，那么选取行数最少的公式。

1）因素数和水平数

有六个因素：网络、体育、音乐、舞蹈、戏曲和其他。

每个因素有两个水平数。

网络：填、不填。

体育：填、不填。

音乐：填、不填。

舞蹈：填、不填。

戏曲：填、不填。

其他：填、不填。

2）选择正交表时

表中的因素数＞＝6。

表中至少有 6 个因素的水平数＞＝2。

行数取最少的一个。

结果为 $L_8(2^7)$，如表 3-18 所示。

表 3-18　$L_8(2^7)$ 正交表

行＼列		列　　号						
		1	2	3	4	5	6	7
行号	1	1	1	1	1	1	1	1
	2	1	1	1	0	0	0	0
	3	1	0	0	1	1	0	0
	4	1	0	0	0	0	1	1
	5	0	1	0	1	0	1	0
	6	0	1	0	0	1	0	1
	7	0	0	1	1	0	0	1
	8	0	0	1	0	1	1	0

3）变量映射

网络：1→填写、0→不填。

体育：1→填写、0→不填。

音乐：1→填写、0→不填。

舞蹈：1→填写、0→不填。

戏曲：1→填写、0→不填。

其他：1→填写、0→不填。

变量映射如表 3-19 所示。

4）用 $L_8(2^7)$ 设计的测试用例

测试用例如下：

TC1　网络填写、体育填写、音乐填写、舞蹈填写、戏曲填写、其他填写

TC2　网络填写、体育填写、音乐填写、舞蹈不填、戏曲不填、其他不填

TC3　网络填写、体育不填、音乐不填、舞蹈填写、戏曲填写、其他不填

表 3-19 变量映射

行\列	列号						
		网络	体育	音乐	舞蹈	戏曲	其他	7
行号	1	填写	填写	填写	填写	填写	填写	1
	2	填写	填写	填写	不填	不填	不填	0
	3	填写	不填	不填	填写	填写	不填	0
	4	填写	不填	不填	不填	不填	填写	1
	5	不填	填写	不填	填写	不填	填写	0
	6	不填	填写	不填	不填	填写	不填	1
	7	不填	不填	填写	填写	不填	不填	1
	8	不填	不填	填写	不填	填写	填写	0

TC4　网络填写、体育不填、音乐不填、舞蹈不填、戏曲不填、其他填写

TC5　网络不填、体育填写、音乐不填、舞蹈填写、戏曲不填、其他不填

TC6　网络不填、体育填写、音乐不填、舞蹈不填、戏曲填写、其他填写

TC7　网络不填、体育不填、音乐填写、舞蹈填写、戏曲不填、其他填写

TC8　网络不填、体育不填、音乐填写、舞蹈不填、戏曲填写、其他不填

增补测试用例：

TC9　网络不填、体育填写、音乐不填、舞蹈不填、戏曲不填、其他不填

TC10　网络不填、体育不填、音乐填写、舞蹈不填、戏曲不填、其他不填

TC11　网络不填、体育不填、音乐不填、舞蹈填写、戏曲不填、其他不填

TC12　网络不填、体育不填、音乐不填、舞蹈不填、戏曲填写、其他不填

测试用例数由 32 个减少为 12 个。

2. PowerPoint 软件打印功能

以 PowerPoint 软件打印功能作为例子，符合设计测试用例时的第三种情况，如表 3-20 所示。

表 3-20 因子和水平数表

编号	A 打印范围	B 打印内容	C 打印颜色/灰度	D 打印效果
0	全部	幻灯片	颜色	幻灯片加框
1	当前幻灯片	讲义	灰度	幻灯片不加框
2	给定范围	备注页	黑白	
3		大纲视图		

功能描述如下。

打印范围分三种情况：全部、当前幻灯片、给定范围。

打印内容分四种方式：幻灯片、讲义、备注页、大纲视图。

打印颜色/灰度分三种设置：颜色、灰度、黑白。

打印效果分两种方式：幻灯片加框和幻灯片不加框。

先将中文字转换成字母，便于设计，如表 3-21 所示。

表 3-21　因子和水平数表

编号	A	B	C	D
0	A1	B1	C1	D1
1	A2	B2	C2	D2
2	A3	B3	C3	D2
3		B4		

下面分析一下：

被测项目中一共有四个被测对象，每个被测对象的状态都不一样。

选择正交表：

（1）表中的因子数≥4。

（2）表中至少有 4 个因子的水平数≥2。

（3）行数取最少的一个。

最后选中正交表公式：$L_{16}(4^5)$，如表 3-22 所示，用字母替代如表 3-23 所示。

表 3-22　$L_{16}(4^5)$正交表

编　　号	1	2	3	4	5
1	0	0	0	0	0
2	0	1	1	1	1
3	0	2	2	2	2
4	0	3	3	3	3
5	1	0	1	2	3
6	1	1	0	3	2
7	1	2	3	0	1
8	1	3	2	1	0
9	2	0	2	3	1
10	2	1	3	2	0
11	2	2	0	1	3
12	2	3	1	0	2
13	3	0	3	1	2
14	3	1	2	0	3
15	3	2	1	3	0
16	3	3	0	2	1

表 3-23　用字母替代 $L_{16}(4^5)$ 正交表

编　号	1	2	3	4	5
1	A1	B1	C1	D1	0
2	A1	B2	C2	D2	1
3	A1	B3	C3	2	2
4	A1	B4	3	3	3
5	A2	B1	C2	2	3
6	A2	B2	C1	3	2
7	A2	B3	3	D1	1
8	A2	B4	C3	D2	0
9	A3	B1	C3	3	1
10	A3	B2	3	2	0
11	A3	B3	C1	D2	3
12	A3	B4	C2	D1	2
13	3	B1	3	D2	2
14	3	B2	C3	D1	3
15	3	B3	C2	2	0
16	3	B4	C1	2	1

可以看到：第一列水平值为 3、第三列水平值为 3、第四列水平值 3、2 都需要由各自的字母替代。这样，将组合数从 $3\times4\times3\times2=72$ 个降为 16 个，大大减少了工作量。

正交实验设计适用于大量因子都对结果产生较大影响的情况，利用正交实验设计法对大量组合进行简化，兼顾测试成本与测试充分性的均衡，提高测试效率。

正交实验设计方法的简化依据是科学的，并非盲目的简化。利用这种方法，可使所有的因子和水平在实验中均匀地分配与搭配，均匀且有规律地变化。对被测试的软件来说，测试用例的涉及范围在整体上说比较均匀，可排除偏向某个功能局部的可能性，它与结构测试相配合，可以发现大部分的错误。有一个实例，1992 年 AT&T 发表了一篇讲述在测试过程中使用正交表一个案例研究。它描述了对 PC（IBM 格式）和 StarMail（基于局域网的电子邮件软件）做回归测试。最初制定的测试计划是用 18 周的时间执行 1500 个测试用例。但是，开发推迟了，测试时间被压缩到仅仅 8 周时间。测试负责人采取另外一个测试方案和计划，即 2 个人 8 周的时间测试 1000 个测试用例，但是他不敢保证测试的质量，对这些用例检测缺陷的能力不放心。为了减轻这种不确定性的问题，他用正交表法重新设计了测试用例，此时测试用例只有 422 个。用这 422 个测试用例去测试发现了 41

个缺陷,开发人员修复缺陷,然后发布软件。在使用的两年时间内,凡被测试到的领域都没有再发现缺陷,因此在发现缺陷这方面,此测试计划是 100% 有效。据测试负责人估计,如果 AT&T 采用 1000 个测试用例的测试计划,可能仅仅只发现这些缺陷中的 32 个与最初的计划相比,用正交表设计测试用例执行工作量不到 50%,但却多发现 28% 的缺陷,而且测试人员个人的效率也增加了。

3.7　黑盒测试方法比较

黑盒测试方法的共同特点是它们都把程序看作是一个打不开的黑盒,只知道输入到输出的映射关系,根据规范说明设计测试用例。同时,它们也有明显的不同点:

(1) 等价类分析测试中,通过等价类划分来减少测试用例的绝对数量。

(2) 边界值分析方法则通过分析输入变量的边界值域设计测试用例。

(3) 决策表方法全面地列出可能输入组合,并通过制约关系和合并的方法来减少测试用例。

(4) 因果图测试方法考虑到输入条件和输出结果间的依赖关系和制约关系。

(5) 正交法在大量的输入组合情况下可以有效地减少测试用例。

1. 黑盒测试的工作量和有效性

1) 测试工作量

以边界值分析、等价类划分和决策表测试方法来讨论它们的测试工作量,即生成测试用例的数量与开发这些测试用例所需的工作量。

边界值分析不考虑数据或逻辑依赖关系,机械地根据各边界生成测试用例,测试用例数较多;等价类划分则关注数据依赖关系和函数本身,考虑如何划分等价类,随后也是机械地生成测试用例,测试用例数减少;决策表技术最精细,既要考虑数据,又要考虑逻辑依赖关系,测试用例数又减少;正交法可以有效地减少测试用例数。

2) 测试有效性

解释测试有效性是困难的。因为人们不知道程序中的所有故障,因此也不可能知道给定方法所产生的测试用例是否能够发现这些故障。所能够做的,只是根据不同类型的故障,选择最有可能发现这种缺陷的测试方法(包括白盒测试)。根据最可能出现的故障种类,分析得到可提高测试有效性的实用方法。通过跟踪所开发软件中故障的种类和密度,也可以改进这种方法。

2. 黑盒测试的选择

1) 关注相关属性问题

变量是否表示物理量或逻辑量?

在变量之间是否存在依赖关系?

是假设单缺陷,还是假设多缺陷?

是否有大量例外处理?

2）黑盒测试选择办法

如果变量是独立的,可采用边界值分析测试和等价类测试。

如果变量引用的是物理量,可采用边界值分析测试和等价类测试。

如果可保证是单缺陷假设,可采用边界值分析和健壮性测试。

如果变量不是独立的,可采用决策表测试。

如果程序包含大量例外处理,可采用健壮性测试和决策表测试。

如果变量引用的是逻辑量,可采用等价类测试用例和决策表测试。

如果测试组合很多,或多因子、多水平,采用正交法可以有效地减少测试用例数。

如果是参数配置类的软件,要用正交实验法选择较少的组合方式达到最佳效果。

3）黑盒测试选择策略

软件测试领域的著名学者 Myers 对黑盒测试选择策略总结如下:

首先,进行等价类划分,包括输入条件和输出条件的等价划分,将无穷多的测试用例减少成有限的测试用例,这是减少工作量和提高测试效率最有效的方法。

其次,几乎在任何情况下都必须使用边界值分析方法。实践经验显示,这种方法发现软件错误的能力很强。

第三,可依靠测试工程师的经验,用错误猜测法补充一些测试用例。

第四,如果程序的功能说明中含有输入条件的组合关系或者约束关系,用等价类划分法和边界值分析法很难描述,则用因果图法和决策表法。

第五,当测试参数选择或配置类的软件时,要用正交实验法减少测试用例,选择比较少的测试用例达到最佳效果。

习题

1. 什么是黑盒测试?
2. 简述黑盒测试的优点和缺点。
3. 什么是等价类?
4. 程序要求某个输入为 6 位正整数,试用等价类划分法设计有效等价类、无效等价类、测试用例。
5. 选择边界值测试主要考虑的原则是什么?
6. 有一个处理单价为 5 角钱的饮料自动售货机软件测试用例的设计。操作说明如下:

（1）若投入 5 角钱,按下"橙汁"或"啤酒"的按钮,则相应的饮料就送出来。

（2）投入 1 元硬币并按下按钮后,售货机没有零钱找,则一个显示"零钱找完"的红灯亮,这时在投入 1 元硬币并按下按钮后,饮料不送出来,1 元硬币也退出来。

（3）投入 1 元硬币并按下按钮后,售货机有零钱找,则显示"零钱找完"的红灯灭,在送出饮料的同时退还 5 角硬币。

根据题意设计因果图,并将因果图转化为决策表。

7. 某个人信息查询对话框如图 3-15 所示,对话框中有三个控件:姓名、身份证号、电话号码,每个控件填写状态有两个:填与不填。试用正交实验法测试,选择什么正交表?并根据自己选择的正交表设计测试用例。

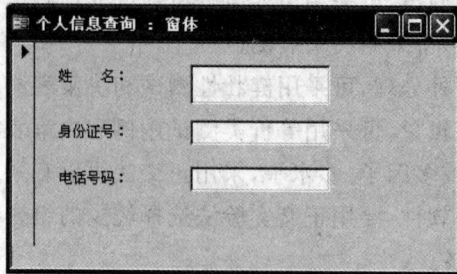

图 3-15 个人信息查询对话框

8. 试对黑盒测试方法进行比较,并说明对不同情况如何做出选择。

第4章 白盒测试

白盒测试是软件测试的核心测试方法之一，是本书的重点内容。本章主要讲解白盒测试的基本概念和技术，包括白盒测试概述、逻辑覆盖测试、程序插装测试、程序变异测试、循环测试和代码审查。代码审查分为桌前检查、代码评审、同行评审、代码走查、基于缺陷模式测试等，用比较多的篇幅讲解了基于缺陷模式的测试。本章不但介绍常见的白盒测试方法，而且通过实例说明如何运用白盒测试技术。

4.1 白盒测试概述

白盒测试是软件测试实践中最为有效和实用的方法之一。白盒测试是基于程序的测试，检测产品的内部结构是否合理以及内部操作是否按规定执行。逻辑覆盖测试是白盒测试的重点，六种覆盖标准为语句覆盖、判定覆盖、条件覆盖、判定/条件覆盖、条件组合覆盖和路径覆盖。

4.1.1 白盒测试含义

白盒测试中的"白盒"是指可视性，"盒子"这里指被测试的软件。白盒测试（White Box Testing）又称结构测试、透明盒测试、逻辑驱动测试或基于代码的测试。白盒测试是一种测试用例设计方法，"盒子"指的是被测试的软件，"白盒"指的是盒子是可视的，测试者清楚盒子内部的东西以及里面是如何运作的。白盒测试法全面了解程序内部逻辑结构、对所有逻辑路径进行测试。在使用这种方法时，测试者必须检查程序的内部结构，从检查程序的逻辑着手，得出测试数据。由于这种方法按照程序内部的逻辑进行测试，检验程序中的每条通路是否都能按预定要求正确工作，所以白盒测试又称为结构测试。白盒测试示意图如图 4-1 所示。

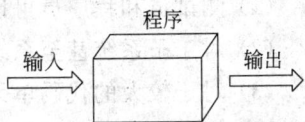

图 4-1 白盒测试示意图

通过检查软件内部的逻辑结构，对软件中的逻辑路径进行覆盖测试；在程序不同地方设立检查点，检查程序的状态，以确定实际运行状态与预期状态是否一致。它允许测试人员根据程序内部逻辑结构及有关信息来设计和选择测试用例，对程序的逻辑进行测试，提高代码质量。

下面是白盒测试的实施步骤。

（1）测试计划阶段：根据需求说明书，制定测试进度。

（2）测试设计阶段：依据程序设计说明书，按照一定规范化的方法进行软件结构划分和设计测试用例。

（3）测试执行阶段：输入测试用例，得到测试结果。

（4）测试总结分析阶段：对比测试的结果和代码的预期结果，分析错误原因，找到并解决错误。

在白盒测试中，通常会用覆盖率来度量测试的完整性。测试覆盖率是程序被一组测试用例执行到的百分比。

$$覆盖率 = \frac{至少被执行一次的被测试项数}{被测试项总数} \qquad (4-1)$$

白盒测试方法需要遵循的基本原则：

（1）保证一个模块中所有独立路径至少被测试一次。

（2）所有逻辑值均需测试真（true）和假（false）两个分支。

（3）检查程序的内部数据结构，保证其结构的有效性。

（4）在上下边界及可操作范围内运行所有循环。

4.1.2 黑盒测试和白盒测试的比较

白盒测试考虑了黑盒测试不考虑的方面。同样地，黑盒测试也考虑了白盒测试不考虑的方面。白盒测试只考虑测试软件产品，它不保证完整的需求规格是否被满足。而黑盒测试只考虑测试需求规格，它不保证实现的所有部分是否被测试到。黑盒测试会发现遗漏的缺陷，指出规格的哪些没有完成。而白盒测试会发现逻辑方面的缺陷，指出哪些是错误的。

白盒测试比黑盒测试成本高。白盒测试需要在测试计划前产生源代码，并且在确定合适的数据和软件是否正确方面需要花费更多的工作量。白盒测试计划应当在黑盒测试计划成功通过之前就开始，使用已经产生的流程图和路径判定。

1. 黑盒测试的优缺点

1）黑盒测试的优点

（1）测试员和程序员可以由不同的人员来担任。

（2）对于子系统甚至系统，效率要比白盒测试高。

（3）对于较大的代码单元来说，效率高。

（4）测试人员不需要了解实现的细节，包括特定的编程语言。

（5）从用户的视角进行测试，很容易理解和接受。

（6）有助于暴露规格的不一致或有歧义的问题。

（7）测试用例的设计可以在规格说明完成之后马上进行。

（8）测试用例可以反复使用。

（9）容易入手生成测试数据。

（10）适用于各阶段测试。

2）黑盒测试的缺点

（1）实际只有一小部分输入被测试到，要测试每个可能的输入几乎不可能。

（2）没有清晰、简明的规格，测试用例很难设计。

（3）如果测试人员不被告知开发人员已经执行过的用例，在测试数据上会存在重复。

（4）有很多程序路径没有被测试到。

（5）不能直接针对特定程序段测试，而这些程序段可能很复杂，有可能隐藏更多问题。

（6）大部分和研究相关的测试都是直接针对白盒测试。

（7）如果规格说明有误，则无法发现。

（8）不易进行充分性测试。

2. 白盒测试的优缺点

1）白盒测试的优点

（1）可以检测代码中的每条分支和路径。

（2）能仔细考虑软件的实现。

（3）揭示隐藏在代码中的错误。

（4）对代码的测试比较彻底。

（5）有较多工具支持。

（6）有一定的充分性度量手段。

2）白盒测试的缺点

（1）工作量大，代价比较昂贵，通常只用于单元测试，有应用局限。

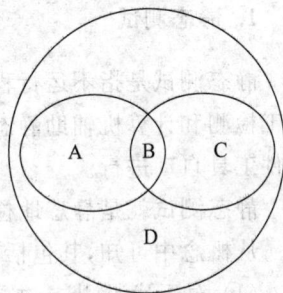

图 4-2 白盒测试和黑盒测试能够发现的错误

（2）无法检测代码中遗漏的路径和数据敏感性错误。

（3）不验证系统的正确性。

（4）无法对规格说明中未实现的部分进行测试。

白盒测试和黑盒测试能够发现的错误如图 4-2 所示。

A 只能用黑盒测试发现的错误；

C 只能用白盒测试发现的错误；

B 用黑盒和白盒测试都能发现的错误；

D 用黑盒和白盒测试都不能发现的错误；

A＋B 能用黑盒测试发现的错误；

B＋C 能用白盒测试发现的错误；

A＋B＋C 用黑盒和白盒测试发现的错误；

A＋B＋C＋D 软件中的全部错误。

白盒测试和黑盒测试的比较如表 4-1 所示。

表 4-1 白盒测试和黑盒测试的比较

列　项	黑盒测试	白盒测试
特点	只关心软件的外部表现，不关心内部设计与实现	关注软件的内部设计与实现，要跟踪源代码的运行
依据	需求说明、概要设计说明	详细设计说明

续表

列　项	黑　盒　测　试	白　盒　测　试
面向	输入输出接口/功能要求	程序结构
适用	组装、系统测试	单元测试
规模	大规模测试	小规模测试
程序结构	未知程序结构	已知程序结构
测试人员	专门测试人员或外部人员	开发人员
测试驱动程序	一般无须编写额外的测试驱动程序	需要编写额外的测试驱动程序

4.1.3　静态测试和动态测试

从是否运行程序的方面看,软件测试可以分为静态测试和动态测试。

1. 静态测试

静态测试是指不运行程序,通过人工对程序和文档进行分析与检查。静态测试采用人工检测和计算机辅助静态分析手段进行检测,充分发挥人的逻辑思维优势,也可以借助软件工具自动进行。

静态测试就是静态地检查程序代码、界面或文档中可能存在的错误的过程。

从概念中可知,其包括对代码测试、界面测试和文档测试三个方面:

(1) 对于代码测试,主要测试代码是否符合相应的标准和规范。

(2) 对于界面测试,主要测试软件的实际界面与需求中的说明是否相符。

(3) 对于文档测试,主要测试用户手册和需求说明是否符合用户的实际需求。

对程序代码的静态测试需要按照相应的代码规范模板逐行检查程序代码。很多大公司内部一般都有自己的编码规范,比如"C/C++ 编码规范",只需要按照上面的条目逐条测试就可以了。当然很多白盒测试工具中就自动集成了各种语言的编码规范,只要单击一个按钮,这些工具就会自动检测代码中不符合语法规范的地方,非常方便。

2. 动态测试

动态方法是指通过运行被测程序,检查运行结果与预期结果的差异,并分析运行效率和健壮性等性能。判断一个测试属于动态测试还是静态的,唯一的标准就是看是否运行程序。

动态测试技术主要包括程序插桩、逻辑覆盖、基本路径测试等。

3. 黑盒测试、白盒测试、动态测试、静态测试之间的关系

不同的测试方法各自的目标和侧重点不一样,在实际工作中应将这两种方法结合起来运用,以达到更完美的效果。

以上的测试方法各有所长,每种方法都可设计出一组有用的例子,用这组测试用例可以比较容易地发现某种类型的错误,却不易发现另一种类型的错误。因此在实际测试中,应结合各种测试方法,形成综合策略。在单元测试主要用白盒测试;在系统测试时主要用黑盒测试,或者以黑盒测试为主要测试方法,白盒测试为辅助方法等。

黑盒测试、白盒测试、动态测试、静态测试之间的关系:

(1)测试的角度不同而已,同一个测试,既有可能是黑盒测试,也有可能是动态测试;既有可能是静态测试,也有可能是白盒测试。

(2)黑盒测试有可能是动态测试,即运行程序看输入输出;也有可能是静态测试,即不运行只看界面。

(3)白盒测试有可能是动态测试,即运行程序并分析代码结构;也有可能是静态测试,即不运行程序,做代码走查等。

(4)动态测试有可能是黑盒测试,即运行程序只看输入输出;也有可能是白盒测试,即运行并分析代码结构。

(5)静态测试有可能是黑盒测试,即不运行程序只查看界面;也有可能是白盒测试,即不运行程序做文档测试等。

4.1.4 程序流程图和控制流图

白盒测试是对软件产品内部逻辑结构进行测试的,测试人员必须对测试中的软件有深入的理解,包括其内部结构、各单元部分及之间的内在联系,还有程序运行原理等。程序流程图(Flowchart)又称框图,是程序设计时大家最为熟悉的,如图 4-3 所示。为了更加突出程序的内部结构,便于测试人员理解源代码,可以对程序流程图进行简化,生成控制流图(Control Flow Graph)。简化后的控制流图是由结点和控制边组成的,如图 4-4 所示。

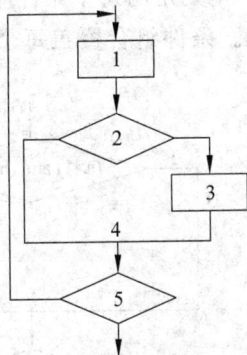

图 4-3 程序流程图 图 4-4 控制流图

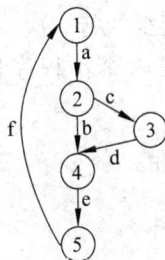

在控制流图中有两种符号:结点、控制流线或弧。

结点:以有编号的圆圈表示。代替操作、条件判断及汇合点,表示一个或多个无分支的源程序语句。

控制流线或弧:以带箭头的线或弧表示,代表控制流的方向,如图 4-4 中的 a、b、c、d、

e、f 所示。

控制流图有以下两个特点：

具有唯一入口结点，表示程序段的开始语句。

具有唯一出口结点，表示程序段的结束语句。

常见的控制流如图 4-5 所示。

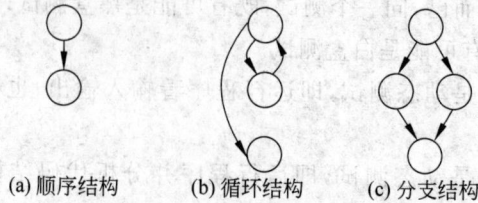

(a) 顺序结构　　　(b) 循环结构　　　(c) 分支结构

图 4-5　常见的控制流图

4.2　逻辑覆盖测试

逻辑覆盖测试(Logic Coverage Testing)简称逻辑覆盖法是以程序内部的逻辑结构为基础设计测试用例的方法。因为不可能进行穷尽的测试，有选择的执行程序中某些最具代表性的通路是对穷举测试唯一可行的代替方法。

逻辑覆盖测试是针对程序的内部逻辑结构设计测试用例，通过运行测试用例达到逻辑覆盖目的。逻辑覆盖测试是最传统最经典的白盒测试技术，要求测试人员对程序的逻辑结构非常清楚。

六种覆盖标准为语句覆盖、判定覆盖、条件覆盖、判定/条件覆盖、条件组合覆盖和路径覆盖其发现错误的能力呈由弱至强的变化。语句覆盖每条语句至少执行一次。判定覆盖每个判定的每个分支至少执行一次。条件覆盖每个判定的每个条件应取到各种可能的值。判定/条件覆盖同时满足判定覆盖和条件覆盖。条件组合覆盖每个判定中各条件的每一种组合至少出现一次。路径覆盖使程序中每一条可能的路径至少执行一次。

例 1　下面是一个小程序段，程序流程图如图 4-6 所示。

```
1  if (a>1) and (b=0)
2     then  c=c/a
3  endif
4  if  (a=2) or (c>1)
5     then  c=c+1
6  endif
7  c=b+c
```

1. 语句覆盖

语句覆盖(Statement Coverage, SC)的含义

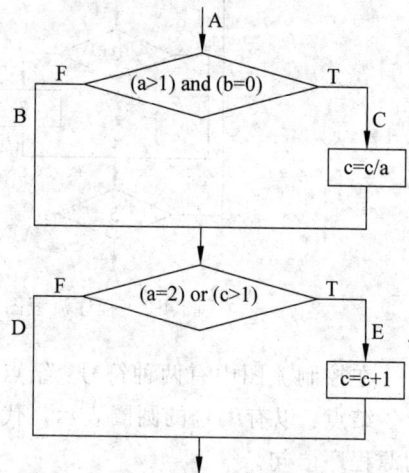

图 4-6　程序流程图

是：选择足够多的测试用例，使被测程序中每条语句至少执行一次。语句覆盖是很弱的逻辑覆盖。为了暴露程序中的错误，程序中的每条语句至少应该执行一次。语句覆盖以程序中每条可执行语句是否都执行到为测试终止的标准。

满足语句覆盖的情况：执行路径 ACE。

选择测试用例：（2,0,5）。

语句覆盖的优点：

很直观地从代码中得到测试用例，无须细分每条判定表达式。

语句覆盖的缺点：

对于隐藏的条件和可能到达的隐式分支是无法测试的。它只在乎运行一次，而不考虑其他情况。可以说语句覆盖是最弱的逻辑覆盖准则。

语句覆盖率：

$$语句覆盖率 = \frac{至少被执行一次的语句数量}{可执行的语句总数} \tag{4-2}$$

2．判定覆盖

判定覆盖（Decision Coverage，DC）：执行足够多的测试用例，使得程序中每个判定至少都获得一次"真"值和"假"值。

覆盖情况：应执行路径 ACE∧ABD 或 ABE∧ACD。

选择测试用例（选择其一）：

（1）（2,0,3）执行路径 ACE、（1,0,1）执行路径 ABD。

（2）（2,1,1）执行路径 ABE、（3,0,3）执行路径 ACD。

分支覆盖测试的优点：

分支覆盖是比语句覆盖更强的测试能力，比语句覆盖要多几乎一倍的测试路径。它无须细分每个判定就可以得到测试用例。

分支覆盖测试的缺点：

往往大部分的判定语句是由多个逻辑条件组合而成，若仅仅判断其最终结果，而忽略每个条件的取值必然会遗漏部分的测试路径。未深入测试复合判定表达式的细节，仍存在测试漏洞。

判定覆盖率：

$$判定覆盖率 = \frac{判定结果被评价的次数}{判定结果的总数} \tag{4-3}$$

3．条件覆盖

条件覆盖（Condition Coverage，CC）：执行足够多的测试用例，使得判定中的每个条件获得各种可能的结果。

应满足以下覆盖情况：

判定一　$a>1, a\leqslant 1, b=0, b\neq 0$。

判定二　$a=2, a\neq 2, c>1, c\leqslant 1$。

选择用例（选择其一）：

(1) (2,0,3)和(1,1,1)。

(2) (1,0,3)和(2,1,1)。

条件覆盖测试的优点：

条件覆盖比分支覆盖增加了对符合判定情况的测试，增加了测试的路径。

条件覆盖测试的缺点：

设计若干测试用例，执行被测程序以后，要使每个判断中每个条件的可能取值至少满足一次；但覆盖了条件的测试用例不一定覆盖了判定。如(1,0,3)和(2,1,1)满足条件覆盖，但不满足判断覆盖。

条件覆盖率：

$$条件覆盖率＝\frac{条件操作数值至少被评价一次的数量}{条件操作数值的总数} \tag{4-4}$$

4. 判定/条件覆盖

判定/条件覆盖(Decision/Condition Coverage，D/CC)：执行足够多的测试用例，使得判定中每个条件取到各种可能的值，并使每个判定取到各种可能的结果。

应满足以下覆盖情况：

条件　 $a>1, a\leqslant 1, b=0, b\neq 0$ 。

　　　 $a=2, a\neq 2, c>1, c\leqslant 1$ 。

应执行路径：ACE∧ABD 或 ACD∧ABE。

选择测试用例：(2,0,3) 执行路径 ACE 或(1,1,1)执行路径 ABD。

判定/条件覆盖测试的优点：

判定/条件覆盖测试即满足判定覆盖准则又满足条件覆盖准则，弥补了二者的不足。

判定/条件覆盖测试的缺点：

判定/条件覆盖未满足条件组合覆盖，又忽略了路径覆盖的问题。判定/条件覆盖没有考虑单个判定对整体结果的影响，无法发现程序中的逻辑错误。

判定/条件覆盖率：

$$判定/条件覆盖率＝\frac{条件操作数值或判定结果值至少被评价一次的数量}{条件操作数值总数＋判定结果总数} \tag{4-5}$$

5. 条件组合覆盖

条件组合覆盖(Condition Combination Coverage，CCC)：执行足够多的例子，使每个判定中条件的各种可能组合都至少出现一次。

满足以下覆盖情况：

① $a>1, b=0$　 ② $a>1, b\neq 0$

③ $a\leqslant 1, b=0$　 ④ $a\leqslant 1, b\neq 0$

⑤ $a=2, c>1$　 ⑥ $a=2, c\leqslant 1$

⑦ $a\neq 2, c>1$　 ⑧ $a\neq 2, c\leqslant 1$

选择测试用例：

(2,0,3) 覆盖① ⑤

(2,1,1) 覆盖② ⑥

(1,0,3) 覆盖③ ⑦

(1,1,1) 覆盖④ ⑧

条件组合覆盖测试的优点：

条件组合覆盖使得每个判定中条件的各种可能组合都至少出现一次。

条件组合覆盖测试的缺点：

条件组合覆盖忽略了路径覆盖的问题。

条件组合覆盖率：

$$条件组合覆盖率 = \frac{条件操作数值至少被评价一次的数量}{条件操作数值的所有组合总数} \tag{4-6}$$

6. 路径覆盖

路径覆盖(Path Coverage,PC)：执行足够多的例子,覆盖程序中所有可能的路径,如表 4-2 所示。

表 4-2   路径覆盖表

A	B	X	覆 盖 路 径	路 径 集
2	0	3	A C E	①②③④
1	0	1	A B D	①③
2	1	1	A B E	①③④
3	0	1	A C E	①②③

一条独立路径是指,和其他独立路径相比,至少引入一个新处理语句或一个新判断的程序通路。

路径覆盖测试的优点：

路径覆盖是经常要用到的测试覆盖方法,它比普通的判定覆盖准则和条件覆盖准则覆盖率都要高。

路径覆盖测试的缺点：

路径覆盖不一定能保证条件的所有组合都覆盖。由于路径覆盖需要对所有可能的路径进行测试(包括循环、条件组合、分支选择等),那么需要设计大量、复杂的测试用例,使得工作量呈指数级增长。

对于比较简单的小程序,实现路径覆盖是可能做到的。但是如果程序中出现较多的判断和循环,可能的路径数目将急剧增长,要在测试中覆盖所有路径是无法实现的。为了解决这个难题,只有把覆盖路径压缩到一定的限度内,如程序中的循环体只执行一次。在实际测试中,即使对于数目很有限的程序已经做到路径覆盖,仍然不能保证被测程序的正确性,还需要采取其他测试方法进行补充。

例 2 下面是一段简单的 C 语言程序,程序流程图如图 4-7 所示。

```
1    If (x>1&& y=1) then
2        z=z * 2;
3    If (x=3 || z>1) then
4        y++;
```

(1) 按照"语句覆盖"选择确定测试用例及执行路径。

(2) 按照"判定覆盖"选择确定测试用例及执行路径。

(3) 按照"条件覆盖"选择确定测试用例、执行路径和条件取值。

(4) 按照"判定/条件覆盖"选择确定测试用例、执行路径和条件取值。

(5) 按照"条件组合覆盖"选择确定测试用例、执行路径、条件取值和覆盖组合。

(6) 按照"路径覆盖"选择确定测试用例及执行路径。

假设:

X>1 取真值,记为 T1;X≤1 取真值,记为 -T1。

Y=1 取真值,记为 T2;Y≠1 取真值,记为 -T2。

X=3 取真值,记为 T3;X≠3 取真值,记为 -T3。

Z>1 取真值,记为 T4;Z≤1 取真值,记为 -T4。

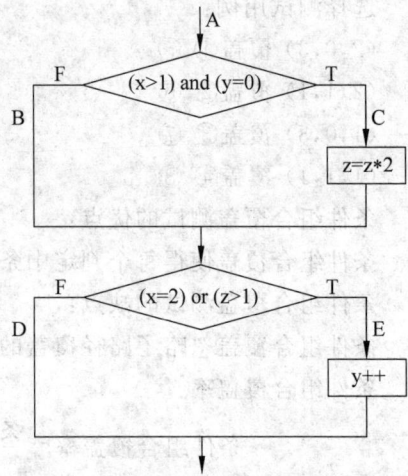

图 4-7   程序流程图

语句覆盖、判定覆盖和路径覆盖如表 4-3 所示。

表 4-3   语句覆盖、判定覆盖和路径覆盖

覆盖准则	测试用例	执行路径(语句)
语句覆盖	x=3,y=1,z=2	1,2,3,4
判断覆盖	x=3,y=1,z=2 x=1,y=1,z=1	1,2,3,4 1,3
路径覆盖	x=3,y=1,z=2 x=3,y=0,z=1 x=2,y=1,z=1 x=1,y=1,z=1	1,2,3,4 1,3,4 1,2,3 1,3,4

条件覆盖、判定/条件覆盖和条件组合覆盖如表 4-4 所示。

表 4-4   条件覆盖、判定/条件覆盖和条件组合覆盖

覆盖准则	测试用例	条件取值	执行路径(语句)
条件覆盖	x=3,y=0,z=1 x=1,y=1,z=2	T1,-T2,T3,-T4 -T1,T2,-T3,T4	1,3,4 1,3,4

覆 盖 准 则	测 试 用 例	条 件 取 值	执行路径(语句)
判断/条件覆盖	x＝3,y＝1,z＝2 x＝1,y＝0,z＝1	T1,T2,T3,T4 －T1,－T2,－T3,－T4	1,2,3,4 1,3
条件组合覆盖	x＝3,y＝1,z＝2 x＝3,y＝0,z＝1 x＝1,y＝1,z＝2 x＝1,y＝0,z＝1	T1,T2,T3,T4 T1,－T2,T3,－T4 －T1,T2,－T3,T4 －T1,－T2,－T3,－T4	1,2,3,4 1,3,4 1,3,4 1,3

4.3 白盒静态测试

白盒静态测试就是用人工的方法检查程序,主要有桌前检查、代码审查、代码走查、代码评审和同行评审、基于缺陷模式的测试等。

4.3.1 桌前检查

桌前检查(Desk Check)是程序员检查自己的程序,主要检查变量、常量、风格等,补充桌前检查文档。桌前检查一般是程序员实现制定功能后,进行单元测试之前,对源代码进行的初步检查。

桌前检查的重点为:编码规范、语句的使用等是否符合编码规范,并根据《编码规范》调整自己的代码以符合编码规范的要求。桌前检查的参与人员是软件开发人员。

桌前检查具体检查内容包括:

- 检查变量的交叉引用表;
- 检查子程序、宏和函数;
- 检查等价类表;
- 检查常量表;
- 检查设计标准;
- 检查控制流;
- 检查程序设计风格;
- 检查程序的规格说明。

4.3.2 代码审查

代码审查(Code Review)的目的就是为了产生合格的代码,检查源程序编码是否符合详细设计的编码规定,确保编码与设计的一致性。代码审查一般由程序设计人员和测试人员组成审查小组。

代码审查的内容如下:

（1）代码规范性的审查。

代码规范性的审查有助于更早地发现缺陷，提高代码质量，而且可以帮助程序员遵守规则、养成好的习惯，以达到预防缺陷的目的。

（2）代码风格和编程规则的审查。

代码风格和编程规则两者不可缺一，都应列入代码评审的范围里。

（3）对命名规则、缩进与对齐、注释和函数处理等的审查。

（4）业务逻辑的审查和算法的效率。

（5）代码审查还要检查代码和设计的一致性。

（6）代码对标准的遵循和可读性。

（7）代码的逻辑表达的正确性。

（8）代码结构的合理性等方面。

代码审查可以确保代码编程标准有效地执行，提高代码质量，减轻动态测试负担，提高代码可重复使用，降低项目风险与经费增加程序的可理解性，降低维护成本。代码审查是静态测试的一种，而静态测试则是为动态测试做准备。代码审查可以发现违背程序编写标准的问题；程序中不安全、不明确和模糊的部分；找出程序中不可移植部分、违背程序编程风格的问题，包括变量检查、命名和类型审查、程序逻辑审查、程序语法检查和程序结构检查等内容。

4.3.3　代码走查

代码走查（Walkthrough）由测试小组组织或者专门的代码走查小组进行代码走查，这时需要开发人员提交有关的资料文档和源代码给走查人员，并进行必要的讲解。测试小组会前发材料，小组成员集体扮演计算机的角色，让测试用例沿程序的逻辑运行一遍，记录轨迹，供分析讨论。代码走查的参与人员为测试人员，一般程序员不参与。

代码走查往往根据代码审查单来进行，代码审查单常常是根据编码规范总结出来的一些条目，目的是检查代码是否按照编码规范来编写。当然，代码走查的最终目的还是为了发现代码中潜在的错误和缺陷。

代码走查的重点如下：

（1）把材料（需求描述文档、程序设计文档、程序的源代码清单、代码编码标准、代码缺陷检查表等）发给走查小组每个成员，让他们认真研究程序。

（2）召开会议，让与会者"充当"计算机，让测试用例沿程序的逻辑运行一遍，随时记录程序的踪迹，供分析和讨论，发现更多的问题。

实践表明，代码审查是发现错误缺陷最有效的手段之一，人工走查平均能查出被测程序的 30%～70% 的逻辑设计和编码缺陷，以 IBM 为例，其代码审查会的查错效率高达 80%。

4.3.4 代码评审和同行评审

1. 代码评审

代码评审是在编码初期或编写过程中采用一种有同行参与的评审活动。代码评审通过大家共同阅读代码或由程序编写者讲解代码,其他同行边听边分析问题的方法。

代码评审的重点:通过组织或其他程序员共同查看程序,可以找出问题,使大家的代码风格一致或遵守编码规范。

代码评审的参与人员为全体开发小组。

2. 同行评审

同行评审是引用 CMM(能力成熟度模型)中的术语,如用在评审源代码上,就是代码评审;在同行评审中,由软件工作产品创建者的同行们检查该工作的产品,识别产品的缺陷,改进产品的不足。

同行评审的目的:

(1) 检验工作产品是否正确地满足了以往的工作产品中建立的规范,如需求或设计文档。

(2) 识别工作产品相对于标准的偏差,包括可能影响软件可维护性的问题。

(3) 向创建者提出改进建议。

(4) 促进参与者之间的技术交流和学习。

同行评审的参与人员包括程序员、设计师、单元测试工程师、维护者、需求分析师、编码标准专家(此为 CMM 标准中提出的参与角色,可根据实际情况调整,至少需要开发人员、测试人员、设计师参与)。

3. 注意事项

(1) 协调人负责保证会的讨论高效进行,每个参与者都将注意力集中在查找缺陷而不是修正缺陷。

(2) 会后要确保缺陷得到修正。

(3) 对错误清单要分析、归纳,用以提炼缺陷列表。

(4) 会议时间在一个半小时到两个小时。

(5) 每小时大约阅读 150 行代码,不要过于求多求快。

4. 作用

(1) 发现缺陷。

(2) 程序员会在编程风格、算法选择及编程技术等方面得到反馈。

(3) 其他参与者通过他人的错误、风格等受益。

(4) 能够尽早地发现代码中容易出错的部分,为后面的测试找到重点测试的地方。

4.3.5 基于缺陷模式测试

缺陷模式是程序中经常发生的错误或缺陷所呈现的语法及语义特征。通常由具有程序设计经验的程序员或者测试人员总结出来。不同的编程语言,往往对应于不同的缺陷模式集。

基于缺陷模式测试技术具有如下特点。

(1)针对性强:如果说某种模式的缺陷是经常发生的,并且在被测软件中是存在的,则面向缺陷的测试可以检测出此类缺陷。

(2)基于缺陷模式的软件测试技术往往能发现其他测试技术难以发现的故障,如小概率、不明显、误操作。

(3)工具自动化程度高以及测试效率高。

(4)缺陷定位准确,对测试所发现的缺陷能够准确定位。

以缺陷产生后果的严重性高低为评判标准,从程序的源代码形式着眼,对缺陷模式进行分类为故障模式、安全漏洞模式、疑问代码模式和规则模式。

1. 故障模式

常见的故障模式如下所示:

- 存储器泄露模式。
- 数组越界模式。
- 使用未初始化变量模式。
- 空指针使用故障模式。
- 死循环结构模式。
- 非法计算模式。

1) 存储泄露的故障模式

设在程序的某处申请了大小为 M 的空间,凡在程序结束时 M 或者 M 的一部分没被释放、或者多次释放 M 或 M 的一部分都是内存泄露故障。

MLF 有以下三种形式。

(1)遗漏故障:指申请的内存没有被释放。

(2)不匹配故障:指申请函数和释放函数不匹配。

(3)不相等的释放错误:指释放的空间和申请的空间大小不一样。

例如:

```
1  void f(int a){
2      int * memleak_error;
3      memleak_error=(int *)malloc(sizeof(int) * 100);
4      if(a>0)  return;
5      free(memleak_error);
6  }
```

分析：在第 4 行处报告一个错误，函数返回前没有释放。

例如：申请函数和释放函数不匹配。

```
str=malloc(10); …; delete(str); malloc 与 free 匹配
str=new(10);…; free(str); new 与 delete 匹配
```

2）数组越界故障模式

设某数组定义为 Array[min max]，若引用 Array[i] 且 i<min 或 i>max 都是数组越界故障。在 C++ 中，若 i<0 或 i≥max 是数组越界故障。字符串拷贝过程中可能存在的数组越界故障。

对程序中任何出现 Array[i] 的地方，都要判断 i 的范围：

若 i 是在数组定义的范围内，则是正确的；

若 i 是在数组定义的范围外，则是数组越界故障模式。

例如：

```
1    int data[10];
2    for(i=0; i<=10; i++){data[i]=…};
```

分析：在第 2 行处报告一个错误，故障类型是数组越界。

例如：

```
1    int i;
2    int a[4]={1,2,3,4};
3    if(i>2)
4    {
5      a[i]=1;
6    }
7    return 0;
```

分析：在第 5 行处报告一个错误，故障类型是数组越界。条件判断中的 i 有可能大于 3，会导致数组越界。

3）使用未初始化变量故障模式

使用未初始化变量故障模式：存在一个路径，在该路径上使用前面没有被赋初值的变量是使用未初始化变量故障。

例如：

```
1    func()
2    {
3        int y;
4        y=x;
5    }
```

分析：在第 5 行处报告一个错误，故障类型是变量 x 没有进行初始化便进行了使用。

4）空指针使用故障模式

空指针使用故障，即引用空指针或给空指针赋值的都是空指针使用故障。

例如：

```
1      class ff{
2      void f(int * p,int * q){
3         if(q!=(void * )0){
4            return;
5            }
6         if(p==q){
7            int b;
8            }
9         int a= * p;
10        }
11     };
```

分析：在第9行处报告一个错误，故障类型是如果q不为空则返回，为空则因为存在if(p==q)的判断，所以下面直接对p的解引用则是不确切的。

5）死循环结构模式

在控制流图中，对任何一个循环结构，包括：

- for语句中的死循环结构；
- while语句中的死循环结构；
- do-while语句中的死循环结构；
- goto语句中的死循环结构。

例如，没有结束条件。

```
for(i=1;i++)
```

例如，增量变化不能使程序结束。

```
for(i=1;i==100;i=i+2)
```

例如，无增量或增量与结束无关。

```
for(i=1; i<=100; j++)
```

6）非法计算故障模式

非法计算故障是指计算机不允许的计算。一旦非法计算类故障产生，系统将强行退出。例如，除数为0故障、对数自变量为0或负数故障、根号内为负数的故障等。

例如：

```
int func()
{
    int a=0, b=10;
    b /=a;
    return 0;
}
```

分析：在第4行处报告一个错误，故障类型是其中a为0，所以引起故障。

2. 安全漏洞模式

安全漏洞缺陷会给系统留下安全隐患,为攻击该系统打开方便之门。安全漏洞模式有未验证输入、缓冲区溢出、安全功能、竞争条件、风险操作等。

1) 未验证输入

未验证输入:程序从外部获取数据时,这些数据可能含有具有欺骗性或者是不想要的垃圾数据,如果在使用这些数据前不进行合法性检查则将威胁到程序的安全。

未验证输入可能会导致程序不按原计划执行,也有可能直接或间接地导致缓冲区溢出缺陷。主要类型有使用的数据来自外部的全局变量和使用的数据来自输入函数。

例如,使用的数据来自外部的全局变量。

```
1    Main(int argc, char *argv[])
2    {
3      short lasterror;
4      char argvbuffer[16];
5      if (argc==2)
6        {strcpy(argvbuffer, argv[1]);}
7    }
```

分析:由于程序第 6 行中使用的外部输入变量 argv[1]作为 strcpy 的参数之前并没有进行相应的合法性检查,因此存在一个被污染的数据缺陷。

2) 缓冲区溢出

当程序要在一个缓冲区内存储比该缓冲区的大小还要多的数据时,即会产生缓冲区溢出漏洞。主要类型包括数据拷贝造成的缓冲区溢出、格式化字符串造成的缓冲区溢出。

例如:

```
1  #include<stdlib.h>
2  #include<string.h>
3  #include<stdio.h>
4  #define BUFSIZE 2
5  int main(int argc, char **argv) {
6  char * buf;
7  buf=(char * )malloc(BUFSIZE);
8  if (buf==NULL)
9  {printf("Memory allocation problem"); return 1;}
10 strcpy(buf, argv[1]);
11 printf("%d\n", argc);
12 printf("%s", buf);
13 free(buf);
14 return 0;
15  }
```

分析:代码第 10 行由于未验证字符串 argv[1]的长度,而直接将其拷贝到 buf,这可能导致堆缓冲区溢出。

3）风险操作

如果不恰当地使用了某些标准库函数，可能会带来安全隐患。甚至在某些情况下，某些函数一经被使用，就可能带来安全隐患。

例如，rand()和 random()这样的随机数生成函数，它们在生成伪随机值的时候表现出来的性能是非常差的，如果用它们来生成默认的口令，这些口令将很容易被攻击者猜测到。

例如：

```
1    void func(){
2    …
3    long seed=random()+datetime();
4    mdsetseed(seed);
5    …
6    }
```

分析：因为 seed 这个随机数将用于一个与密码相关的进程，会造成一个安全漏洞。

4）安全功能

软件安全性是人们更为关注的。

例如：

```
1    #include<sqlext.h>
2    #include<Windows.h>
3    int f1(void * handle, SQLCHAR * serverName,int nameLen1) {
4     char * pwd="pwd";
5    SQLConnect(handle,serverName,nameLen1,(SQLCHAR * )user,4,(win)pwd,3);
6    return 0;
7    }
```

分析：代码第 5 行使用 SQLConnect 连接数据库，第 6 个参数使用 pwd 为明文密码。

例如：

```
1    #include<sqlext.h>
2    #include<Windows.h>
3    int f1(SC handle, SR * serverName, ST nameLen1) {
4    SQLConnect(handle, serverName, nameLen1, (SR * )"user", 4, (SR * )"psd", 3);
5    return 0;
6    }
```

分析：代码第 6 行，密码是一个固定的字符串，造成硬编码密码问题。

5）竞争条件

如果程序中有两种不同的 I/O 调用同一文件进行操作，而且这两种调用是通过绝对路径或相对路径引用文件的，那么就容易出现竞争条件问题。在两种操作进行的间隙，黑客可能改变文件系统，那么将会导致对两个不同的文件操作而不是同一文件进行操作。

竞争条件问题发生在用户拥有不同的权限运行的程序中,例如,程序、数据库和服务器程序等。当两个操作在同一个函数中,并且用的是同一个路径,就会产生竞争条件。

例如,access()和 remove()之间的竞争条件。

```
1    Void remove_if_possible(char * filename)
2    {
3    if ((access(filename,0))
4        remove(filename);
5    }
```

3. 疑问代码模式

此类问题未必会造成系统的错误,可能是误操作造成的,或者是由工程师不熟悉开发程序造成的,起到提示作用。

疑问代码模式主要有:

- 争议代码;
- 低性能代码;
- 冗余代码。

1) 争议代码

争议代码包括:

- 数据类型转换错误　不同数据类型之间的隐式转换可能会使数据发生错误。
- 条件判断、开关语句的分支是相同的代码,在条件判断和开关语句的分支中,使用了相同的代码,这是一种病态的控制流。
- 不合适的比较,浮点数的错误比较(两个浮点数的相等,因为浮点数的计算涉及精确性方面(舍入等),所以比较两个浮点数的相等性是不准确的);疑问的条件语句:缺陷名称:==与=运算符的混淆。

例如,数据类型转换错误。

```
1    void foo(int a) {
2    char b;
3    b=a;
4    }
```

分析:int 到 char 的转换可能导致数据的丢失。

例如:

```
1    public void setValue(int x){
2    String y=" ";
3    if(x<=0){
4            System.out.println("The result is:"+y)
5            }
6    else{
7        System.out.println("The result is:"+y)
```

```
8        }
9    }
```

上述程序的 4、7 行,if 语句两个分支用了两个相同的代码。

2) 低性能代码

低性能代码会导致软件运行效率低下,因此建议采用更高效的代码来完成同样的功能。主要包括使用低效函数/代码、使用多余函数、Java 中显式垃圾回收、冗余代码、头文件中定义的静态变量、不必要的文件包含、字符串低效操作和有更简单的运算可以替代等。

一般情况下,如果循环条件中有一个函数调用,而它的返回值是不会在循环条件中改变的,一定要把它拿到循环外面来。

例如,循环条件中隐藏的低效操作。

```
for (i=0; i<strlen(str); i++);
```

分析:一般情况下,如果循环条件中有一个函数调用,而它的返回值是不会在循环条件中改变的,一定要把它拿到循环外面来。

3) 冗余代码

在 C/C++ 中,存在从未使用过的方法或者属性,或者存在从未使用(读取)过的局部变量,此类缺陷为冗余代码缺陷。

例如:

```
1  class A
2  {
3  void foo(int c)
4  {
5  int i;
6  for(…){
7  i=c;
8  break;
9  }
10 }
```

分析:变量 i 被赋值过,但未被使用过,也应该报错。

4. 规则模式

软件开发总要遵循一定的规则,公司或者团队也有一些开发规则,违反这些规则也是不允许的。规则模式包括声明定义、版面书写、分支控制、指针使用、运算处理等。

1) 循环体必须用大括号括起来

基于加强代码可读性、避免人为失误的目的,循环体必须用大括号括起来。

例如:

```
#include<stdio.h>
```

```
int main()
{
  int i=1,sum=0;
  while (i<=100)
  {
   sum=sum+i;
   i++;
  }
  printf("sum=%d\n",sum);
  return 0;
}
```

例如：

```
#include<stdio.h>
#include<math.h>
int main()
{int n,k,i,m=0;
  for(n=101;n<=200;n=n+2)
    { k=sqrt(n);
      for (i=2;i<=k;i++)
        if (n%i==0) break;
      if (i>=k+1)
        {printf("%d ",n);
          m=m+1;
        }
      if(m%10==0) printf("\n");
    }
  printf ("\n");
  return 0;
}
```

2）then/else 中的语句必须用大括号括起来

基于加强代码可读性、避免人为失误的目的 then/else 中的语句必须用大括号括起来。

例如：

```
#include<stdio.h>
int main()
{
  float a,b,t;
  scanf("%f,%f",&a,&b);
  if(a>b)
    {
      t=a;
```

```
      a=b;
      b=t;
    }
  printf("%5.2f,%5.2f\n",a,b);
  return 0;
}
```

例如:

```
#include<stdio.h>
int main()
{
  int x,y;
  scanf("%d",&x);
  if(x<0)
    y=- 1;
  else
    if(x==0) y=0;
    else y=1;
  printf("x=% d,y=%d\n",x,y);
  return 0;
}
```

3) 在 switch 语句中必须有 default 语句

如果 switch 语句中缺省了 default 语句,当所有的 case 语句的表达式值都不匹配时,则会跳转到整个 switch 语句后的下一个语句执行。强制 default 语句的使用体现出已考虑了各种情况的编程思想。

例如:

```
#include<stdio.h>
int main()
{
  char grade;
  scanf("%c",&grade);
  printf("Your score:");
  switch(grade)
  {
    case 'A': printf("90~100\n");break;
    case 'B': printf("70~89\n");break;
    case 'C': printf("60~69\n");break;
    case 'D': printf("<60\n");break;
default:  printf("data error! \n");break;
  }
  return 0;
}
```

禁止 switch 中的 case 语句不是由 break 终止。

描述：如果某个 case 语句最后的 break 被省略，在执行完该 case 语句后，系统会继续执行下一个 case 语句。case 语句不是由 break 终止，有可能是编程者的粗心大意，也有可能是编程者的特意使用。为了避免编程者的粗心大意，因此禁止 switch 的 case 语句不是由 break 终止。

4.4　其他白盒测试方法

其他白盒测试方法还有很多种，下面分别介绍程序插装测试、程序变异测试、循环语句测试等。

4.4.1　程序插装测试

在软件白盒测试中，程序插装技术是一种基本的测试手段，有着广泛的应用。

程序插装(Program Instrumentation)测试是在被测程序中添加语句，对程序语句中的变量值进行检查。程序插装测试是一种基本的测试手段，通过向被测程序中插入操作来实现测试目的。程序员经常向程序中插入打印语句或加法记数语句，了解程序执行中的动态变化，插入的语句称为探测器。

程序插装类型如下：

(1) 用于测试覆盖率和测试用例有效性度量的程序插装。

(2) 用于判断检测的程序插装。

① 程序执行到插入点时必须满足的条件，否则就会产生错误。

② 在进行除法运算之前，加一条分母不为 0 的断言语句，可以有效地防止程序出错。

程序插装测试时关注的问题如下：

(1) 探测哪些信息？

探测哪些信息需要根据具体情况具体分析，不能一概而论。

(2) 程序的什么位置设置探测点？

一般探测点设置在如下位置：

① 程序块的第一个可执行语句之前。

② for、do while、do until、do 等循环语句。

③ if endif、if else endif 等条件语句。

④ 函数、过程、子程序调用语句之后。

⑤ 输入或输出语句。

⑥ return、go 语句之后。

(3) 需要多少探测点？

需要多少探测点可以通过下面的例子了解。

例如：

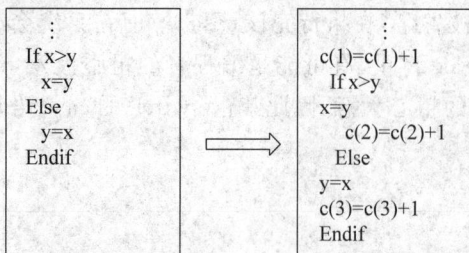

如果测试结束,某个加法器为0表示没有执行;如果某个加法器不为0表示执行过;如果某个加法器不相等,比如c(3)＞c(2)表示此程序段频率高,需要优先测试。

程序插装测试主要有以下几个应用。

(1) 覆盖分析:程序插装可以估计程序控制流图中被覆盖的程度,确定测试执行的充分性,从而设计更好的测试用例,提高测试覆盖率。

(2) 监控:在程序的特定位置设立插装点,插入用于记录动态特性的语句,用来监控程序运行时的某些特性,从而排除软件故障。

(3) 查找数据流异常:程序插装可以记录在程序执行中某些变量值的变化情况和变化范围。掌握了数据变量的取值状况,就能准确地判断是否发生数据流异常。

4.4.2 程序变异测试

程序变异测试是一种白盒测试,是错误驱动测试,是针对某种类型的特定程序的错误而提出的。变异测试是一种比较成熟的排错性测试方法,排错性测试方法的基本思想是通过检验测试数据集的排错能力来判断软件测试的充分性。

程序变异测试分为程序强变异测试和程序弱变异测试。

1. 程序强变异测试

对于给定程序 P,假定程序中存在一些小错误,每假设一个错误,程序 P 就变成 P',如果假设了 n 个错误:$e_1, e_2, \cdots, e_n$,则对应有 n 个不同的程序:$P_1, P_2, \cdots, P_n$,这里 P_i 称为 P 的变异因子。

存在测试数据 C_i,使得 P 和 P_i 的输出结果是不同的。因此,根据程序 P 和每个变异的程序,可以求得 $P_1, P_2, \cdots, P_n$ 的测试数据集 $C = \{C_1, C_2, \cdots, C_n\}$。运行 C,如果对每一个 C_i,P 都是正确的,而 P_i 都是错误的,这说明 P 的正确性较高。如果对某个 C_i,P 是错误的,而 P_i 是正确的,这说明 P 存在错误,而错误就是 e_i。

例如,表达式 a＞b,可以会被以下表达式替代,并产生变异因子。

a>b,a==b,a≠b,a>=b,a<=b

变异测试的缺点是它需要大量的计算机资源来完成测试充分性分析。对于一个中等规模的软件,所需的存储空间也是巨大的,运行大量变异因子也导致了时间上巨大的开销。

2. 程序弱变异测试

弱变异和强变异有很多相似之处，其主要差别是：弱变异强调的是变动程序的组成部分，根据弱变异准则，只要事先确定导致 P 与 P' 产生不同值的测试数据组，则可将程序在此测试数据组上运行，而并不实际产生变异因子。程序弱变异测试主要优点是开销较小效率较高。

4.4.3 循环语句测试

对循环语句的测试主要是关注循环造成的程序结构复杂度的提高，它遵循的基本测试原则是：在循环的边界和运行界限执行循环体。因此，循环语句测试总是与边界值测试密切相关。从本质上说，循环语句测试的目的就是检查程序中循环结构的有效性。循环测试是一种着重循环结构有效性测试的白盒测试方法。循环结构测试用例的设计有以下三种模式，如图 4-8 所示。

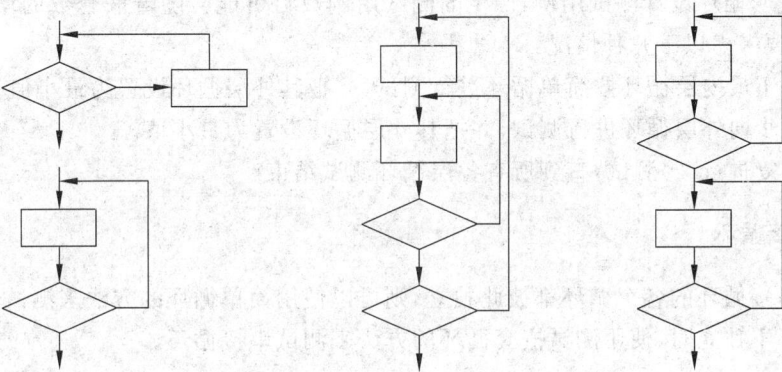

图 4-8　简单循环、嵌套循环和串接循环

1. 简单循环

对于简单循环设计测试用例，需要考虑以下几种情况：

（1）0 次循环，跳过循环体；

（2）1 次循环，要检查循环初始值等；

（3）m 次循环，$m < n$（n 是最大循环次数），要检查多次循环；

（4）2、$n-1$、n、$n+1$ 次循环，要分别检查若干次循环。

简单循环应重点测试以下几方面：

- 循环变量的初值是否正确？
- 循环变量的最大值是否正确？
- 循环变量的增量是否正确？
- 何时退出循环？

例如：

```
1    Void main()
2    {
3    int i=0;
4    int sum=0;
5    while(i<=100)
6    {
7        sum=sum+1;
8        i++;
9    }
10   printf("%d\n",sum)
11   }
```

循环变量的初值为 0,循环变量的最大值为 100,循环变量的增量为 i++ ,当循环变量超过最大值 100 时退出循环。

2. 嵌套循环

对于嵌套循环设计测试用例,产生的测试用例数目可能会随着嵌套数的增加成几何级增加,需要考虑以下几种情况:

(1) 对于最内层循环按简单循环进行测试,并把其外层循环设置为最小值。

(2) 逐步向外层循环进行测试,并把其外层循环设置为最小值。

(3) 反复进行(2)测试,直到所有各层循环测试结束。

3. 串接循环

如果串接循环的各个循环都彼此独立,则可以使用简单循环的方法来测试串接循环。当循环不独立时,使用测试嵌套循环的方法来测试串接循环。

4.5 白盒测试策略

在白盒测试中,可以使用各种测试方法的综合测试如下所示。

(1) 在白盒测试中,应尽量先用工具进行静态结构分析。

(2) 测试中可采取先静态后动态的组合方式:先进行静态结构分析、代码审查等,再进行逻辑覆盖等方法测试。

(3) 利用静态分析的结果作为引导,通过代码审查和动态测试的方式对静态分析结果进行进一步的确认,使测试工作更为有效。

(4) 覆盖测试是白盒测试的重点,一般可使用基本路径测试法达到语句覆盖标准;对于软件的重点模块,应使用多种覆盖率标准衡量代码的覆盖率,如满足 100% 语句覆盖的同时满足 100% 分支覆盖等。

在不同的测试阶段,测试的侧重点不同:在单元测试阶段,以代码审查、逻辑覆盖为主;在集成测试阶段,需要增加静态结构分析、静态质量度量;在系统测试阶段,应根据黑盒测试的结果,采取相应的白盒测试。

习题

1. 什么是白盒测试?

2. 什么是静态测试和动态测试?

3. 简述什么是语句覆盖、判定覆盖、条件覆盖、判定/条件覆盖、条件组合覆盖和路径覆盖。

4. 下面是一个小程序段,作为公用程序来说明不同的覆盖标准。要求画出程序流程图。

(1) 按照"语句覆盖"选择确定测试用例及执行路径。

(2) 按照"判定覆盖"选择确定测试用例及执行路径。

(3) 按照"条件覆盖"选择确定测试用例、执行路径和条件取值。

(4) 按照"判定/条件覆盖"选择确定测试用例、执行路径和条件取值。

(5) 按照"条件组合覆盖"选择确定测试用例、执行路径、条件取值和覆盖组合。

(6) 按照"路径覆盖"选择确定测试用例及执行路径。

```
int  k=0,j=0;
 if((x>3) && (z<10))
 {
     k=x * y-1;
     j=sqrt(k);
 }
 if((x==4) || (y>5))
 {
     j=x * y+10;
 }
 j=j%3;
```

5. 什么是代码审查?

6. 什么是桌前检查? 桌前检查的重点是什么?

7. 什么是代码走查?

8. 什么是代码评审? 其重点是什么?

9. 简述基于缺陷模式测试技术的特点,分哪几大类。

第 5 章　单 元 测 试

　　单元测试在工作中到处存在。例如，工厂在组装一台电视机之前，对每个元器件都要进行测试；一辆汽车的零部件有上万个，任何一个零部件存在质量问题，组装起来的汽车就会存在质量问题。这种对每个零件进行的测试，就是单元测试。

　　经常与单元测试联系起来的另外一些开发活动包括代码走读(Code Review)、静态分析(Static Analysis)和动态分析(Dynamic Analysis)。静态分析就是对软件的源代码进行研读，查找错误或收集一些度量数据，并不需要对代码进行编译和执行。动态分析，是通过观察软件运行时的动作来提供跟踪、时间分析以及测试覆盖度方面的信息。

5.1　单元测试概述

　　单元测试是指对软件中的最小可测试单元进行检查和验证。对于单元测试中单元的含义，一般来说，要根据实际情况去判定其具体含义，在一种传统的结构化编程语言中，如C语言中单元指一个函数，在像 C++ 这样的面向对象的语言中，要进行测试的基本单元是类，图形化的软件中可以指一个窗口或一个菜单等。总的来说，单元就是人为规定的最小的被测功能模块。单元测试是在软件开发过程中要进行的最低级别的测试活动，软件的独立单元将在与程序的其他部分相隔离的情况下进行测试。

5.1.1　单元测试的定义

　　单元测试(Unit Testing,又称模块测试)是在软件开发过程中进行的最低级别的测试活动，或者说是针对软件设计的最小单位程序模块进行的测试工作，其目的在于发现每个程序模块内部可能存在的差错。

　　单元测试由程序员自己来完成，最终受益的也是程序员自己。可以这么说，程序员有责任编写功能代码，同时也就有责任为自己的代码编写单元测试。执行单元测试，就是为了证明这段代码的行为和自己期望的一致。

　　事实上，人们每天都在做单元测试。你写了一个函数，除了极简单的外，总是要执行一下，看看功能是否正常，有时还要想办法输出些数据，如弹出信息窗口，这也是单元测试，把这种单元测试称为临时单元测试。只进行了临时单元测试的软件，针对代码的测试很不完整，代码覆盖率要超过 70% 很困难，未覆盖的代码可能遗留大量的细小的错误，这些错误还会互相影响，当 Bug 暴露出来的时候难于调试，大幅度提高后期测试和维护成本，也降低了开发商的竞争力。可以说，进行充分的单元测试，是提高软件质量，降低开发成本的必由之路。

对程序员来说,如果养成了对自己写的代码进行单元测试的习惯,不但可以写出高质量的代码,而且还能提高编程水平。要进行充分的单元测试,应专门编写测试代码,并与产品代码隔离。比较简单的办法是为产品工程建立对应的测试工程,为每个类建立对应的测试类,为每个函数建立测试函数,很简单的除外。

5.1.2 单元测试的目标

单元测试是在软件测试过程中最低级别的测试活动。保证单元模块被正确地编码是单元测试的主要目标,但还不够,单元测试还要实现以下目标。

(1) 单元实现了其特定的功能,如果需要,返回正确的值。

(2) 单元的运行能够覆盖预先设定的各种逻辑。

(3) 在单元工作过程中,其内部数据能够保持完整性,包括全局变量的处理、内部数据的形式、内容及相互关系等不发生错误。

(4) 可以接收正确数据,也能处理非法数据,在数据边界条件上,单元也能够正确工作。

(5) 该单元的算法合理,性能良好。

(6) 该单元代码经过扫描,没有发现任何安全性问题。

单元测试的活动模型如图 5-1 所示。

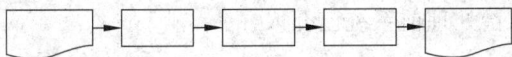

图 5-1 单元测试的活动模型

5.1.3 单元测试的任务

单元测试的主要任务包括逻辑、功能、数据和安全性等方面的测试,具体如下。

1. 检查模块接口是否正确

(1) 输入的实际参数与形式参数是否一致。

(2) 调用其他模块的实际参数与被调模块的形参是否一致。

(3) 全程变量的定义在各模块是否一致。

(4) 外部输入输出。

2. 检查局部数据结构完整性

(1) 不适合或不相容的类型说明。

(2) 变量无初值。

(3) 变量初始化或默认值有错。

(4) 不正确的变量名或从来未被使用过。

（5）出现上溢或下溢和地址异常。

3. 检查临界数据处理的正确性

（1）普通合法数据的处理。
（2）普通非法数据的处理。
（3）边界值内合法边界数据的处理。
（4）边界值外非法边界数据的处理。

4. 检查每一条独立执行路径的测试,保证每条语句被至少执行一次

（1）算符优先级。
（2）混合类型运算。
（3）精度不够。
（4）表达式符号。
（5）循环条件,死循环。

5. 预见、预设的各种出错处理是否正确有效

（1）输出的出错信息难以理解。
（2）记录的错误与实际不相符。
（3）程序定义的出错处理前系统已介入。
（4）异常处理不当。
（5）未提供足够的定位出错的信息。

5.2 对单元测试的误解

1. 单元测试浪费了太多的时间

当编码完成,开发人员总是会迫切希望进行软件的集成工作,这样就能够看到实际的系统开始启动工作了。这在外表上看来是一项明显的进步,而像单元测试这样的活动也许会被视为通往这个阶段点的道路上的障碍,推迟了对整个系统进行联调这种真正有意思的工作启动的时间。

在这种开发步骤中,真实意义上的进步被外表上的进步取代了。系统能够正常工作的可能性是很小的,更多的情况是充满了各式各样的 Bug。在实践中,这样一种开发步骤常常会导致这样的结果:软件甚至无法运行。更进一步的结果是大量的时间将被花费在跟踪那些包含在独立单元里的简单的缺陷上面,在个别情况下,这些 Bug 也许是琐碎和微不足道的,但是总的来说,它们会导致在软件集成为一个系统时增加额外的工期,而且当这个系统投入使用时也无法确保它能够可靠运行。

在实际工作中,进行了完整计划的单元测试和编写代码所花费的精力大致上是相同的。一旦完成了这些单元测试工作,很多缺陷将被纠正,在确信手头拥有稳定可靠的部件

的情况下,开发人员能够进行更高效的系统集成工作。这才是真实意义上的进步,所以说完整计划下的单元测试是对时间的更高效的利用,而调试人员的不受控和散漫的工作方式只会花费更多的时间而效果很差。

2．单元测试仅仅是证明这些代码做了什么

对于那些没有首先为每个单元编写一个详细的规格说明,而直接跳到编码阶段的开发人员而言,当编码完成且面临代码测试任务的时候,就阅读这些代码并求证它实际上做了什么,把测试工作施加在已经写好的代码上。当然,他们无法证明任何事情,所有的这些测试工作能够表明的事情就是编译器工作正常。他们也许能够抓住罕见的编译器缺陷,但是能够做的仅仅是这些。

如果开发人员首先写好一个详细的规格说明,测试能够以规格说明为基础,代码就能够针对它的规格说明,而不是针对自身进行测试。这样的测试仍然能够抓住编译器的缺陷,同时也能找到更多的编码错误,甚至是一些规格说明中的错误。好的规格说明可以使测试的质量更高,所以最后的结论是高质量的测试需要高质量的规格说明。

在实践中会出现这样的情况,一个开发人员要面对测试一个单元时只给出单元的代码而没有规格说明这样吃力不讨好的任务。你怎样做才会有更多的收获,而不仅仅是发现编译器的 Bug？比较有效的方法是倒推出一个概要的规格说明。这个过程的主要输入条件是要阅读那些程序代码和注释,主要针对这个单元及调用它和被它调用的相关代码。画出流程图是非常有帮助的,可以用手工或使用某种工具,可以组织对这个概要规格说明的走读,以确保对这个单元的说明没有基本的错误,有了这种最小程度的代码深层说明,就可以用它来设计单元测试了。

3．我是个很棒的程序员,我是不是可以不进行单元测试

在每个开发组织中都至少有一个这样的开发人员,他非常擅长于编程,他们开发的软件总是在第一时间就可以正常运行,因此不需要进行测试。你是否经常听到这样的借口？

在真实世界里,每个人都会犯错误。即使某个开发人员可以抱着这种态度在很少的一些简单的程序中应付过去。但真正的软件系统是非常复杂的,真正的软件系统不可以寄希望于没有进行广泛的测试和 Bug 修改过程就可以正常工作。

编码不是一个可以一次性通过的过程。在真实世界中,软件产品必须进行维护以对操作需求的改变作出反应,并且要对最初的开发工作遗留下来的 Bug 进行修改。你希望依靠那些原始作者进行修改吗？这些制造出这些未经测试的原始代码的资深专家们还会继续在其他地方制造这样的代码。在开发人员做出修改后进行可重复的单元测试可以避免产生那些令人不快的副作用。

4．集成测试将会抓住所有的缺陷

在前面的讨论中已经从一个侧面对这个问题进行了部分阐述。这个论点不成立的原因在于规模越大的代码集成意味着复杂性就越高。如果软件的单元没有事先进行测试,开发人员很可能会花费大量的时间仅仅是为了使软件能够运行,而任何实际的测试方案都无法执行。

当软件可以运行了,开发人员又要面对这样的问题:在考虑软件全局复杂性的前提下对每个单元进行全面的测试。这是一件非常困难的事情,甚至在创造一种单元调用的测试条件的时候,要全面地考虑单元的被调用时的各种入口参数。在软件集成阶段,对单元功能全面测试的复杂程度远远超过独立进行的单元测试过程。

最后的结果是测试将无法达到它所应该有的全面性。一些缺陷将被遗漏,并且很多缺陷将被忽略过去。假设要清洗一台已经完全装配好的食物加工机器!无论你喷了多少水和清洁剂,一些食物的小碎片还是会粘在机器的死角位置,只有任其腐烂并等待以后再想办法。但换个角度想,如果这台机器是拆开的,这些死角也许就不存在或者更容易接触到了,并且每一部分都可以毫不费力的进行清洗。

5. 成本效率不高

一个特定的开发组织或软件应用系统的测试水平取决于对那些未发现的 Bug 的潜在后果的重视程度。这种后果的严重程度可以从一个 Bug 引起的小小的不便到发生多次的死机的情况。这种后果可能常常会被软件的开发人员所忽视(但是用户可不会这样),这种情况会长期地损害这些向用户提交带有 Bug 的软件开发组织的信誉,并且会导致对未来的市场产生负面的影响。相反地,一个可靠的软件系统的良好的声誉将有助于一个开发组织获取未来的市场。

很多研究成果表明,无论什么时候只要修改都要进行完整的回归测试,在生命周期中尽早地对软件产品进行测试将使效率和质量得到最好的保证。Bug 发现的越晚,修改它所需的费用就越高,因此从经济角度来看,应该尽可能早地查找和修改 Bug。在修改费用变得过高之前,单元测试是一个在早期抓住 Bug 的机会。

相比后阶段的测试,单元测试的创建更简单,维护更容易,并且可以更方便地进行重复。从全程的费用来考虑,相比起那些复杂且旷日持久的集成测试,或是不稳定的软件系统来说,单元测试所需的费用是很低的。

各测试阶段测试所花费时间的示意图,见图 5-2 摘自《实用软件度量》(Capers Jones, McGraw-Hill,1991),从图中可以看出单元测试的时间成本效率大约是集成测试的两倍、系统测试的三倍。

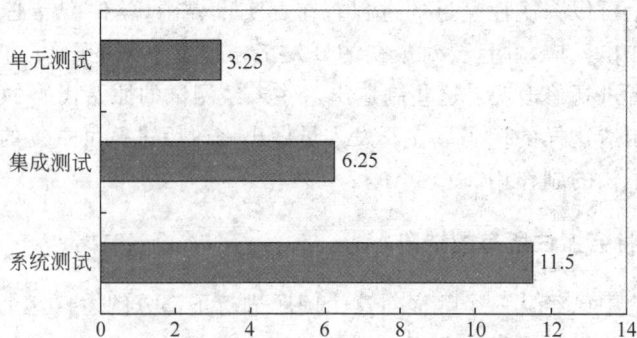

图 5-2　各测试阶段测试所花费时间的示意图

5.3 单元测试的必要性

编写代码时一定会反复调试保证它能够编译通过。如果是编译没有通过的代码，没有任何人会愿意交付给自己的老板。但代码通过编译，只是说明了它的语法正确；却无法保证它的语义也一定正确，没有任何人可以轻易承诺这段代码的行为一定是正确的。好在单元测试会为我们的承诺作担保。编写单元测试就是用来验证这段代码的行为是否与人们期望的一致。有了单元测试，可以自信地交付自己的代码，而没有任何后顾之忧。

1. 单元测试的时间

单元测试越早越好。一般是先编写产品函数的框架，然后编写测试函数，针对产品函数的功能编写测试用例，然后编写产品函数的代码，每写一个功能点都运行测试，随时补充测试用例。所谓先编写产品函数的框架，是指先编写函数空的实现，有返回值的随便返回一个值，编译通过后再编写测试代码，这时，函数名、参数表、返回类型都应该确定下来了，所编写的测试代码以后要修改的可能性比较小。

2. 由谁负责单元测试

单元测试与其他测试不同，单元测试可视为编码工作的一部分，应该由程序员完成，也就是说，经过了单元测试的代码才是已完成的代码，提交产品代码时也要同时提交测试代码。测试部门可以进行一定程度的审核。

3. 测试效果

根据以往的测试经验来看，单元测试的效果是非常明显的，首先，它是测试阶段的基础，做好了单元测试，再做后期的集成测试和系统测试时就很顺利。其次，在单元测试过程中能发现一些很深层次的问题，同时还会发现一些很容易发现而在集成测试和系统测试却很难发现的问题。再次单元测试关注的范围也特殊，它不仅仅是证明这些代码做了什么，最重要的是代码是如何做的，是否做了它该做的事情而没有做不该做的事情。

4. 测试成本

在单元测试时某些问题很容易发现，如果在后期的测试中发现问题所花的成本将成倍上升。比如在单元测试时发现 1 个问题需要 1 个小时，则在集成测试时发现该问题需要 2 个小时，在系统测试时发现则需要 3 个小时，同理还有定位问题和解决问题的费用也是成倍数上升的，这就是要尽可能早地排除尽可能多的 Bug 以减少后期成本的因素之一。

5. 产品质量

单元测试的好与坏直接影响到产品的质量，可能就是由于代码中的某一个小错误就导致了整个产品的质量降低一个指标,或者导致更严重的后果,如果做好了单元测试,这种情况是可以完全避免的。

综上所述,单元测试是构筑产品质量的基石,不要因为节约单元测试的时间不做单元测试或随便做而在后期浪费太多的时间,更不能由于节约那些时间导致开发出来的整个产品失败或重来,单元测试是十分必要性的。

6. 单元测试的优点

1)单元测试是一种验证行为

程序中的每一项功能都是测试来验证它的正确性,它为以后的开发提供支援。就算是开发后期,也可以轻松地增加功能或更改程序结构,而不用担心这个过程中会破坏重要的东西。而且它为代码的重构提供了保障。这样就可以更自由地对程序进行改进。

2)单元测试是一种设计行为

编写单元测试要从调用者的角度进行观察、思考。特别是先写测试(test-first),必须把程序设计成易于调用和可测试的,即必须解除软件中的耦合。

3)单元测试是一种编写文档的行为

单元测试是一种无价的文档,它是展示函数或类如何使用的最佳文档。这份文档是可编译、可运行的,并且它保持最新,永远与代码同步。

4)单元测试具有回归性

自动化的单元测试避免了代码出现回归,编写完成之后,可以随时随地快速运行测试。

5.4 单元测试环境和方法

5.4.1 驱动模块和桩模块的定义

由于一个模块并不是一个独立的程序,在考虑测试它时要同时考虑它和外界的联系,因此要用到一些辅助模块,来模拟与所测模块相联系的其他模块。一般把这些辅助模块分为两种。

(1)驱动模块(driver):对底层或子层模块进行(单元或集成)测试时所编制的调用被测模块的程序,用以模拟被测模块的上级模块。相当于所测模块的主程序。

(2)桩模块(stub):也有人称为存根程序,对顶层或上层模块进行测试时,所编制的替代下层模块的程序,用以模拟被测模块工作过程中所调用的模块。用于代替所测模块调用的子模块。

所测模块和与它相关的驱动模块及桩模块共同构成了一个“测试环境”,如图5-3所示。

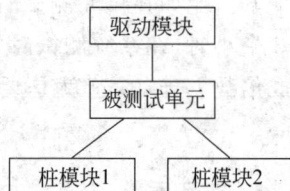

图 5-3 单元测试环境

5.4.2 驱动模块和桩模块的使用条件

1. 驱动模块的使用条件

(1) 必须要驱动被测试模块执行。

(2) 必须能够正确接收要传递给被测试模块的各项参数。

(3) 能够对接收到的参数的正确性进行判断。

(4) 能够将接收到的数据传递给被测模块。

(5) 必须接收到被测试模块的执行结果,并对结果的正确性进行判断。

(6) 必须能够将判断结果作为用例执行结果输出测试报告。

2. 桩模块的使用条件

(1) 被测试模块必须要调用桩模块。

(2) 必须能够正确接收来自被测试模块传递的各项参数。

(3) 桩模块要能够对接收到的参数的正确性进行判断。

(4) 桩模块对外的接口定义必须要符合被测试模块调用的说明。

(5) 桩模块必须要向被测试模块返回一个结果。

3. 单元测试的方法

单元测试主要采用白盒测试方法,辅以黑盒测试方法。白盒测试方法应用于代码评审、单元程序检验之中,而黑盒测试方法则应用于模块、组件等大单元的功能测试之中。

静态测试技术:不运行被测试程序,对代码通过检查、阅读进行分析。

三部曲:走查(Walk Through)、审查(Inspection)和评审(Review)。

动态测试需要真正将程序运行起来,需要设计系列的测试用例保证测试的完整性和有效性。动态测试又可以采用白盒测试和黑盒测试。

1) 白盒测试方法

• 语句覆盖;

• 判定覆盖;

• 条件覆盖;

• 判定/条件覆盖;

• 条件组合覆盖;

• 路径覆盖;

• ⋮

2) 黑盒常用方法

• 等价类划分法;

• 边界值分析法;

• 错误推测法;

- 因果图法；
- 功能图法；
- ⋮

在单元测试中，白盒及黑盒方法测试用例的使用孰先孰后呢？一般说来，由于黑盒测试是从被测单元外部进行测试，成本较低，可先对被测单元进行黑盒测试，之后再进行白盒测试。

5.5 单元测试策略

1. 自顶向下的单元测试

先对最顶层的基本单元进行测试，然后再对第二层的基本单元进行测试，依此类推直到测试完所有基本单元。操作步骤如下：

(1) 从最顶层开始，把顶层调用的单元做成桩模块。

(2) 对第二层测试，使用上面已测试的单元做驱动模块。

(3) 依次类推，直到全部单元测试结束。

自顶向下的单元测试的优点：可以在集成测试之前为系统提供早期的集成途径。

自顶向下的单元测试的缺点：单元测试被桩模块控制，随着单元测试的不断进行，测试过程也会变得越来越复杂，测试难度以及开发和维护的成本都不断增加；要求的低层次的结构覆盖率也难以得到保证；由于需求变更或其他原因而必须更改任何一个单元时，就必须重新测试该单元下层调用的所有单元；低层单元测试依赖顶层测试，无法进行并行测试，使测试进度受到不同程度的影响，延长测试周期。

从上述分析中，不难看出该测试策略的成本要高于孤立的单元测试成本，因此从测试成本方面来考虑，并不是最佳的单元测试策略。

2. 自底向上的单元测试

先对最底层的基本单元进行测试，然后再对上面一层进行测试依此类推，直到测试完所有单元。操作步骤如下：

(1) 先对模块调用图上的最底层模块开始测试，模拟调用该模块的模块为驱动模块。

(2) 其次，对上一层模块进行单元测试，用已经被测试过的模块做桩模块。

(3) 依次类推，直到全部单元测试结束。

自底向上的单元测试的优点：不需要单独设计桩模块。

自底向上的单元测试的缺点：随着单元测试的不断进行，测试过程会变得越来越复杂，测试周期延长，测试和维护的成本增加；随着各个基本单元逐步加入，系统会变得异常庞大，因此测试人员不容易控制；越接近顶层的模块的测试其结构覆盖率就越难以保证；另外，顶层测试易受底层模块变更的影响，任何一个模块修改之后，直接或间接调用该模块的所有单元都要重新测试。还有，由于只有在底层单元测试完毕之后才能够进行顶层单元的测试，所以并行性不好。另外，自底向上的单元测试也不能和详细设计、编码同步进行。

相对其他测试策略而言,该测试策略比较合理,尤其是需要考虑对象或复用时。它属于面向功能的测试,而非面向结构的测试。对那些以高覆盖率为目标或者软件开发时间紧张的软件项目来说,这种测试方法不适用。

3. 孤立单元测试

不考虑每个单元与其他单元之间的关系,为每个单元设计桩模块或驱动模块。每个模块进行独立的单元测试。

操作步骤:无须考虑每个模块与其他模块之间的关系,分别为每个模块单独设计桩模块和驱动模块,逐一完成所有单元模块的测试。

孤立单元测试的优点:该方法简单、容易操作,因此所需测试时间短,能够达到高覆盖率。

孤立单元测试的缺点:不能为集成测试提供早期的集成途径。依赖结构设计信息,需要设计多个桩模块和驱动模块,增加了额外的测试成本。

该方法是比较理想的单元测试方法,如辅助适当的集成测试策略,有利于缩短项目的开发时间。

5.6 单元测试用例设计

从单元测试方法中已经知道单元测试用例的设计既可以使用白盒测试也可以使用黑盒测试,但以白盒测试为主。

白盒测试进入的前提条件是测试人员已经对被测试对象有了一定的了解,基本上明确了被测试软件的逻辑结构。白盒测试应该达到的目标是:100%的语句覆盖,100%的分支覆盖,并且根据具体软件系统的要求增加其他覆盖测试,比如财务软件、银行系统、航空航天等。

黑盒测试是要首先了解软件产品具备的功能和性能等需求,再根据需求设计一批测试用例以验证程序内部活动是否符合设计要求的活动。

测试人员在实际工作中设计单元测试用例应该满足以下几点:

(1) 测试程序单元的功能是否实现。

(2) 测试程序单元性能是否满足要求(可选)。

(3) 是否有可选的其他测试特性,如边界、余量、安全性、可靠性、强度测试、人机交互界面测试等。

无论是白盒测试还是黑盒测试,每个测试用例都应该包含以下四个要素:

(1) 被测单元模块初始状态声明,即测试用例的开始状态。

(2) 被测单元的输入,包含由被测单元读入的任何外部数据值。

(3) 该测试用例实际测试的代码,用被测单元的功能和测试用例设计中使用的分析来说明。

(4) 测试用例的期望输出结果。

测试用例设计步骤如下：

(1) 首先使被测单元运行。

这个阶段适合的技术有：

① 模块设计说明导出的测试；

② 对等区间划分。

(2) 正面测试(Positive Testing)。

这个阶段适合的技术有：

① 设计说明导出的测试；

② 对等区间划分；

③ 状态转换测试。

(3) 负面测试(Negative Testing)。

这个阶段适合的技术有：

① 错误猜测；

② 边界值分析；

③ 内部边界值测试；

④ 状态转换测试。

(4) 模块设计需求中其他测试特性用例设计。

这个阶段适合的技术：设计说明导出的测试。

(5) 覆盖率测试用例设计。

这个阶段适合的技术有：

① 分支测试；

② 条件测试；

③ 状态转换测试。

(6) 测试执行。

(7) 完善代码覆盖。

这个阶段适合的技术有：

① 分支测试；

② 条件测试；

③ 状态转换测试。

5.7 单元测试过程和单元测试工具

1. 单元测试过程

1) 单元测试进入和退出准则

单元测试进入和退出准则分别如表 5-1 和表 5-2 所示。

表 5-1　进入准则

要　　素	判 断 准 则
详细设计说明书	经过审查
单元测试用例	获得批准
	进入配置库

表 5-2　退出准则

要　　素	判 断 准 则
源代码文件	源代码文件获得批准
源代码文件清单	源代码文件进入配置库的源代码区
	测试用例源代码通过同级评审
软件 Bug 清单	提交测试负责人
单元测试报告	提交软件产品配置管理

2）单元测试过程

（1）准备阶段，配置测试环境。设计驱动模块和桩模块等。

（2）编制阶段，编写测试数据，根据单元测试要解决的问题设计测试用例。

（3）代码审查阶段，包括互查、走查和会议评审等。

（4）单元测试阶段，执行单元测试用例，并且详细记录测试结果。

（5）评审、提交阶段，对单元测试结果进行评审，判定测试用例是否通过，并提交"单元测试报告"。

（6）可以进行多个单元的并行测试。

2. 单元测试工具

单元测试工具是针对不同的编程语言和不同的开发环境而设计开发的测试工具。单元测试工具又分为静态测试工具和动态测试工具。

静态测试工具不需要运行代码，而是直接对代码进行语法扫描和所定义的规则进行分析，找出不符合编码规范的地方，给出错误报告和警告信息。

动态测试工具则需要通过运行程序来检测程序，需要写测试脚本或测试代码来完成分支覆盖、条件覆盖或基本路径覆盖的测试。

C/C++ 语言的单元测试工具，例如，Parasoft C++ 、PR QA · C/C++ 、CompuWare DevPartner for Visual C++ BoundsChecker Suite、Panorama C++ 等。

Java 语言的单元测试工具，例如，JUnit 是 Java 社区中知名度最高的单元测试工具。它诞生于 1997 年，由 Erich Gamma 和 Kent Beck 共同开发完成。Erich Gamma 是经典著作《设计模式：可复用面向对象软件的基础》一书的作者之一，并在 Eclipse 中有很大的贡献；Kent Beck 则是一位极限编程（XP）方面的专家和先驱。JUnit 设计得非常小巧，但是功能却非常强大。

（1）内存资源泄露检查工具，如 CompuWare BounceChecker、IBM Rational PurifyPlus 等。

（2）代码覆盖率检查工具，如 CompuWare TrueCoverage、IBM Rational PureCoverage、TeleLogic Logiscope 等。

（3）代码性能检查工具，如 Logiscope 和 Macabe 等。

5.8 面向对象的单元测试

面向对象的单元测试一般是对一个类或一个类族的测试，因为类是面向对象软件的基本单位。

类测试的方法就是通过代码检查或执行测试用例能有效地测试一个类的代码。

作为每个类，决定是将其作为一个单元进行独立测试，还是以某种方式将其作为系统某个较大部分的一个组件进行独立测试，需要基于以下因素进行决策：

（1）这个类在系统中的作用，尤其是与之相关联的风险程度。

（2）这个类的复杂性（根据状态个数、操作个数以及关联其他类的程度等进行衡量）。

（3）开发这个类测试驱动程序所需的工作量。

在进行类测试时，一般要考虑以下几个方面：测试人员、测试内容、测试时间、测试过程和测试程度。

1. 构建测试用例

首先要看怎样从类说明中确定测试用例，然后根据类实现引进的边界值来扩充附加的测试用例。根据前置条件和后置条件来构建测试用例的总体思想是：为所有可能出现的组合情况确定测试用例需求。在这些可能出现组合情况下，可以满足前置条件，也能够达到后置条件。接下来创建测试用例来表达这些需求，根据这些需求还可以创建拥有特定输入值（包括常见值和边界值）的测试用例，并确定它们的正确输出。最后，还可以增加测试用例来阐述违反前置条件所发生的情况。

2. 类测试系列的充分性

类测试系列的充分性的三个常用标准是：基于状态的覆盖率、基于限制的覆盖率、基于代码的覆盖率。

（1）基于状态的覆盖率，以测试覆盖了多少个状态转换为依据。

（2）基于约束的覆盖率，与基于状态转换的充分性类似，还可以根据有多少对前置条件和后置条件被覆盖来表示充分性。

（3）基于代码的覆盖率。当所有的测试用例都执行结束时，确定实现一个类的每一行代码或代码通过的每一条路径至少执行了一次，这是一种很好的思想。

3. 构建测试的驱动程序

测试驱动程序是一个运行测试用例并收集运行结果的程序。测试驱动程序的设计应该相对简单，因为我们很少有时间和资源来对驱动程序软件进行基于执行的测试（否则会进入一个程序测试递归的、无穷无尽的乱局），而是依赖代码检查来检测测试驱动程序。

所以,测试驱动程序必须是严谨的、结构清晰、简单,易于维护,并且对所测试的类说明变化具有很强的适应能力。理想情况下,在创建新的测试驱动程序时,应该能够复用已存在的驱动程序的代码。

习题

1. 什么是单元测试?
2. 分别简述驱动模块和桩模块的使用条件。
3. 什么是孤立单元测试?
4. 简述测试人员在实际工作中设计单元测试用例应该满足什么。
5. 简述单元测试过程。

第6章 集 成 测 试

单元测试结束后,测试后的单元虽然可以独立工作,但是当把它们组合起来的时候,就可能出现很多新问题。根据在设计阶段设计好的软件体系结构,把这些已测试过的单元模块组装起来进行测试,这就是所谓集成测试。

6.1 集成测试概述

下面通过没有充分的集成测试导致重大损失的实例来认识为什么要进行集成测试。1999年,美国火星探测器在经过41周4.16亿英里的成功飞行之后,在就要进入火星轨道时失败了。调查事故原因时发现:太空科学家使用的是英制(磅)加速度数据,而喷气推进实验室采用公制(牛顿)速度数据进行计算。这就是没有进行充分的集成测试而导致的后果。

1. 集成测试的定义

集成测试(Integration Testing),也称为组装测试或联合测试。在单元测试的基础上,将所有模块按照设计要求组装成为子系统或系统,进行集成测试。通过实践发现,一些模块虽然能够单独地工作,但并不能保证连接起来也能正常工作。程序在某些局部反映不出来的问题,在全局上很可能暴露出来,影响功能的实现。

集成测试是在单元测试的基础上,将所有的软件单元按照概要设计规格说明的要求在组装成模块、子系统或系统的过程中,各部分工作是否达到或实现相应技术指标及要求的活动。也就是说,在集成测试之前,单元测试应该已经完成,集成测试中所使用的对象,应该是已经经过单元测试的软件单元。这一点很重要,因为如果不经过单元测试,那么集成测试的效果将会受到很大影响,并且会大幅增加软件单元代码纠错的代价。

集成测试是单元测试的逻辑扩展。在现实方案中,集成是指多个单元的聚合,许多单元组合成模块,而这些模块又聚合成程序的更大部分,如分系统或系统。集成测试采用的方法是测试软件单元的组合能否正常工作,以及与其他组的模块能否集成起来工作。最后,还要测试构成系统的所有模块组合能否正常工作。集成测试所持的主要标准是"软件概要设计规格说明",任何不符合该说明的程序模块行为都应该加以记载并上报。

2. 集成测试的目的

(1) 在把各个模块连接起来的时候,穿越模块接口的数据是否会丢失。

(2) 一个模块的功能是否会对另一个模块的功能产生不利的影响。

(3) 各个子功能组合起来,能否达到预期要求的父功能。

(4) 全局数据结构是否有问题。

（5）单个模块的误差累积起来，是否会放大，从而达到不能接受的程度。

（6）在单元测试的同时可进行集成测试，发现并排除在模块连接中可能出现的问题，最终构成要求的软件系统。

单元测试后有必要进行集成测试，发现并排除在模块连接中可能发生的上述问题，最终构成要求的软件子系统或软件系统。

3. 集成测试的必要性

集成测试的必要性主要包括：

（1）一个模块可能对另一个模块产生不利的影响。

（2）可能会发现单元测试中未发现的接口方面的错误。

（3）将子功能合成时不一定产生所期望的主功能。

（4）独立可接受的误差，在组装后可能会超过可接受的误差限度。

（5）在单元测试中无法发现时序问题（实时系统）。

（6）在单元测试中无法发现资源竞争问题。

在每个模块完成单元测试之后，需要着重考虑一个问题，通过什么方式将模块组合起来进行集成测试？所有的软件项目都不能摆脱集成这个阶段，不管采用什么开发模式，具体的开发工作总得从一个个软件单元做起，软件单元只有经过集成才能形成一个有机的整体。具体的集成过程可能是显性的也可能是隐性的。只要有集成，总是会出现一些常见问题，工程实践中集成测试，几乎不存在软件单元组装过程中不出任何问题的情况。集成测试需要花费的时间远远超单元测试，直接从单元测试过渡到系统测试是极不妥当的做法。

集成测试的必要性还在于一些模块虽然能够单独地工作，但并不能保证连接起来也能正常工作。程序在某些局部反映不出来的问题，有可能在全局上会暴露出来，影响功能的实现。此外，在某些开发模式中，如迭代式开发，设计和实现是迭代进行的。在这种情况下，集成测试的意义还在于它能间接地验证概要设计是否具有可行性。

4. 集成测试的层次

对于传统软件，按集成粒度不同，集成测试的层次可以分为三个层次：模块间集成测试、子系统内集成测试和子系统间集成测试。

对于面向对象的应用系统，按集成粒度不同，集成测试的层次可分为两个层次：类内集成测试和类间集成测试。

5. 集成测试的原则

（1）集成测试应当按一定层次进行。

（2）所有公共接口必须被测试到。

（3）关键模块必须进行充分测试。

（4）集成测试策略选择应当综合考虑质量、成本和进度三者的关系。

（5）集成测试应当尽早开始，并以文档为基础。

（6）当测试计划中的结束标准满足时，集成测试才能结束。

（7）当接口发生修改时，涉及的相关接口都必须进行回归测试。

（8）集成测试应根据集成测试计划和方案进行，不能随意测试。

（9）项目管理者应保证测试用例经过审核。

（10）测试执行结果应当如实记录。

6.2 集成测试方案

通常有两种模块组装方案：非渐增式集成和渐增式集成。非渐增式集成先分别测试每个模块，再把所有模块按设计要求放在一起结合成所要的程序。渐增式集成是把下一个要测试的模块同已经测试好的模块结合起来进行测试，然后再把下一个待测试的模块结合起来进行测试，同时完成单元测试和集成测试。渐增式集成测试的实施方案有很多种，如自底向上集成测试、自顶向下集成测试、三明治集成测试，其他集成测试方法还有核心集成测试、分层集成测试、基于使用的集成测试等。无论何种集成测试，为了模拟各个模块间的联系，都需要设置若干辅助模块，分为驱动模块和桩模块两种，如图 6-1 所示。

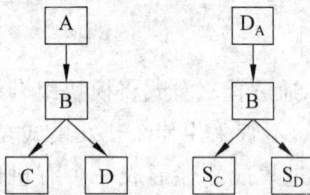

图 6-1 驱动模块和桩模块

驱动模块（Driver）：用以模拟待测模块的上级模块；接收测试数据，并传送给待测模块，启动待测模块，并打印出相应的结果。

桩模块（Stub）：也称存根程序。用以模拟待测模块工作过程中所调用的模块。桩模块由待测模块调用，它们一般只进行很少的数据处理，例如，打印入口和返回，以便于检验待测模块与其下级模块的接口。

6.2.1 大爆炸式集成测试

大爆炸式集成即非渐增式集成测试（Big-Bang Integration Testing），又称一次性集成或大棒式集成，首先对每个子模块进行测试（即单元测试），然后将所有模块全部集成起来一次性进行集成测试。例如，如图 6-2 所示的程序结构图，采用非渐增式集成的过程如图 6-3 所示。

大爆炸式集成测试的优点如下：

（1）可以并行测试所有模块。

（2）需要的测试用例数目少。

（3）测试方法简单、易行。

非渐增式集成测试的缺点如下：

（1）由于不可避免存在模块间接口、全局数据结构等方面的问题，所以一次运行成功的可能性不大。

（2）如果一次集成的模块数量多，集成测试后可能

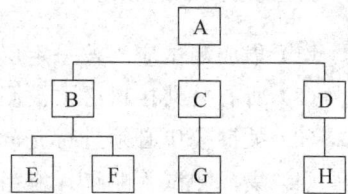

图 6-2 程序结构图

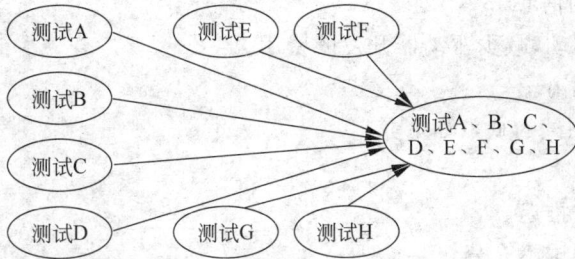

图 6-3　非渐增式集成示意图

会出现大量的错误。另外,修改了一处错误之后,很可能新增更多的新错误,新旧错误混杂,给程序的错误定位与修改带来很大的麻烦。

（3）即使集成测试通过,也会遗漏很多错误。

6.2.2　渐增式集成

1. 自顶向下集成测试

自顶向下集成测试（Top-Down Integration Testing）方式是一个递增的组装软件结构的方法。从主控模块（主程序）开始沿控制层向下移动,把模块一一组合起来。分两种方法:先深度,按照结构,用一条主控制路径将所有模块组合起来;先宽度,逐层组合所有下属模块,在每一层水平地集成测试沿着移动。

自顶向下集成测试的组装过程有以下五个步骤:

（1）用主控模块作为测试驱动程序,其直接下属模块用承接模块来代替。

（2）根据所选择的集成测试法（先深度或先宽度）,每次用实际模块代替下属的模块。

（3）在组合每个实际模块时都要进行测试。

（4）完成一组测试后再用一个实际模块代替另一个承接模块。

（5）可以进行回归测试（即重新再做所有的或者部分已做过的测试）,以保证不引入新的错误。

采用自顶向下集成测试的过程如图 6-4 所示。

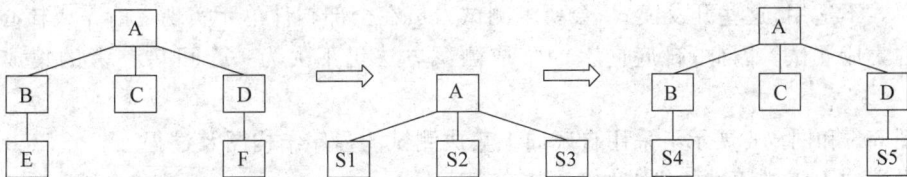

图 6-4　自顶向下集成测试的过程

自顶向下集成测试的优点如下:

（1）可以及早地发现主控模块的问题并加以解决,较早地验证了主要控制和判断点。

（2）如果选择深度优先的结合方法,可以在早期实现并验证一个完整的功能,增强开发人员和用户双方的信心。

（3）只需一个驱动,减少驱动器开发的费用。

（4）支持故障隔离。

自顶向下集成测试的缺点如下：

（1）桩的开发量大。

（2）底层验证被推迟。

（3）底层组件测试不充分。

自顶向下集成测试适应于产品控制结构比较清晰和稳定;高层接口变化较小;底层接口未定义或经常可能被修改;产品控制组件具有较大的技术风险,需要尽早被验证;希望尽早能看到产品的系统功能行为。

2. 自底向上集成测试

自底向上的集成(Bottom-Up Integration)方式是最常使用的方法。其他集成方法都或多或少地继承、吸收了这种集成方式的思想。自底向上集成方式从程序模块结构中最底层的模块开始组装和测试。因为模块是自底向上进行组装的,对于一个给定层次的模块,它的子模块(包括子模块的所有下属模块)事前已经完成组装并经过测试,所以不再需要编制桩模块(一种能模拟真实模块,给待测模块提供调用接口或数据的测试用软件模块)。自底向上集成测试的步骤如下：

（1）按照概要设计规格说明,明确有哪些被测模块。在熟悉被测模块性质的基础上对被测模块进行分层,在同一层次上的测试可以并行进行。

（2）按时间线序关系,将软件单元集成为模块,并测试在集成过程中出现的问题。这里,可能需要测试人员开发一些驱动模块来驱动集成活动中形成的被测模块。对于比较大的模块,可以先将其中的某几个软件单元集成为子模块,然后再集成为一个较大的模块。

（3）将各软件模块集成为子系统(或分系统)。检测各子系统是否能正常工作。

（4）将各子系统集成为最终系统,测试最终系统中是否可以正常工作。

自底向上的集成测试方案是工程实践中最常用的测试方法。相关技术也较为成熟。它的优点很明显:管理方便、测试人员能较好地锁定软件故障所在位置。但它对于某些开发模式不适用,这些开发模式,会要求测试人员在全部软件单元实现之前完成核心软件部件的集成测试。因此,自底向上的集成测试方法仍不失为一个可供参考的集成测试方案。

图 6-5 和图 6-6 展示了采用自底向上集成测试的程序结构图及过程。

自底向上集成测试的优点如下：

（1）尽早地验证下层模块的行为,对底层组件行为较早验证。

（2）集成测试过程中,可以同时对系统层次结构图中不同的分支进行集成测试,具有并行性,比自顶向下效率高;减少了桩的工作量。

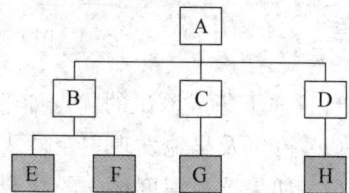

图 6-5 自底向上集成测试的程序结构图

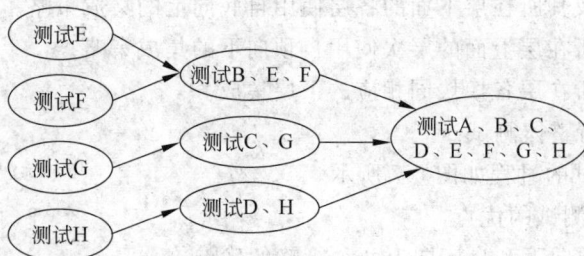

图 6-6　自底向上集成测试的过程

（3）在对上层模块进行测试时，下层模块的行为就已经得到了验证，因此在向上集成的过程中，越靠近主控模块的上层模块更多的是验证其控制和逻辑。

（4）提高了测试效率。

（5）容易对错误进行定位。

自底向上集成测试的缺点如下：

（1）直到最后一个模块加进去之后才能看到整个系统的框架。

（2）只有到测试过程的后期才能发现时序问题和资源竞争问题。

（3）驱动模块的设计工作量大。

（4）高层模块设计上的错误不能及时发现。

（5）对高层的验证被推迟，设计上的错误不能被及时发现。

自底向上集成测试适应于底层接口比较稳定，高层接口变化比较频繁，底层组件较早被完成。

3. 三明治集成

三明治集成测试（Sandwich Integration Testing）综合了自顶向下和自底向上两种集成方法的优点。桩模块和驱动模块的开发工作都比较小。其代价是一定程度上增加了定位缺陷的难度。

1）三明治集成测试的过程

（1）确定以哪一层为界进行集成，如图 6-7 中的 B 模块。

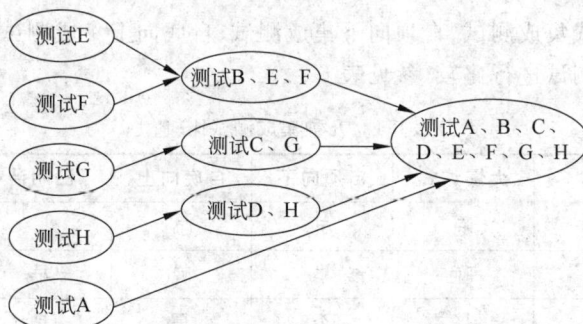

图 6-7　三明治集成测试的过程

（2）对模块 B 及其所在层下面的各层使用自底向上的集成策略。

（3）对模块 B 所在层上面的层次使用自顶向下的集成策略。

（4）对模块 B 所在层各模块同相应的下层集成。

（5）对系统进行整体测试。

三明治集成测试的过程如图 6-7 所示。

2）三明治集成测试的优点

（1）集合了自顶向下和自底向上两种策略的优点。

（2）运用一定的技巧，能够减少桩模块和驱动模块的开发。

3）三明治集成测试的缺点

在被集成之前，中间层不能尽早得到充分的测试。

实践经验表明三明治集成测试适应于大部分软件开发项目。

4. 改进的三明治集成

改进的三明治集成测试（Modified Sandwich Integration Testing）在三明治集成测试的基础上，不仅自两端向中间集成，而且保证每个模块都得到单独的测试，使集成测试进行得更彻底，参见图 6-8。

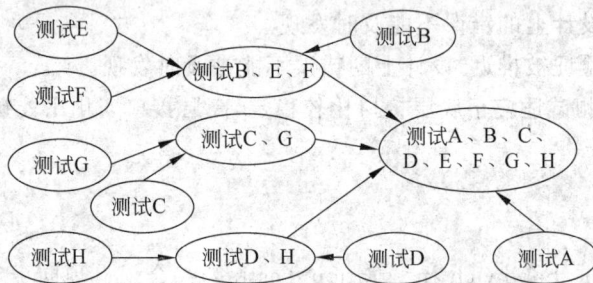

图 6-8　改进的三明治集成测试的过程

6.2.3　几种集成测试比较

下面将大爆炸式集成测试、自顶向下集成测试、自底向上集成测试、三明治集成测试、改进的三明治集成测试进行比较，参见表 6-1。

表 6-1　几种集成测试比较

列　　项	大爆炸式	自顶向下	自底向上	三明治	改进的三明治
集成	晚	早	早	早	早
基本程序工作时间	晚	早	晚	早	早
需要驱动程序	是	否	是	是	是
需要桩程序	是	是	否	是	是

列　　项	大爆炸式	自顶向下	自底向上	三明治	改进的三明治
工作并行性	高	低	中	中	高
特殊路径测试	容易	难	容易	中等	容易
计划与控制	容易	难	容易	难	难

6.2.4　基于功能的集成测试

基于功能的集成测试目的是采用增值的方法,尽早地验证系统关键功能。从功能实现的角度出发,按照模块的功能重要程度组织模块的集成顺序。先对开发中最主要的功能模块进行集成测试,依次类推最后完成整个系统的集成测试。

基于功能的集成测试策略具体如下:

(1) 确定功能的优先级别。

(2) 分析优先级最高的功能路径,把该路径上的所有模块集成到一起,必要时使用驱动模块和桩模块。

(3) 增加一个关键功能,继续步骤(2),直到所有模块都被集成到被测系统中。

基于功能的集成测试优点如下:

(1) 直接验证系统中主要功能,最早地确认所开发的系统中关键功能得以实现。

(2) 测试过程比三明治策略所用时间短。

(3) 验证接口的正确性时,为覆盖接口使用的实例相对要少。

(4) 可以减少驱动模块的开发,只要设计和维护一个顶层模块的驱动器。

基于功能的集成测试缺点如下:

(1) 不适用复杂系统。

(2) 对于部分接口测试不充分,容易漏掉大量接口错误。

(3) 集成测试开始的时候需要大量的桩模块的设计。

(4) 容易出现相对大的冗余测试。

基于功能的集成测试适用范围,主要功能具有较大风险性的产品;探索型技术研发项目;注重功能实现的项目;对于所实现的功能信心不强的产品。

6.2.5　核心系统先行集成测试

核心系统先行集成测试法的思想是先对核心软件部件进行集成测试,在测试通过的基础上再按各外围软件部件的重要程度逐个集成到核心系统中。每次加入一个外围软件部件都产生一个产品基线,直至最后形成稳定的软件产品。核心系统先行集成测试法对应的集成过程是一个逐渐趋于闭合的螺旋形曲线,代表产品逐步定型的过程。

核心系统先行集成测试操作步骤如下:

(1) 对核心系统中的每个模块进行单独的、充分的测试,必要时使用驱动模块和桩模块。

（2）对于核心系统中的所有模块一次性集合到被测系统中，解决集成中出现的各类问题。在核心系统规模相对较大的情况下，也可以按照自底向上的步骤，集成核心系统的各组成模块。

（3）按照各外围软件部件的重要程度以及模块间的相互制约关系，拟定外围软件部件集成到核心系统中的顺序方案。方案经评审以后，即可进行外围软件部件的集成。

（4）在外围软件部件添加到核心系统以前，外围软件部件应先完成内部的模块级集成测试。

（5）按顺序不断加入外围软件部件，排除外围软件部件集成中出现的问题，形成最终的用户系统。

6.2.6　客户/服务器集成测试

客户/服务器集成测试(Client/Server Integration Testing)目的是验证客户和服务器之间交互的稳定性。对于和单独的服务器组件进行松散耦合的客户端组件，可以使用客户/服务器集成来完成。在这个模型中，不存在单独的控制轨迹。

客户/服务器集成测试策略如下：

（1）单独测试每个客户端和服务器端，必要时使用驱动模块和桩模块。

（2）把第一个客户端或客户端组与服务器进行集成。

（3）把下一个客户端或客户端组与上一个完成的系统进行集成。

（4）重复步骤(3)直到系统中所有客户端都被加入系统中。

测试模型应可以识别客户和服务器。测试过程如下：

（1）客户＋服务器模块。每个客户用服务器的桩模块测试。

（2）服务器＋客户模块。服务器用客户的桩模块测试。

（3）客户＋服务器。用户对实际的服务器测试。

客户/服务器集成测试优点如下：

（1）避免了大爆炸集成的风险。

（2）集成次序没有大的约束，可以结合风险或功能优先级进行。

（3）有利于复用和扩充。

（4）支持可控制和可重复的测试。

（5）结构清晰。

客户/服务器集成测试缺点如下：

（1）在集成过程中，需要大量的驱动模块和桩模块。

（2）在测试的末期才能检测衔接的测试用例。

客户/服务器集成测试适用范围是客户/服务器结构的系统。

6.2.7 高频集成测试

高频集成测试(High-frequency Integration Testing)是指同步于软件开发过程,每隔一段时间对开发团队的现有代码进行一次集成测试。如某些自动化集成测试工具能实现每日深夜对开发团队的现有代码进行一次集成测试,然后将测试结果发到各开发人员的电子邮箱中。该集成测试方法频繁地将新代码加入到一个已经稳定的基线中,以免集成故障难以发现,同时控制可能出现的基线偏差。高频集成一个显著的特点就是集成次数多,显然,人工的方法是不胜任的。

使用高频集成需要具备的条件如下:

(1) 可以获得一个稳定增量且已经完成的部分通过测试,未发现错误。

(2) 大部分有意义的新增功能可以在一个恰当的频率间隔内获得。

(3) 测试包和代码并行开发,保证维护的是最新的版本。

(4) 使用自动化,例如采用 GUI 的捕获/回放工具。

(5) 使用配置管理工具,实际上是对版本的增量或变更进行维护。

高频集成测试一般采用如下步骤来完成:

(1) 选择集成测试自动化工具。

(2) 设置版本控制工具,以确保集成测试自动化工具所获得的版本是最新版本。

(3) 测试人员和开发人员负责编写对应程序代码的测试脚本。

(4) 设置自动化集成测试工具,每隔一段时间对配置管理库新添加的代码进行自动化的集成测试,并将测试报告汇报给开发人员和测试人员。

(5) 测试人员监督代码开发人员及时关闭不合格项。

按照步骤(3)至(5)不断循环,直至形成最终软件产品。

高频集成测试优点如下:

(1) 尽早查出错误,严重错误可以较早地被揭示。

(2) 集中于开发一个可运转的系统。

(3) 测试辅助模块要求少。

(4) 高效性,对防止错误有帮助。

(5) 可预测性,提高开发人员的信心。

(6) 并行性,开发和集成可以并行。

(7) 容易进行错误定位。

高频集成测试缺点如下:

(1) 是初始的基线定义和测试不易平稳进行。

(2) 测试用例集合有时候可能不能暴露深层次的编码错误和图形界面错误。

(3) 如果没有适当的标准作为保证,成功的集成可能导致不应有的可信度,增加系统的风险性。

高频集成测试应用主要有迭代增量开发、版本维护和框架开发三方面。

6.3　集成测试用例设计

集成测试需要根据具体情况决定使用白盒测试还是黑盒测试。下面从几个方面说明如何设计集成测试用例。

1．为系统运行设计用例

目的：达到合适的功能覆盖率和接口覆盖率。

使用的主要测试方法如下：

(1) 等价类划分。

(2) 边界值分析。

(3) 决策表的测试。

2．为正向集成测试设计用例

测试目标：验证集成后的模块是否按照设计实现了预期的功能。

直接根据概要设计文档导出相关测试用例，使用的主要测试分析技术如下：

(1) 输入域测试。

(2) 输出域测试。

(3) 等价类划分。

(4) 状态转换测试。

(5) 规范导出法。

3．为逆向集成测试设计用例

测试目标：分析被测接口是否实现了需求规格没有描述的功能，检查规格说明中可能出现的接口遗漏等。

使用的主要测试分析技术如下：

(1) 边界值分析。

(2) 特殊值测试。

(3) 错误猜测法。

(4) 基于风险的测试。

(5) 基于故障的测试。

(6) 状态转换测试。

4．为覆盖设计用例

测试目标：功能覆盖和接口覆盖，通过对集成后的模块进行分析，判断哪些功能与接口没有被覆盖来设计测试用例。

使用的主要测试分析技术如下：

(1) 功能覆盖分析。

（2）接口覆盖分析。

5．为特殊需求设计用例

测试目标：接口的安全性指标、性能指标等。

为特殊需求设计用例可使用的主要测试分析技术为规范导出法。

6．基于模块接口依赖关系设计用例

测试目标：模块间接口的组合关系。

模块接口依赖关系图通常是一个无环有向图，属于可分层的有向图，基于模块接口依赖关系设计用例主要依赖关系来设计接口的组合关系用例。需要重点分析那些在实际情况中可能发生的组合关系，然后设计对应的测试用例进行测试。

在设计集成测试用例的过程中要注意两点：

（1）测试用例补充。在软件开发过程中难免会因为需求变更等原因发生变化，因此不可能在测试工作的一开始就 100% 完成所有的集成测试用例的设计，这就需要在集成测试阶段能够及时跟踪项目变化，按照需求增加和补充集成测试用例，保证进行充分的集成测试。

（2）在集成测试的过程中，要注意考虑软件开发成本、进度和质量这三方面的平衡。

6.4 集成测试过程

根据 IEEE 标准集成测试可划分为五个阶段，即制定集成测试计划阶段、设计集成测试阶段、实施集成测试阶段、执行集成测试阶段和评估集成测试阶段，如图 6-9 所示。

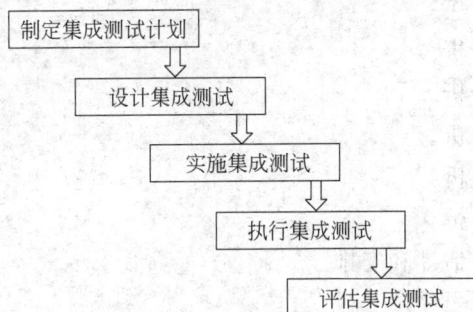

图 6-9 集成测试过程

1．制定集成测试计划阶段

好的计划是成功的开始，集成测试也是一样。一般安排在概要设计评审通过后大约一个星期的时候，需要参考需求规格说明书、概要设计文档、产品开发等。

（1）时间安排：概要设计完成评审后大约一个星期。

（2）输入项目：需求规格说明书、概要设计文档等。

（3）入口条件：概要设计文档已经通过评审。

（4）输出项目：集成测试计划。

（5）出口条件：集成测试计划通过评审。

制定集成测试计划阶段需要主要完成的工作有：

（1）确定被测试对象和测试范围。

（2）评估集成测试被测试对象的数量及难度，即工作量。

（3）确定角色分工和划分工作任务。

（4）标识出测试各个阶段的时间、任务、约束条件。

（5）考虑一定的风险分析及应急计划。

（6）考虑和准备集成测试需要的测试工具、测试仪器、环境等资源。

（7）考虑外部技术支援的力度和深度，以及相关培训安排。

（8）定义测试完成标准。

2. 设计集成测试阶段

一般在详细设计开始时，就可以着手进行。可以把需要规格说明书、概要设计、集成测试计划文档作为参考依据。

（1）时间安排：详细设计阶段开始。

（2）输入项目：需求规格说明书、概要设计和集成测试计划。

（3）入口条件：概要设计基线通过评审。

（4）输出项目：集成测试设计方案。

（5）出口条件：集成测试设计通过详细设计评审。

设计集成测试阶段需要主要完成的工作有：

（1）被测对象结构分析。

（2）集成测试模块分析。

（3）集成测试接口分析。

（4）集成测试策略分析。

（5）集成测试工具分析。

（6）集成测试环境分析。

（7）集成测试工作量估计和安排。

3. 实施集成测试阶段

在实施的过程中，要参考需求规格说明书、概要设计、集成测试计划、集成测试设计等相关文档来进行。

（1）时间安排：在编码阶段开始后进行。

（2）输入项目：需求规格说明书、概要设计和集成测试计划、集成测试设计。

（3）入口条件：详细设计阶段的评审已经通过。

（4）输出项目：集成测试用例、集成测试规程、集成测试代码、集成测试脚本、集成测试工具。

（5）出口条件：测试用例和测试规程通过编码阶段评审。

实施集成测试阶段需要主要完成的工作有：

（1）集成测试用例设计。

（2）集成测试规程设计。

（3）集成测试代码设计。

（4）集成测试脚本开发。

（5）集成测试工具开发（如果需要）。

4. 执行集成测试阶段

测试人员在单元测试完成以后就可以执行集成测试。当然，须按照相应的测试规程，借助集成测试工具，并把需求规格说明书、概要设计、集成测试计划、集成测试设计、集成测试用例、集成测试规程、集成测试代码、集成测试脚本作为测试执行的依据来执行集成测试用例。测试执行的前提条件就是单元测试已经通过评审。当测试执行结束后，测试人员要记录每个测试用例执行后的结果，填写集成测试报告，最后提交给相关人员评审。

（1）时间安排：单元测试已经完成后就可以开始执行集成测试了。

（2）输入项目：需求规格说明书、概要设计和集成测试计划、集成测试规程等。

（3）入口条件：单元测试阶段已经通过评审。

（4）输出项目：集成测试报告。

（5）出口条件：集成测试报告通过评审。

执行集成测试阶段需要主要完成的工作有：

（1）按照相应的测试规程，借助集成测试工具，并把需求规格说明书、概要设计、集成测试计划/设计/用例/代码/脚本作为测试执行的依据来执行集成测试用例。

（2）测试执行的前提条件就是单元测试已经通过评审。

（3）测试执行结束后，测试人员要记录每个测试用例执行后的结果，填写集成测试报告，最后提交给相关人员评审。

5. 评估集成测试阶段

当集成测试执行结束后，要召集相关人员，如测试设计人员、编码人员、系统设计人员等对测试结果进行评估，确定是否通过集成测试。

（1）输入项目：集成测试计划测试结果等。

（2）行动指南：相关人员（测试设计人员、编码人员、系统设计人员等）对测试结果进行评估，确定是否通过集成测试。

（3）输出项目：测试评估摘要。

习题

1. 简述什么是集成测试。

2. 什么是驱动模块和桩模块？

3. 什么是大爆炸式集成测试？

4. 什么是自顶向下集成测试？ 自顶向下集成测试的优点和缺点？

5. 什么是自底向上的集成测试？

6. 什么是三明治集成测试？

7. 简述是集成测试过程。

8. 对图 6-10 分别用大爆炸式集成、自顶向下集成、自底向上的集成和三明治集成方法进行测试，测试过程如何？

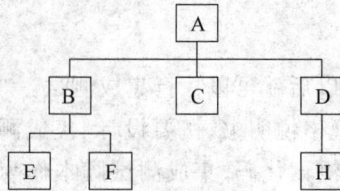

图 6-10　测试用图

第7章 系统测试

系统测试(System Testing)是针对整个产品系统进行的测试,其目的是验证系统是否满足了需求规格的定义,找出与需求规格不相符合或与之矛盾的地方。系统测试的对象不仅仅包括需要测试的软件,还要包含软件所依赖的硬件设备等。系统测试实际上是针对系统中各个组成部分进行的综合性检验,很接近人们的日常测试实践。开发出来的软件只是实际投入使用系统的一个组成部分,还需要检测它与系统其他部分能否协调地工作,这就是系统测试的任务。系统测试属于黑盒测试范畴,不再对软件的源代码进行分析和测试。

系统测试的目标是通过与系统的需求定义比较,检查软件是否存在与系统定义不符合或与之矛盾的地方,以验证软件系统的功能和性能等满足其规约所指定的要求。

1. 系统测试前的准备工作

系统测试是一个繁杂的工程,在测试前做好准备工作是十分必要的。具体需要做的准备工作有:

(1) 收集软件规格说明书,作为系统测试的依据。

(2) 收集各种软件说明书,以作为系统测试的参考。

(3) 仔细阅读软件测试计划书,以作为系统测试的根据。

通过仔细阅读上述内容能够明确回答以下问题,为系统测试做好准备。

(1) 对系统各种功能的描述。

(2) 对系统性能的要求。

(3) 对兼容性的描述。

(4) 对配置的描述。

(5) 对安全方面的要求等。

(6) 系统要求的数据处理及传输的速率。

(7) 对备份及修复的要求。

2. 系统测试环境

系统测试的对象不仅仅包括需要测试的产品系统的软件,还要包含软件所依赖的硬件设备,系统测试环境包括硬件环境和软件环境两大部分。硬件环境是指测试必须的服务器、客户端、网络连接设备以及打印机/扫描仪等辅助硬件设备所构成的环境;软件环境是指被测软件运行时的操作系统、数据库及其他工具软件、应用软件组成的环境。

3. 系统测试时应该遵循的原则

(1) 满足软件需求的各项功能、性能要求。

（2）系统的安全性满足用户的需求。

（3）系统的负载能力满足用户的需求。

（4）系统与外界支持系统正常运行。

（5）系统的稳定性等满足用户的需求。

（6）用户操作手册易读、易懂、易操作。

4. 系统测试过程

一般可以把系统测试的过程划分为五个阶段，即拟定测试计划阶段、用例分析和设计阶段、实施测试阶段、执行测试阶段、分析评估和生成测试报告阶段，如图7-1所示。

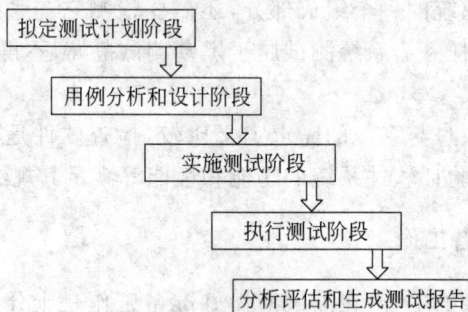

```
拟定测试计划阶段
        ↓
  用例分析和设计阶段
        ↓
    实施测试阶段
        ↓
    执行测试阶段
        ↓
 分析评估和生成测试报告
```

图7-1　系统测试过程

第一阶段，拟定测试计划阶段：系统测试计划的好与坏影响着后续测试工作的进行，系统测试计划的制定对系统测试的顺利实施起着至关重要的作用。一般是由测试经理依据系统需求规约和系统需求分析规约并结合项目计划来制定，有时系统测试计划也需要项目的管理者和测试技术人员参与。

拟定测试计划阶段包括：

（1）系统测试范围与主要内容。

（2）测试技术和方法。

（3）测试环境与测试辅助工具。

（4）系统测试的进入、挂起和恢复及完成（退出）测试的准则。

（5）人员与任务。

（6）缺陷管理与跟踪。

第二阶段，用例分析和设计阶段：在参考系统测试计划、系统需求规约及需求分析规约的基础上，对系统进行测试分析。本阶段工作主要由测试技术人员来完成。

分析主要涉及：

（1）系统业务及业务流分析。

（2）系统级别的接口分析，如与硬件接口、与其他系统接口。

（3）系统功能分析。

（4）系统级别的输入和输出分析。

（5）系统级别的状态转换分析。

（6）系统级别的数据分析。

（7）系统非功能分析，如安全性、可用性方面的分析。

第三阶段，实施测试阶段：这个阶段的主要工作是搭建测试环境、准备测试工具、测试开发及脚本的录制，可能还会涉及必要的相关培训，如工具的培训等。另外，本阶段需要确定系统测试的软件版本基线。

第四阶段，执行测试阶段：本阶段主要是完成测试用例的执行、记录、问题跟踪修改等工作。

第五阶段，分析评估和生成测试报告阶段：当系统测试执行结束后，要召集相关人员，如测试设计人员、系统设计人员等对测试结果进行评估形成一份系统测试分析报告，测试结果数据来源于手工记录或自动化工具的记录，以确定系统测试是否通过。

分析评估的内容一般涉及：测试用例的有效性，即测试用例本身可能存在不足、用例执行的成功率等；测试的覆盖情况。如是否达到规定的覆盖指标；缺陷跟踪与解决的情况。

5. 系统测试与单元测试、集成测试之间的区别

各测试阶段测试所花费时间的示意图如图 7-2 所示，从图 7-2 中可以看出单元测试的时间成本效率大约是集成测试的两倍、系统测试的三倍。

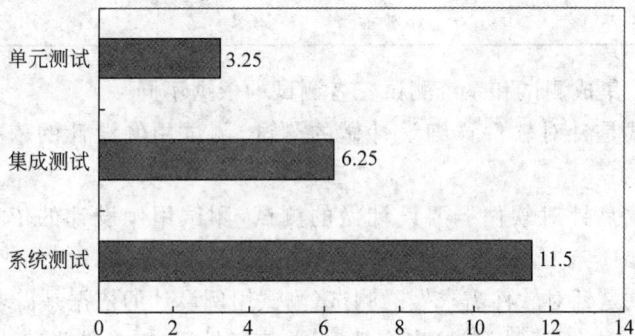

图 7-2　各测试阶段测试所花费时间的示意图

1）测试方法不同

系统测试属于黑盒测试；单元测试、集成测试属于白盒测试或灰盒测试。

2）测试范围不同

单元测试主要测试模块的内部接口、数据结构、逻辑、异常处理等对象；集成测试测试模块之间的接口和异常；系统测试主要测试整个系统是否满足用户的需求。

3）评估基准不同

系统测试的评估基准是测试用例对需求规格的覆盖率；单元测试和集成测试的评估主要是代码的覆盖率。

4）集成测试与单元测试的区别

（1）测试的单元不同。单元测试是针对基本单元（如函数等）所进行的测试；而集成测试是以模块和子系统为单位进行的测试。

（2）测试的依据不同。单元测试是针对软件详细设计所进行的测试；而集成测试是针对概要设计进行的测试。

（3）测试空间不同。集成测试不关心内部的测试空间，关注的是接口和数据间的组合关系。

5）集成测试与系统测试的区别

集成测试与系统测试的不同点很多。集成测试仅针对软件系统展开测试，而系统测试中所涉及的系统不仅包括被测的软件本身，还包括硬件及相关外围设备，即整个软件系统以及与软件系统交互的所有硬件与软件平台。此外，集成测试与系统测试的区别如表 7-1 所示。

表 7-1　集成测试与系统测试的区别

列　项	集成测试	系统测试
测试对象	单元	系统
测试时间	开发过程	开发完成
测试方法	黑、灰（黑白结合）	黑盒
测试内容	接口	需求
测试目的	接口错误	需求不一致
测试角度	开发者	用户

6）单元测试、集成测试和系统测试三者测试的依据不同

（1）单元测试是针对软件详细设计做的测试，测试用例设计的依据是详细设计说明书。

（2）集成测试是针对软件概要设计做的测试，测试用例设计的依据是概要设计说明书。

（3）系统测试是针对软件需求做的测试，测试用例设计的依据是需求规格说明。

本章从性能测试、可靠性测试、安全性测试、恢复性测试、备份测试、可用性测试、协议测试、文档测试、GUI 测试、网站测试、α 测试和 β 测试、回归测试等学习系统测试。

7.1　性能测试

本节首先对性能测试做概述性的介绍，诸如性能测试指标、性能测试阶段和测试用例，其后是对性能测试的分类介绍，包括容量测试、压力测试、负载测试等。

7.1.1　性能测试概述

性能测试（Performance Testing）是检验软件是否达到需求规格说明书中规定的各类性能指标，并满足一些性能相关的约束和限制条件。性能测试的目的通过测试，确认软件是否满足产品的性能需求，同时发现系统中存在的性能瓶颈，并对系统进行优化。

性能测试可以通过自动化的测试工具模拟多种正常、峰值以及异常负载条件来对系统的各项性能指标进行测试。性能测试与其他测试大体一样,需要经过性能测试计划、性能测试设计、性能测试执行和性能测试分析与报告等几个过程,这几个过程是一个迭代的过程,经过执行、改进、再执行、再改进、再执行等过程,如图 7-3 所示。

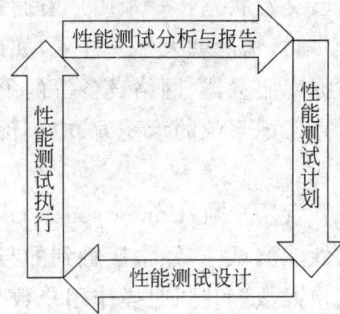

图 7-3 性能测试阶段周期模型示意图

1. 性能测试指标

性能测试是一个大概念,覆盖的范围非常广泛。性能测试的指标主要包括响应时间、并发用户、吞吐量和性能计数器。

1) 响应时间

响应时间(Response Time)是指完成用户请求的时间,如从向系统发出请求开始,到客户端接收到最后一个字节数据为止所消耗的时间。对用户来讲,响应时间的长短并没有绝对的区别。例如,某公司的一个工资系统,用户每月使用一次该系统,每次进行数据录入等操作需要 2 小时以上的时间,当用户选择提交后,即使系统在半小时后才给出处理成功的消息,用户仍然不会认为系统的响应时间不能接受。因为相对于一个月才进行一次的操作来说,半小时是一个可以接受的等待时间。所以在进行性能测试的时候,合理的响应时间取决于实际的用户需求,而不能根据测试人员自己的设想来决定。

图 7-4 反映了网络应用的页面响应时间分解图。网络传输时间 $N_1+N_2+N_3+N_4$、应用延迟时间 $A_1+A_2+A_3$,而应用延迟时间又可以分为数据库延迟时间 A_2 和应用服务器延迟时间 A_1+A_2。一般而言,客户认为响应时间 2s 非常有吸引力,响应时间 5s 可以接受,而当响应时间 10s 以上则无法忍受(会撤销事务)。

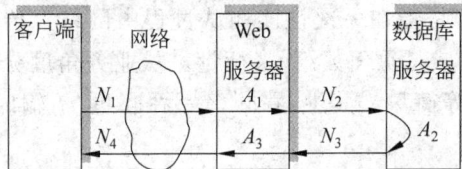

图 7-4 网络应用的页面响应时间分解图

响应时间的相关术语还有:

- 连接时间 客户机和服务器建立连接的时间。
- 发送时间 客户机向服务器发送数据的时间。
- 接收时间 服务器向客户机发送响应数据的时间。
- 处理时间 服务器响应客户机请求所需要的时间。
- 事务时间 客户机处理接收数据需要的时间。

2) 并发用户数

现实生活中并发用户数大家也很熟悉。以电信计费软件为例。大家都有体会,每月二十几号是市话交费的高峰期,全市几千个收费网点同时启动。收费过程一般分为两步,首先要根据用户提出的电话号码来查询出其当月产生费用,然后收取现金并将此用户修改为已交费状态。一个用户看起来简单的两个步骤,但当成百上千的终端,同时执行这样的操作时,情况就大不一样了,如此众多的交易同时发生,对应用程序本身、操作系统、中心数据库服务器、网络设备等的承受力都是一个严峻的考验。电信公司不可能在发生问题后才考虑系统的承受力,应该预见软件的并发承受力,这是在软件测试阶段就应该解决的问题。

并发用户数(Concurrency User)一般是指同一时间段内访问系统的用户数量。在实际的性能测试中,经常接触到的与并发用户数相关的概念还包括"系统用户数"、"同时在线用户人数"和"同时操作用户数"。

下面的公式是估算用户数的公式。

$$C = \frac{nL}{T} \tag{7-1}$$

$$\hat{C} \approx C + 3\sqrt{C} \tag{7-2}$$

在式(7-1)中,C 是平均的并发用户数;n 是登录会话的数量;L 是登录会话的平均长度;T 指考察的时间段长度。

在式(7-2)中,$\hat{C}$是并发用户数峰值数。

例如,一个系统每天有 400 个用户访问,用户在一天内有 8 小时使用该系统,从登录到退出系统的平均时间为 4 小时。

根据式(7-1)和式(7-2),得到:

$$C = \frac{400 \times 4}{8} = 200$$

$$\hat{C} \approx 200 + 3\sqrt{200} = 242$$

3) 吞吐量

吞吐量(Throughout)是指在一次性能测试过程中网络上传输数据量的总和。一般来说,吞吐量用请求数/秒或是页面数/秒来衡量。从业务角度分析,吞吐量用访问人数/天或者处理业务数/小时等衡量。其中,吞吐率＝吞吐量/传输时间,体现软件性能承载能力。

吞吐量和并发用户数存在一定的联系,其公式是:

$$F = \frac{N_{VU} \times R}{T} \tag{7-3}$$

在式(7-3)中,F 表示吞吐量;N_{VU}表示虚拟用户个数;R 表示每个虚拟用户发出的请求数量;T 表示性能测试所用的时间。遇到性能瓶颈状况,吞吐量和 VU 数量之间就不符合公式。

4) 性能计数器

性能计数器是描述服务器或操作系统性能的一些数据指标。计数器在性能测试中发挥着监控和分析关键作用,尤其是在分析系统的可扩展性、进行性能瓶颈定位时,对计数器的取值的分析比较关键。

以 Windows 为例,Windows 的系统任务管理器就有一个性能计数器,它提供了测试机 CPU、内存、网络和硬盘的使用信息,如图 7-5 所示。

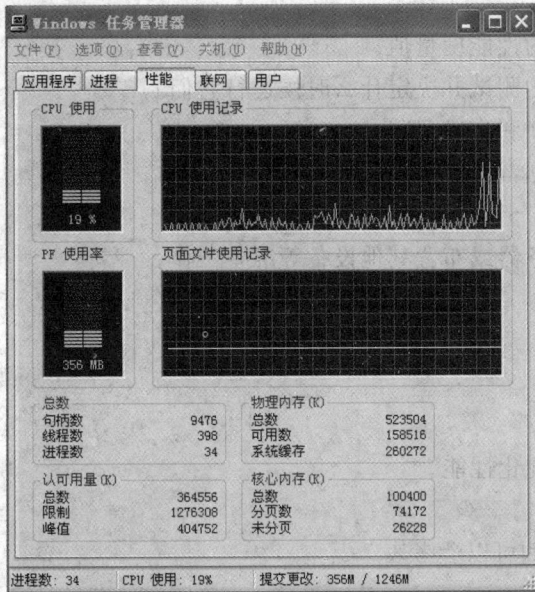

图 7-5　Windows 系统任务管理器

与性能计数器相关的资源利用率,是指系统各种资源的使用状况。资源利用率＝资源的实际使用量/总的资源可用量。例如,1000 个用户并发访问系统,网络服务器的 CPU 的占有率为 60％,内存的占有率为 50％,这里的 60％和 50％就是资源占有率。

5) 思考时间

思考时间(Think Time)称为休眠时间,是指用户请求的间隔时间。在交互式应用中,用户不大可能持续不断地发出请求,一般模式是用户发出一个请求,等待一段时间,再发出下一个请求。因此,自动化测试模拟用户操作就必须在测试脚本中让各个操作间隔一段时间,在操作语句之间设置 Think 函数,实现两个操作之间的等待时间。

$$R = \frac{T}{T_S} \tag{7-4}$$

通过式(7-3)和式(7-4)可知,吞吐量与 N_{vu} 成正比,与 T_S 成反比。在实际测试时,可以按如下步骤计算思考时间。

第一步,计算系统的并发用户数。

第二步,统计出系统的平均吞吐量。

第三步,统计出平均用户发出的请求数量。

第四步,根据式(7-4)计算出思考时间。

2. 性能测试阶段和测试用例

性能测试一般要经过三个阶段:

1) 计划阶段

(1) 定义目标并设置期望值。

（2）收集系统和测试要求。

（3）定义工作负载。

（4）选择要收集的性能度量值。

（5）标出要运行的测试并决定什么时候运行它们。

（6）决定工具选项和生成负载。

（7）编写测试计划，设计用户场景并创建测试脚本。

2）测试阶段

（1）建立测试服务器或布置其他设备等准备工作。

（2）运行测试。

（3）收集数据。

3）分析阶段

（1）分析结果。

（2）改变系统以优化性能。

（3）设计新的测试。

设计性能测试用例可以参考表 7-2。

表 7-2　测试用例参考指标

监 控 指 标	描　　述
平均负载	系统正常状态下，最后 60 秒同步进程的平均个数
冲突率	在以太网上监测到的每秒冲突数
进程/线程交换率	进程和线程之间每秒交换次数
CPU 利用率	CPU 占用率%
硬盘交换率	硬盘交换速率
接收包错误率	接收以太网数据包时每秒错误数
包输入率	每秒输入的以太网数据包数目
中断速率	CPU 每秒处理的中断数
输出包错误率	发送以太网数据包时每秒错误数
包输入率	每秒输出的以太网数据包数目
读入内存页速率	物理内存中每秒读入内存页的数目
写出内存页速率	每秒从物理内存中写到页文件中的内存页数
内存页交换速率	每秒写入内存页和从物理内存中读出页的个数
进程入交换率	交换区输入的进程数目
进程出交换率	交换区输出的进程数目
系统 CPU 利用率	系统的 CPU 利用率%
用户 CPU 利用率	用户模式下的 CPU 利用率%

性能测试包括压力测试、容量测试、负载测试等,这些测试在手段和方法上有一些相似性,一般会使用相同的测试环境和测试工具,以监测系统的性能指标。

7.1.2 压力测试

压力测试是对系统不断施加压力的测试,是通过确定一个系统的瓶颈或者系统难以承受的性能点,来获得系统能提供的最大服务级别的测试。例如,测试一个 Web 站点在大量的负荷下,何时系统的响应会退化或失败。微软测试实践显示,当软件产品通过 72 小时压力测试,其在 72 小时后出现问题的可能性极小,因此,72 小时成为微软产品压力测试的时间标志。

压力测试(Stress Testing)也叫负荷测试、强度测试,是指模拟巨大的工作负荷,以查看系统在峰值使用情况下是否可以正常运行。压力测试是通过逐步增加系统负载来测试系统性能的变化,并最终确定在什么负载条件下系统性能处于失效状态,以此来获得系统性能提供的最大服务级别的测试。压力测试所涉及的方面主要包括数据库大小、磁盘空间、可用内存空间、数据通信量等。压力测试用例的参考模板如表 7-3 所示。

表 7-3 压力测试用例参考模板

极限名称 A	最大并发用户数量	
前提条件		
输入/动作	输出/响应	是否能正常运行
10 个用户并发操作		
100 个用户并发操作		

1. 压力测试的特点

(1) 压力测试是检查系统处于压力情况下的能力表现。

(2) 通过不断增加系统压力,来检测系统在不同压力情况下所能够达到的性能和水准。比如,通过增加并发用户的数量,检测系统的服务能力和水平;通过增加文件记录数来检测数据处理的能力和水平等。

(3) 压力测试一般通过模拟方法进行。

(4) 压力测试是一种极端情况下的测试。

(5) 压力测试一般用于测试系统的稳定性。

2. 压力测试方法

压力测试应该尽可能逼真地模拟系统环境。对于实时系统,测试者应该以正常和超常的速度输入要处理的事务从而进行压力测试。批处理的压力测试可以利用大批量的批事务进行,被测事务中应该包括错误条件。压力测试的测试手段包括重复压力测试、并发压力测试、量级增加压力测试和随机压力测试。

1）重复压力测试

重复测试就是一遍又一遍地执行某个操作或功能，比如重复调用一个 Web 服务。

压力测试的一项任务就是确定在极端情况下一个操作能否正常执行，并且能否持续不断地在每次执行时都正常。这对于推断一个产品是否适用于某种生产情况至关重要，客户通常会重复使用产品。重复测试往往与其他测试手段一并使用。

2）并发压力测试

并发是同时执行多个操作的行为，即在同一时间执行多个测试线程。

例如，在同一个服务器上同时调用许多 Web 服务。并发测试原则上不一定适用于所有产品，但多数软件都具有某个并发行为或多线程行为元素，这一点只能通过执行多个代码测试用例才能得到测试结果。

3）量级增加压力测试

压力测试可以重复执行一个操作，但是操作自身也要尽量给产品增加负担。

例如，一个 Web 服务允许客户机输入一条消息，测试人员可以通过模拟输入超长消息来使操作进行高强度的使用，即增加这个操作的量级。这个量级的确定总是与应用系统有关，可以通过查找产品的可配置参数来确定量级。例如，数据量的大小、延迟时间的长度、输入速度以及输入的变化等。

4）随机压力测试

该手段是指对上述测试手段进行随机组合，以便获得最佳的测试效果。

例如，使用重复时，在重新启动或重新连接服务之前，可以改变重复操作间的时间间隔、重复的次数，或者也可以改变被重复的 Web 服务的顺序。

使用并发时，可以改变一起执行的 Web 服务、同一时间运行的 Web 服务数目，也可以改变关于是运行许多不同的服务还是运行许多同样的实例的决定。

量级测试时，每次重复测试时都可以更改应用程序中出现的变量（例如发送各种大小的消息或数字输入值）。

3. 执行压力测试

可以设计压力测试用例来测试应用系统的整体或部分能力。压力测试用例选取可以从以下几个方面考虑：

（1）检查是否有足够的磁盘空间。

（2）检查是否有足够的内存空间。

（3）创造极端的网络负载。

（4）制造系统溢出条件。

例如，某个电话通信系统的测试。测试采用压力测试方法。在正常情况下，每天的电话数目大约 2000 个，一天 24 小时服从正态分布。在系统第 1 年使用时，系统的平均无故障时间大约 1 个月左右。分析表明，系统的出错原因主要来源于单位时间内电话数量比较大的情况下，为此，对系统采用压力测试，测试时将每天电话的数目增加 10 倍，即 20 000 个左右，分布采用均匀和正态两种分布，测试大约进行了 4 个月，共发现了 314 个错误，修复这些错误大约花费了 6 个月的时间，修复后的系统运行了近 2 年，尚未出现问题。

压力测试的测试类型还有：

（1）稳定性压力测试，高负载下持续运行 24 小时以上的压力测试。

（2）破坏性压力测试，通过不断加载的手段，快速造成系统的崩溃，让问题尽快地暴露出来。

（3）渗入测试，通过长时间运行，使问题逐渐渗透出来，从而发现内存泄露、垃圾收集或系统的其他问题，以检验系统的健壮性。

（4）峰谷测试，采用高低突变加载方式进行，先加载到高水平的负载，然后急剧降低负载，稍微平息一段时间，再加载到高水平的负载，重复这样过程，容易发现问题的蛛丝马迹，最终找到问题的根源。

4．压力测试步骤

（1）简单多任务测试。

（2）修正简单多任务测试后，增加系统的压力直到系统崩溃。

7.1.3　容量测试

容量测试（Capacity Testing）是指采用特定的手段测试系统能够承载处理任务的极限值所从事的测试工作。这里的特定手段是指，测试人员根据实际运行中可能出现极限，制造相对应的任务组合，来激发系统出现极限的情况。

容量测试的目的是通过测试预先分析出反映软件系统应用特征的某项指标的极限值（如最大并发用户数、数据库记录数等），系统在其极限状态下没有出现任何软件故障或还能保持主要功能正常运行。容量测试的目的包括：

（1）通过大量的数据容量来发现问题。

（2）系统性能、可用性常常会在系统查找或排序大量数据的时候被降低。

（3）确定系统在其极限值状态下是否还能保持主要功能正常运行。

（4）容量测试还将确定测试对象在给定时间内能够持续处理的最大负载或工作量。

（5）对软件容量的测试，能让软件开发商或用户了解该软件系统的承载能力或提供服务的能力，如电子商务网站所能承受的、同时进行交易或结算的在线用户数。

通过容量测试知道系统的实际容量，如果不能满足设计要求，就应该寻求新的技术解决方案，以提高系统的容量。

1．容量测试与压力测试的区别

压力测试与容量测试十分相近。二者都是检测系统在特定情况下，能够承担的极限值。

（1）然而两者的侧重点有所不同，压力测试主要是使系统承受速度方面的超额负载，例如一个短时间之内的吞吐量。

（2）容量测试关注的是数据方面的承受能力，并且它的目的是显示系统可以处理的数据容量。

（3）容量测试往往应用于数据库方面的测试。数据库容量测试使测试对象处理大量的数据，以确定是否达到了将使软件发生故障的极限。容量测试还将确定测试对象在给定时间内能够持续处理的最大负载或工作量。

压力测试和容量测试的测试方法有相通的地方，在实际测试工作中，往往结合起来进行以提高测试效率。

2. 容量测试方法

进行容量测试的首要任务就是确定被测系统数据量的极限，即容量极限。这些数据可以是数据库所能容纳的最大值，可以是一次处理所能允许的最大数据量等。系统出现问题，通常是发生在极限数据量产生或临界产生的情况下，这时容易造成磁盘数据的丢失、缓冲区溢出等一些问题。为了更清楚地说明如何确定容量的极限值，参见图 7-6 所示的资源利用率、响应时间、用户负载关系图。

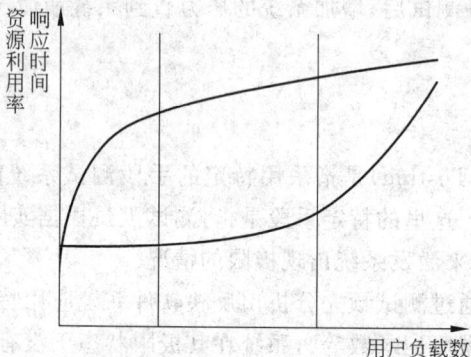

图 7-6　资源利用率、响应时间、用户负载数关系图

从图 7-6 中反映了资源利用率、响应时间与用户负载数之间的关系。可以看到，用户负载增加，响应时间也缓慢的增加，而资源利用率几乎是线形增长。当资源利用率接近百分之百时，出现一个有趣的现象，就是响应以指数曲线方式下降，这点在容量评估中称为饱和点。饱和点是指所有性能指标都不满足，随后应用发生恐慌的时间点。

为了确定容量极限，可以进行一些组合条件下的测试，如核实测试对象在以下高容量条件下能否正常运行：链接或模拟了最大（实际或实际允许）数量的客户机；所有客户机在长时间内执行相同的、性能不太稳定的重要任务；在达到最大的数据库容量的情况下，同时处理多个查询或报表事务。

容量测试还要考虑选用不同的加载策略的问题。不能简单地说在某一标准配置服务器上运行某软件的容量是多少，选用不同的加载策略可以反映不同状况下的容量。

例如，网上聊天室软件的容量是多少？一种情况是一个聊天室内有 1 万个用户，另一种情况是有 1 百个聊天室每个聊天室内有 1 百个用户，两种情况同样都是 1 万个用户，在性能表现上可能会出现很大的不同，在服务器端数据输出量、传输量更是截然不同的。在更复杂的系统内，就需要分别为多种情况提供相应的容量数据作为参考。

3．容量测试的步骤

（1）按用例中测试环境的描述建立测试系统。

（2）准备测试过程，合理地组织用例的测试流程。

（3）根据用例中"初始化"内容运行初始化过程。

（4）执行测试，从终止的测试恢复。

（5）验证预期结果，对应测试用例中描述的测试目的。

（6）调查突发结果，即对异常现象进行研究，适当地进行一些回归测试。

（7）记录问题报告。

4．不同的容量测试

容量测试是根据预先分析出的某项指标极限值，测试系统在其极限值状态下是否能保持正常运行。例如，对于编译程序，让它处理特别长的源程序；对于操作系统，让它的作业队列"满员"；对于信息检索系统，让它使用频率达到最大，即在使系统的全部资源达到"满负荷"的情形下，测试系统的承受能力，下面是不同情况的容量测试。

1）在线系统

输入较快，但不一定要最快，要考虑不同的输入方式，目的是测试在某一时刻临时缓冲区是否快溢出或填满，执行过程中是否会停机，要混合使用创建、更新、读和删除等不同的操作。

2）数据库系统

数据库容量应该很大。批处理作业是在大量的业务数据下运行的，比如数据库中所有对象都需要处理的业务。复杂的表检索通过分类来实现。许多或者所有的对象是连接到其他对象上的，到达这样对象的最大数量。在合计域上的大的或者尽可能最大的数量。

3）文件交换

文件交换特别是长文件。比如邮件协议不支持的长度。当然还有许多文件，甚至与大长度结合。电子邮件和最大数量的附件一起。文件的长度让输入缓冲溢出或触发超时。大长度通常是为了在通信中超时设定。

4）磁盘空间

试着去填充磁盘中任何有磁盘空间的地方。检查如果是已经不再有空余空间，甚至还有更多数据要填入这个系统的情况下，会发生什么情况。有没有像溢出缓冲区这样的存储区？是否会有任何警告信号，故障弱化？是否会有合理的警告，数据丢失？这可以通过使用较少的空间，在较小容量下测试的测试技巧。

5）文件系统

文件系统的文件的最大数目或者最大长度。

6）内存储器

最小可用内存量。在同一时间打开很多程序，起码在客户端平台上。

7.1.4 负载测试

负载测试(Load Testing)是通过测试系统在资源超负荷情况下的表现,以发现设计上的错误或验证系统的负载能力。在这种测试中,将使测试对象承担不同的工作量,以评测和评估测试对象在不同工作量条件下的性能行为,以及持续正常运行的能力。负载测试的目标是确定并确保系统在超出最大预期工作量的情况下仍能正常运行。此外,负载测试还要评估性能特征,例如,响应时间、事务处理速率和其他与时间相关的方面。

负载测试要确定在各种工作负载下系统的性能,目的是测试当负载逐渐增加时,系统组成部分的相应输出项,例如通过量、响应时间、CPU 负载、内存稳定性和响应等。负载测试可以从以下两方面来理解:

(1) 负载测试是站在用户角度去观察在一定条件下软件系统的性能表现。

(2) 负载测试的预期结果是用户的性能需求,诸如响应时间、并发用户数、事务处理速率等得到满足。

负载测试与压力测试是两个很容易混淆的概念,负载测试是通过逐步增加系统负载,测试其变化,看最后在满足性能的情况下,系统最多能接受多大的负载的测试。压力测试是通过逐步增加系统的复杂性来测试其变化,看最后在满足性能的情况下,能使系统处于失效的状态,通俗来说,就是发现系统在什么条件下系统的性能会变得不可接受,压力测试是一种特定类型的负载测试。

7.2 可靠性测试

可靠性测试(Reliability Testing)是软件系统在规定的时间内及规定的环境下,完成规定功能的能力。可靠性测试可以根据软件系统可靠性结构、寿命类型和各单元的可靠性试验信息,利用概率统计方法评估出系统的可靠性特征量。可靠性测试包括三个要素:规定的时间、规定的运行环境条件、规定的功能。一般情况下,只能通过对软件系统进行测试来度量其可靠性。

7.2.1 可靠性测试方法

测试可靠性是指运行应用程序,以便在部署系统之前发现并移除失败。因为通过应用程序的可选路径的不同组合非常多,所以在一个复杂应用程序中不可能找到所有的潜在失败。但是,可测试在正常使用情况下最可能的方案,然后验证该应用程序是否提供预期的服务。如果时间允许,可采用更复杂的测试以揭示更微小的缺陷。

1. 组件压力测试

压力测试是指模拟巨大的工作负荷以查看应用程序在峰值使用情况下如何执行操作。利用组件压力测试,可隔离构成组件和服务、推断出它们公开的导航方法、函数方法和接口方法以及创建调用这些方法的测试前端。

2. 集中压力测试

对每个单独的组件进行压力测试后,应对带有其所有组件和支持服务的整个应用程序进行压力测试。集中压力测试主要关注与其他服务、进程以及数据结构(来自内部组件和其他外部应用程序服务)的交互。

集中测试从最基础的功能测试开始。需要知道编码路径和用户方案、了解用户试图做什么以及确定用户运用了应用程序的所有方式。在日程和预算允许的范围内,应始终尽可能延长测试时间,并查看应用程序在较长时期内的运行情况。

3. 真实环境测试

在隔离的受保护测试环境中可靠的软件,在真实环境的部署中可能并不可靠。虽然隔离测试在早期的可靠性测试进程中是有用的,但真实环境的测试环境才能确保并行应用程序不会彼此干扰。这种测试经常发现与其他应用程序之间的意外导致失败的交互。

需要确保应用程序能够在真实环境中运行,即能够在具有所有预期客户事件配置文件的服务器空间中,使用最终配置条件运行。测试计划应包括在最终目标环境中或在尽可能接近目标环境的环境中运行应用程序。这一点通常可通过部分复制最终环境或小心地共享最终环境来完成。

4. 随机破坏测试

测试可靠性的一个最简单的方法是使用随机输入。这种类型的测试通过提供虚假的不合逻辑的输入,努力使应用程序发生故障或挂起。输入可以是键盘或鼠标事件、程序消息流、Web 页、数据缓存或任何其他可强制进入应用程序的输入情况。应该使用随机破坏测试测试重要的错误路径,并公开软件中的错误。这种测试通过强制失败以便可以观察返回的错误处理来改进代码质量。

7.2.2 可靠性测试的数学模型

假设系统 S 投入测试或运行后,工作一段时间 t_1 后,软件出现错误,系统被停止并进行修复,经过 T_1 时间后,故障被排除,又投入测试或运行。假设 $t_1, t_2, \cdots, t_n$ 是系统正常的工作时间,$T_1, T_2, \cdots, T_n$ 是维护时间,如图 7-7 所示。

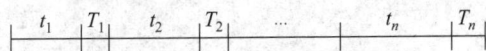

图 7-7 系统工作状态图

1. 故障率(风险函数)

$$\lambda = \frac{\text{总失效时间}}{\text{总工作时间}} = \frac{n}{\sum_{i=1}^{n} t_i} \qquad (7\text{-}5)$$

λ 的单位是 FIT, $1\text{FIT}=10^{-9}$/小时。

2. 维修率

$$\mu = \frac{\text{总失效次数}}{\text{总维护时间}} = \frac{n}{\sum\limits_{i=1}^{n} T_i} \tag{7-6}$$

3. 平均无故障时间

$$\text{MTBF} = \frac{\text{总工作时间}}{\text{总失效次数}} = \frac{\sum\limits_{i=1}^{n} t_i}{n} = \frac{1}{\lambda} \tag{7-7}$$

4. 平均维护时间

$$\text{MTTR} = \frac{\text{总维护时间}}{\text{总失效次数}} = \frac{\sum\limits_{i=1}^{n} T_i}{n} = \frac{1}{\mu} \tag{7-8}$$

5. 有效度

$$A = \frac{\text{总工作时间}}{\text{总工作时间} + \text{总维护时间}} = \frac{\text{MTBF}}{\text{MTBF} + \text{MTTR}} = \frac{\mu}{\lambda + \mu} \tag{7-9}$$

6. 可靠性

$$R(t) = e^{-\int_0^t \lambda(t)\,dt} \tag{7-10}$$

例如,某个系统的使用情况如图 7-8 所示。

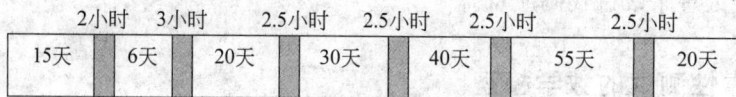

图 7-8 某个系统的使用情况

根据题义,$n=6$,$t=186$ 天 $=1488$ 小时(每天 8 小时),$T=15$ 小时,则:

MTBF$=248$ 小时

$\lambda=0.004$/小时

MTTR$=2.5$ 小时

$\mu=0.4$

$A=0.99$

⋮

7.3 安全性测试

安全性测试是测试系统在对付非授权的内部或外部侵入、访问或故意损坏时的系统防护能力。由于攻击者没有闯入的标准方法，因而也没有实施安全性测试的标准方法。另外，目前几乎没有可用的工具来彻底测试各个安全方面。

7.3.1 安全性测试概述

ISO8402 给安全性下的定义是"伤害或损害的风险限制在可以接受的水平内"。安全性测试（Security Testing）是有关验证系统的安全性和识别潜在安全性缺陷的过程。其目的是为了发现软件系统中是否存在安全漏洞。软件安全性是指在非正常条件下不发生安全事故的能力。

做安全性测试要注意一点，应注意安全性测试并不最终证明应用程序是安全的，而是用于验证所设立对策的有效性，这些对策是基于威胁分析阶段所做的假设而选择的。例如，测试应用软件在防止非授权的内部或外部用户的访问或故意破坏等情况时的反应。

下面提供测试应用程序安全性的一些建议。

系统安全性设计有两点准则：

准则1，使非法侵入的代价超过被保护的信息的价值，从而令非法侵入者无利可图。

准则2，一般来讲，如果黑客为非法入侵花费的代价（考虑时间、费用、危险等因素）高于得到的好处，那么这样的系统可以认为是安全的系统。

下面是测试系统安全性时要考虑的一些问题。

1. 测试缓冲区溢出

缓冲区溢出是计算机历史中被利用的第一批安全错误之一。目前，缓冲区溢出继续是最危险也是最常发生的弱点之一。试图利用这种脆弱性可以导致种种问题，从损坏应用程序到攻击者在应用程序进程中插入并执行恶意代码。将数据写入缓冲区时，开发人员向缓冲区写入的数据不能超出其所能存放的数据。如果正在写入的数据量超出已分配的缓冲区空间，将发生缓冲区溢出。当发生缓冲区溢出时，会将数据写入可能为其他用途而分配的内存部分中。最坏的情形是缓冲区溢出包含恶意代码，该代码随后被执行。缓冲区溢出在导致安全脆弱性方面所占的百分比很大。

2. 实施源代码安全检查

根据所讨论应用程序的敏感程度，实施对应用程序源代码的安全审核可能是明智的。不要将源代码审核与代码检查相混淆。标准代码检查的目的是识别影响代码功能的一般代码缺陷。源代码安全检查的目的则是识别有意或无意的安全性缺陷。开发处理财政事务或提供公共安全的应用程序时尤其应保证进行这种检查。

3. 验证应急计划

总是存在应用程序的安全防御被突破的潜在可能,只有应急计划就位并有效才是明智的。在应用程序服务器或数据中心检测到病毒时将采取哪些步骤?安全性被越过时,必须迅速作出反应来防止进一步损坏。在应急计划投入实战以前请弄清它们是否起作用。

4. 攻击您的应用程序

测试人员习惯于攻击应用程序以试图使其失败。攻击自己的应用程序是与其类似但目的更集中的过程。尝试攻击应用程序时,应寻找代表应用程序防御弱点的、可利用的缺陷。

7.3.2 安全性测试的主要内容

1. 安全性测试手段

测试者扮演一个试图攻击系统的角色,具体的测试手段有:
(1) 尝试通过外部的手段来获取系统的密码。
(2) 使用能够瓦解任何防护的客户软件来攻击系统。
(3) 把系统"制服",使别人无法访问。
(4) 有目的地引发系统错误,期望在系统恢复过程中侵入系统。
(5) 通过浏览非保密的数据,从中找到进入系统的钥匙等。

2. 安全性测试层次

安全性一般分为以下两个层次。
(1) 应用程序级别的安全性:包括对数据或业务功能的访问、系统级别的安全性等。
(2) 系统级别的安全性:对系统的登录或远程访问。
二者的关系:应用程序级别的安全性可确保在预期的安全性情况下,操作者只能访问特定的功能或用例,或者只能访问有限的数据。例如,某财务系统可能会允许所有人输入数据,创建新账户,但只有管理员才能删除这些数据或账户。此外,系统级别的安全性对确保只有具备系统访问权限的用户才能访问应用程序,而且只能通过相应的入口来访问。

3. 安全性测试标准

1) 安全目标
预防:对有可能被攻击的部分采取必要的保护措施,如密码验证等。
监控:能够对针对软件或数据库的实时操作进行监控,并对越权行为或危险行为发出警报信息。

保密性和机密性：可防止非授权用户的侵入和机密信息的泄露。

多级安全性：指多级安全关系数据库在单一数据库系统中存储和管理不同敏感性的数据，同时通过自主访问控制和强制访问控制机制保持数据的安全性。

匿名性：防止匿名登录。

2）安全的原则

加固最薄弱的连接：进行风险分析并提交报告，加固其薄弱环节。

实行深度防护：利用分散的防护策略来管理风险。

失败安全：在系统运行失败时有相应的措施保障软件安全。

分割：将系统尽可能分割成小单元，隔离那些有安全特权的代码。

保密性：避免滥用用户的保密信息。

3）密码学的应用

密码学的目标：机密性、完整性、可鉴别性、抗抵赖性。

密码算法：考虑算法的基本功能、强度、弱点及密钥长度的影响。

密钥管理：生成、分发、校验、撤销、破坏、存储、恢复、生存期和完整性。

4）缓冲区溢出

防止内部缓冲区溢出的实现、防止输入溢出的实现、防止堆和堆栈溢出的实现。

5）信任管理和输入的有效性

信任的可传递、防止恶意访问、安全调用程序、网页安全、客户端安全、格式串攻击。

6）客户端安全性

版权保护机制、防篡改技术、代码迷惑技术、程序加密技术。

7）口令认证

口令的存储、添加用户、口令认证、选择口令、数据库安全性、访问控制、保护域、抵抗统计攻击。

7.3.3 安全性测试方法

1. 漏洞扫描

安全漏洞扫描通常都是借助于特定的漏洞扫描器完成。漏洞扫描器是一种能自动检测远程或本地主机安全性弱点的程序，通过使用漏洞扫描器，系统管理员能够发现所维护信息系统存在的安全漏洞，从而在信息系统网络安全防护过程中做到有的放矢，及时修补漏洞。安全漏洞扫描是可以用于日常安全防护，同时可以作为对软件产品或信息系统进行测试的手段，可以在安全漏洞造成严重危害前发现漏洞并加以防范。

一般可以将漏洞扫描器分为以下两种类型。

（1）主机漏洞扫描器：是指在系统本地运行检测系统漏洞的程序。

（2）网络漏洞扫描器：是指基于网络远程检测目标网络和主机系统漏洞的程序。

2. 功能验证

功能验证是采用软件测试当中的黑盒测试方法，对涉及安全的软件功能，如用户管理模块、权限管理模块、加密系统、认证系统等进行测试,主要是验证上述功能是否有效。

功能性的安全性问题包括:

(1) 没有口令是否可以登录到系统中?

(2) 有效的口令是否被接受,无效的口令是否被拒绝?

(3) 系统对多次无效口令是否有适当的反应?

(4) 无效的或者不可能的参数是否被检测并且适当处理?

(5) 无效的或者超出范围的指令是否被检测并且适当处理?

(6) 错误和文件访问是否适当被记录?

(7) 系统配置数据是否能正确保存,系统故障时是否能恢复?

(8) 系统配置数据能否导出,在其他机器上进行备份?

(9) 系统配置数据能否导入,导入后能否正常使用?

(10) 系统配置数据保存时是否加密?

(11) 系统初始的权限功能是否正确?

(12) 防火墙是否能被激活和取消激活?

(13) 防火墙功能激活后是否会引起其他问题?

(14) 各级用户权限划分是否合理?

(15) 登录用户修改其他用户的参数是否会立即生效?

(16) 系统在最大用户数量时是否操作正常?

(17) 对于远端操作是否有安全方面的特性?

(18) 用户的生命期是否有限制?

(19) 低级别的用户是否可以操作高级别用户命令?

(20) 高级别的用户是否可以操作低级别用户命令?

(21) 用户是否会自动超时退出,超时的时间是否设置合理,用户数据是否会丢失?

3. 模拟攻击

模拟攻击试验是一组特殊的黑盒测试案例,通常以模拟攻击来验证软件或信息系统的安全防护能力,包括冒充、重演、消息篡改、口令猜测、拒绝服务、陷阱、木马、内部攻击和外部攻击等。

1) 重演

当一个消息或部分消息为了产生非授权效果而被重复时,就出现了重演。

例如,一个含有鉴别信息的有效消息可能被另一个实体所重演,目的是鉴别它自己。

2) 消息篡改

DNS 高速缓存污染:由于 DNS 服务器与其他名称服务器交换信息的时候并不进行身份验证,这就使黑客可以加入不正确的信息,并把用户引向黑客自己的主机。

伪造电子邮件:由于 SMTP 并不对邮件发送附件的身份进行鉴定,因此黑客可以对内部客户伪造电子邮件,声称是来自某个客户认识并相信的人,并附上可安装的特洛伊木马程序,或者是一个指向恶意网站的链接。

3）口令猜测

一旦黑客识别了一台主机，而且发现了基于 NetBIOS、Telnet 或 NFS 服务的可利用的用户账号，并成功地猜测出口令，就能对机器进行控制。

4）拒绝服务

当一个实体不能执行它的正常功能，或它的动作妨碍了别的实体执行它们的正常功能的时候，便发生服务拒绝。

5）陷阱

当系统的实体受到改变，致使一个攻击者能对命令或对预定的事件或事件序列产生非授权的影响时，其结果就称为陷阱门。

例如，口令的有效性可能被修改，使其除了正常效力之外也使攻击者的口令生效。

6）木马

对系统而言的特洛伊木马，是指它不但具有自己的授权功能，而且还有非授权功能。

7）内部攻击

当系统的合法用户以非故意或非授权方式进行动作时就成为内部攻击。防止内部攻击的保护方法有：

（1）所有管理数据流进行加密。

（2）利用包括使用强口令在内的多级控制机制和集中管理机制来加强系统的控制能力。

（3）利用防火墙为进出网络的用户提供认证功能，提供访问控制保护。

（4）使用安全日志记录网络管理数据流等。

8）外部攻击

外部攻击可以使用的办法有：

（1）搭线窃听。

（2）截取辐射。

（3）冒充为系统的授权用户。

（4）冒充为系统的组成部分。

9）SQL 注入

SQL 注入（SQL Injection）攻击是黑客对数据库进行攻击的常用手段之一。随着 B/S 模式应用开发的发展，使用这种模式编写应用程序的程序员也越来越多。但是由于程序员的水平及经验也参差不齐，相当大一部分程序员在编写代码的时候，没有对用户输入数据的合法性进行判断，使应用程序存在安全隐患。用户可以提交一段数据库查询代码，根据程序返回的结果，获得某些自己想得知的数据。

例如，如果用户通过某种途径知道或是猜测出验证 SQL 语句的逻辑，他就有可能在表单中输入特殊字符改变 SQL 原有的逻辑。

```
select * from table where name="  "or "1"="1"and pswd="  "
```

or 和" "的加入使得 where 后的条件始终是真，这样原有的验证就完全无效了。

4. 安全性测试用例的参考模板

安全性测试需要测试人员有足够的能力去分析系统的安全隐患,设计一个好的参考模板可以帮助你实现目标。安全性测试用例的参考模板如表7-4所示。

表7-4　安全性测试用例参考模板

假想目标 A		
前提条件		
非法入侵手段	是否实现目标	代价－利益分析
┆		

7.4　恢复测试

一般来说,许多基于计算机的软件系统必须在一定的时间内从错误中恢复过来,然后继续运行。也就是说在某些情况下,一个软件系统应该是在运行过程中出现错误时能自动或人工进行恢复,不能使整个系统的功能都停止运作,否则就会造成严重损失。因此,软件可恢复失败包括两个方面:一是软件系统没有自动的恢复到原来的性能,这意味着恢复需要人工干预;二是即使是人工干预后,也不能恢复到原来设计性能,例如软件所涉及的数据出现某种程度的损坏或丢失。

7.4.1　恢复测试的含义

目前,对高可靠性软件测试特别是可恢复测试方案,许多测试人员还缺乏真正的认识。因此,对需要高可恢复的软件如何实施可恢复测试,在技术和经验上仍是一个颇不成熟的领域。随着软件系统应用环境的复杂性,软件出错的几率越来越大了,软件面临着一个非常关键的需求就是在系统出错后能进行恢复。目前用户最大的抱怨是很多系统缺少自动恢复功能,出现错误后许多的恢复过程都要人工干预来完成,说明恢复测试仍然很不成熟,需要特别加强。

1. 恢复测试的定义

恢复测试(Recovery Testing)是指采取各种人工干预方式强制性地使软件出错,使其不能正常工作,进而检验系统的恢复能力。恢复测试通过测试一个系统从如下灾难中能否很好地恢复,如遇到系统崩溃、硬件损坏或其他灾难性问题。恢复测试时通过人为地让软件(或者硬件)出现故障来检测系统是否能正确恢复,通常关注恢复所需的时间以及恢复的程度。

恢复测试通常需要关注恢复所需的时间以及恢复的程度。恢复测试主要检查系统的容错能力。当系统出错时,能否在指定时间间隔内修正错误并重新启动系统。恢复测试首先要采用各种办法强迫系统失败,然后验证系统是否能尽快恢复。对于自动恢复需验证重新初始化、检查点、数据恢复和重新启动等机制的正确性;对于人工干预的恢复系统,还需估测平均修复时间,确定其是否在可接受的范围内。

随着网络应用、电子商务、电子政务越来越普及,系统恢复性也显得越来越重要,恢复性对系统的稳定性、可靠性影响很大。但恢复测试很容易被忽视,因为恢复测试相对来说是比较难的,一般情况下是很难设想得出来让系统出错和发生灾难性的错误,这需要足够的时间和精力,也需要得到更多的设计人员、开发人员的参与。

2. 容错测试与恢复测试的区别

容错测试一般是输入异常数据或进行异常操作,以检验系统的保护性。如果系统的容错性好的话,系统会给出提示或内部消化掉,而不会导致系统出错甚至崩溃。而恢复测试是通过各种手段,让软件强制性地发生故障,然后验证系统已保存的用户数据是否丢失、系统和数据是否能很快恢复。因此,恢复测试和容错测试是互补的关系,恢复测试也是检查系统的容错能力的方法之一,但不能只重视其中之一而忽略其他。

3. 故障转移测试和恢复测试的关系

故障转移测试(Failover)指当主机软硬件发生灾难时候,备份机器是否能够正常启动,使系统可以正常运行,这对于电信,银行等领域的软件是十分重要的。因此,故障转移是确保测试对象在出现故障时,能成功地将运行的系统或系统某一关键部分转移到其他设备上继续运行,即备用系统将不失时机地“顶替”发生故障的系统,以避免丢失任何数据或事务,不影响用户的使用。

故障转移测试和恢复测试也是一种互补关系的测试,它们共同可确保测试对象能成功完成故障转移,并能从导致意外数据损失或数据完整性破坏的各种硬件、软件或网络故障中恢复。因此,它们两者的关系一个是测试备用系统能否及时工作,另一个是测试系统能否恢复到正确运行状态。

7.4.2 恢复测试的主要内容和步骤

1. 恢复测试的基本内容

通过恢复测试,一方面使系统具有异常情况的抵抗能力,另一方面使系统测试质量可控制。因此,恢复测试包括以下几种情况。

1)硬件及有关设备故障

测试对于硬件及设备故障是否具有有效的保护及恢复能力,系统是否具有诊断、故障报告及指示处理方法的能力,是否具备冗余及自动切换能力,故障诊断方法是否合理和及时。例如,设备掉电后的可恢复程度。

2）软件系统故障

测试系统的程序及数据是否有足够可靠的备份措施，在系统遭破坏后是否具有重新恢复正常工作的能力，对系统故障是否自动检测和诊断的功能。故障发生时，是否能对操作人员发出完整的提示信息和指示处理方法能力，是否具有自动隔离局部故障，进行系统重组和降级使用使系统不中断运行。还有，若系统局部故障可否在系统不中断的情况下运行。以及在异常情况时是否具有记录故障前后的状态、搜集有用信息的能力。

3）数据和通信故障

是测试数据处理周期未完成时的恢复程度，例如数据交换或同步进程被中断，异常终止或提前终止的数据库进程，其后有没有操作异常等情况。测试有没有纠正通信传输错误的措施，有没有恢复到与其他系统通信发生故障前原状的措施。

2．恢复测试的基本流程

（1）需要制定恢复测试计划，并准备好可恢复测试用例和恢复测试规程。

（2）进行软件可恢复测试。在此过程中，要用文档记录好在恢复性测试期间所出现的问题并跟踪直到结束。

（3）将可恢复测试结果写成文档，说明测试所揭露的软件能力、缺陷和不足，以及可能给软件运行带来的影响。

（4）说明能否通过测试和测试结论，并提交恢复测试分析报告。

7.4.3　恢复测试中一些要注意的地方

恢复测试中有一些要注意的地方：

1．对恢复测试给予足够的重视和关注

目前，许多测试人员还缺乏足够的重视和关注。例如，许多测试人员认为只要有制定恢复测试方案，有获得所需的硬件和软件，配置了系统，然后也有测试故障转移和灾难恢复响应系统，一切按照预期计划进行就行了。但是大多数的测试人员只会在常规环境下进行恢复测试，并没有想尽一切可能的办法在更多的不同环境下的进行恢复测试，结果是他们并没有确保自己进行了足够的恢复测试。

2．制定明确的测试计划和测试制度

如果没有制定明确的测试计划和需要遵循的测试制度，那么测试就会敷衍了事，根本无法满足可恢复测试的要求。那么完成测试目标也成了空中楼阁。

3．确保测试过程和文档的一致性

恢复测试应包括程序不同环境下的表现、书面需求分析文档、联机帮助、界面资源等。因此，当进行恢复测试活动时，应确保测试手册、联机帮助、测试分析报告和应用程序测试需求的完整性和一致性。

4. 最好用真实数据进行测试

用真实数据进行真实测试是可恢复测试中最棘手的部分。因为在没有用真实数据测试的时候，就很难评价系统进行可恢复或故障转移过程中的各种技术指标的有效性。用真实数据进行测试往往会得到让人意想不道的结果。

7.5 备份测试

备份测试是恢复性测试的一个补充，也可以说是恢复性测试的一个部分。备份测试的目的是验证系统在软件或者硬件失败时备份数据的能力。

备份测试需要从以下几个角度进行设计：

(1) 备份文件。

(2) 存储文件和数据。

(3) 完善系统备份工作的过程。

(4) 检查点数据备份。

(5) 备份引起系统性能衰减或降低。

(6) 手工备份工作的有效性。

(7) 备份期间的安全性。

(8) 备份处理日志的完整性。

7.6 可用性测试

可用性测试时测试人员为用户提供一系列操作场景和任务让他们去完成，这些场景和任务与产品或服务密切相关。通过观察来发现完成过程中出现了什么问题，用户喜欢或不喜欢哪些功能和操作方式，原因是什么？并针对问题所在提出改进的建议。

7.6.1 可用性测试概述

可用性测试(Usability Testing)是指选取有代表性的用户尝试对产品进行典型操作，同时观察员和开发人员在一旁观察、聆听、做记录，用来改善易用性的一系列方法。该产品可能是一个网站、软件或者其他任何产品，它可能尚未成型。

ISO/IEC 9126-1 将可用性定义为"在特定使用情景下，软件产品能够被用户理解、学习、使用，能够吸引用户的能力"。ISO/IEC 9126-1 阐述了在产品开发过程中软件质量的六个方面，依次为功能性(functionality)、可靠性(reliability)、可用性(usability)、有效性(efficiency)、维护性(maintainability)、移植性(portability)。ISO/IEC 9126-1 将"使用质量(Quality in use)"作为广义的目标：满足目标用户和支持用户的使用质量，功能性、可靠性、有效性和可用性决定着目标用户在特定情景中的使用质量，支持用户则关心维护性和移植性方面的质量。目前 ISO/IEC 9126-1 有两个作用，一是作为具体软件设计活动的一部分(可用性定义),二是提供软件满足用户需求的最终目标。

国际标准 ISO 9241-11 将可用性定义为"特定的用户在特定的使用情景下,有效、有效率、满意的使用产品达到特定的目标"。

7.6.2 可用性测试的发展

可用性最早来源于人因工程(Human Factors)。人因工程又称工效学(Ergonomics),起源于二战时期,设计人员研发新式武器时研究如何使用机器、人的能力限度和特性,从而诞生了工效学,这是一门涉及多个领域的学科,包括心理学、人体测量学、环境医学、工程学、统计学、工业设计、计算机等。

第一次有记录的可用性测试出现在 1981 年。当时施乐公司下属的帕罗奥多研究中心的一个员工记录了该公司在 Xerox Star 工作站的开发过程中引入了可用性测试的经过。不过由于一共只有大约 25 000 套左右的销售成绩,Xerox Star 系统被认为是一个商业失败案例。

1984 年,美国财务软件公司 Intuit Inc. 在其个人财务管理软件 Quicken 的开发过程中引入了可用性测试的环节。Suzanne E. Taylor 在其 2003 年的业界畅销书"Inside Intuit"中提到"在第一次可用性测试实例中,该做法后来已成为行业惯例,LeFevre 从街上召集了一些人来同时试用 Quicken 进行测试,每次测试之后程序设计师都能够对软件加以改进"。该公司的创立者之一的 Scott Cook 也曾经表示"我们在 1984 年做了可用性测试,比其他的人早了 5 年的时间。进行可用性测试和在已售人群中进行可用性测试是不大一样的,而且例行公事地去进行和把它作为核心设计流程中的一环也是很不一样的"。

经过多年的发展和应用,可用性测试已经成为产品设计开发和改进维护各个阶段必不可少的重要环节。它的价值在于初期及早地发现产品中可能会存在的问题,在开发或投产之前提供改进方案,从而节约设计开发成本。而在产品的销售疲软或是使用过程中出现问题却无法及时精确地找到问题关键时,可用性测试可以在很大程度上的提高解决问题的效率。

7.6.3 可用性测试方法

所谓可用性评估,即是对软件的可用性进行评估,检验其是否达到可用性标准。按照参与可用性评估的人员划分,可以分为专家评估和用户评估;按照评估所处的软件开发阶段,可以将可用性评估划分为形成性评估和总结性评估。形成性评估是指在软件开发或改进过程中,请用户对产品或原型进行测试,通过测试后收集的数据来改进产品或设计直至达到所要求的可用性目标。形成性评估的目标是发现尽可能多的可用性问题,通过修复可用性问题实现软件可用性的提高,总结性评估的目的是横向评估多个版本或者多个产品,输出评估数据进行对比。

1. 认知预演

认知预演(Cognitive Walkthroughs)是由 Wharton 提出,该方法首先要定义目标用户、代表性的测试任务、每个任务正确的行动顺序、用户界面,然后进行行动预演并不断地提出问题,包括用户能否建立达到任务目的,用户能否获得有效的行动计划,用户能否采用适当的操作步骤,用户能否根据系统的反馈信息评价是否完成任务,最后进行评论,诸如要达到什么效果,某个行动是否有效,某个行动是否恰当,某个状况是否良好。该方法优点在于能够使用任何低保真原型,包括纸原型。该方法缺点在于:评价人不是真实的用户,不能很好地代表用户。

2. 启发式评估

启发式评估(Heuristic Evaluation)由 Nielsen 和 Molich 提出,由多位评价人(通常 4 至 6 人)根据可用性原则反复浏览系统各个界面,独立评估系统,允许各位评价人在独立完成评估之后讨论各自的发现,共同找出可用性问题。该方法的优点在于专家决断比较快、使用资源少,能够提供综合评价,评价机动性好,但是也存在不足之处:一是会受到专家的主观影响,二是没有规定任务,会造成专家评估的不一致,三是评价后期阶段由于评价人的原因造成信度降低,四是专家评估与用户的期待存在差距,所发现的问题仅能代表专家的意思。

3. 用户测试法

用户测试法(User Testing)就是让用户真正地使用软件系统,由实验人员对实验过程进行观察、记录和测量。这种方法可以准确地反馈用户的使用表现、反映用户的需求,是一种非常有效的方法。用户测试可分为实验室测试和现场测试。实验室测试是在可用性测试实验室里进行的,而现场测试是由可用性测试人员到用户的实际使用现场进行观察和测试。用户测试之后评估人员需要汇编和总结测试中获得的数据,例如完成时间的平均值、中间值、范围和标准偏差,用户成功完成任务的百分比,对于单个交互,用户做出各种不同倾向性悬着的直方图表示等。然后对数据进行分析,并根据问题的严重程度和紧急程度排序撰写最终测试报告。

可用性测试的文档主要包括:

(1) 日程安排文档。

(2) 用户背景资料文档。

(3) 用户协议。

(4) 测试脚本。

(5) 测试前问卷。

(6) 测试后问卷。

(7) 任务卡片。

（8）测试过程检查文档。

（9）过程记录文档。

（10）测试报告。

（11）影音资料。

测试人员应当关注的可用性问题包括：

（1）困难的安装过程。

（2）非标准的 GUI 接口。

（3）难以登录。

（4）过分复杂的功能或者指令。

（5）错误信息过于简单，例如"系统错误"。

（6）语法难于理解和使用。

（7）用户被迫去记住太多的信息。

（8）和其他系统之间的连接太弱。

（9）默认不够清晰。

（10）接口太简单或者太复杂。

（11）语法、格式和定义不一致。

（12）没有给用户提供所有输入的清晰的认识。

（13）帮助文本上下文不敏感或者不够详细。

7.6.4　可用性测试的必备要素

1. 直观性

直观性是可用性测试首先要考虑的要素，如图 7-9 所示的 Microsoft 的 Windows 日期和时间属性对话框为例就非常直观。

图 7-9　Windows 的日期和时间属性对话框

2. 灵活性

灵活性满足用户灵活选择的操作。图 7-10 所示的 Microsoft 的 Windows 的计算器程序的标准型和科学型两种方式转换就很灵活。

图 7-10　Windows 的计算器

3. 舒适性

舒适性主要强调界面友好、美观，如操作过程顺畅、色彩运用恰当、按钮的立体感以及增加动感等。

4. 实用性

考量每一个具体特性对软件是否具有实际价值，是否有助于用户的实际业务需求实现。

5. 一致性

一致性是一个关键属性。软件操作的不一致会使用户从一个程序转换到另一个程序时感到不习惯，当然，同一个程序中的不一致就更糟糕了。

6. 正确性

正确性是各种测试都应该考虑的事情。

7. 符合标准和规范

符合标准和规范是软件必须做到的事情。如果符合各种标准和规范自然会符合其他要素。

7.6.5　可用性测试时需要注意的问题

1. 测试是针对产品,而不是针对人

对一些用户而言,"测试"有负面的含义。要努力确保用户不认为测试是针对他们的。要让用户明白,他们正在帮助我们测试原型或网站。我们是邀请参加者为我们提供帮助,与此同时还应该思考该网站能在多大程度上符合那些典型用户的目标,而不是关注用户在这个任务做得多好。

2. 更关注用户的表现,而不是他们的偏好

通过测试我们可以测量到用户的表现,以及他们的偏好。用户的表现包括是否成功完成、所用时间、产生的错误等。偏好包括用户自我报告的满意度和舒适度。一些设计人员认为,如果他们的设计能迎合用户的喜好,用户在该网站上就会有良好的表现。但证据并不支持这一点。事实上,用户的表现以及他们对产品的偏好并非一一对应。

3. 基于用户体验,找出问题的最佳解决方法

制造任何产品,包括大部分网站和软件,需要考虑许多不同的用户的工作方式、体验、问题以及需要。大多数项目,包括设计或修改网站,都要处理时间、预算和资源等方面的限制。平衡各个方面对大部分项目来说都是一个重大的挑战。

要注意可用性与实用性的区别。可用性是指产品在特定使用环境下为特定用户用于特定用途时所具有的有效性、效率和用户主观满意度。有效性是用户完成特定任务时所具有的正确和完整程度;效率是用户完成任务的正确完整程度与所用资源(如时间)之间的比率;满意度是用户在使用产品过程中具有的主观满意和接受程度。可用性体现的是用户在使用过程中所实际感受到的产品质量,即使用质量;而实用性体现的是产品功能,即产品本身所具有的功能模块。与实用性相比,可用性重视了人的因素,重视了产品是被要最终用户使用的。

7.7　协议测试

1984 年国际标准化组织 ISO 提出了开放式系统互连 ISO/OSI 参考模型。1993 年 1月 1 日 TCP/IP 被宣布为 Internet 上唯一正式的协议,为 Internet 的发展铺平了道路。协议就是计算机网络和分布式系统中各种通信实体之间相互交换信息所必须遵守的一组规则。

协议测试(Protocol Testing)是用来保证协议实现的正确性和有效性的重要手段。协议测试已经成为计算机网络和分布式系统协议工程学中最活跃的领域之一。近年来,协议一致性测试技术得到了很好的发展和完善。

协议测试一般包括以下四种方面的测试。

（1）一致性测试（Conformance Testing）：检测所实现的系统与协议规范符合程度，以及测试协议实现是否严格遵循相应的协议描述。

（2）性能测试（Performance Testing）：检测协议实体或系统的性能指标（数据传输率、连接时间、执行速度、吞吐量、并发度等），即用实验的方法来观测被测协议实现的各种性能参数。

（3）互操作性测试（Interoperability Testing）：检测同一协议不同实现版本之间或同一类协议不同实现版本之间互通能力和互连操作能力。

（4）健壮性测试（Robustness Testing）：检测协议实体或系统在各种恶劣环境下运行的能力（信道被切断、通信技术掉电、注入干扰报文等）。

性能测试和健壮性测试前面用比较多的篇幅介绍了，下面主要介绍一致性测试和互操作性测试。

1. 一致性测试

一致性测试是协议测试的一个重要方面，一致性测试开展最早，也形成了很多有价值的成果，是性能测试、互操作性测试和健壮性测试的基础，是协议开发人员首要关心的问题，它测试协议的实现是否符合协议规范。一致性测试是一种黑盒测试，它不涉及协议的内部实现，只是从外面的行为来判断协议的实现是否符合要求。1991年国际标准化组织ISO制订的国际标准ISO 9646，即OSI协议一致性测试的方法和框架，用自然语言描述了基于OSI七层参考模型的协议测试过程、概念和方法。

2. 互操作性测试

协议测试系统是对协议进行有效测试的有机的、完整的统一体。协议一致性测试目的是检测IUT（Implementation Under Test）是否能够按照协议标准所规定的实现了它的功能，但是并不验证IUT与其他系统的互操作性，所以一致性测试无法检查出IUT在与其他系统互连时功能上的不正确性。因此必须能够对IUT互连时的互操作性功能进行检测。在互操作规程测试中，既可以存在专门的测试系统，也可以不存在。当没有专门的测试系统存在时，互操作的测试过程只是简单地将两个被测系统互连在一起，由测试人员或测试程序对两个系统的行为进行控制和观察。这种互操作性测试方法有许多缺陷。当被测试系统由多层协议组成时，测试系统无法对内部协议层的行为进行观察，也无法得到像协议一致性测试中那样详尽的测试报告，所以当发现功能上的问题时，就无法准确地定位是哪一层协议实现有错误。而且在这种测试结构下，只能观察到被测系统向高层提供的服务，却无法对底层的信息交换进行监测，从而无法观察到被测系统对底层不正常行为反应。所以这种不带专用测试系统的互操作规程测试只能达到互连通性测试的目的，而不能成为严格意义上的"互操作性测试"。由于协议的互操作性测试没有像一致性测试那样的国际标准，所以各种互操作系统所使用的方法都不相同，而其测试效率也差别很大。

互操作性测试的主要过程与一致性测试有许多相似的地方，主要有如下一些步骤：

（1）通过分析在实际网络环境下的协议标准，定义测试目的，制定抽象测试集。

（2）根据测试集开发互操作性测试可执行测试集。

（3）执行互操作测试,每个测试项的测试结果与一致性测试一样,也分为测试通过、测试失败和测试无结论三种。

（4）对测试结果进行分析,产生测试报告。

7.8 文档测试

早期的许多应用软件仅仅有一个叫 Readme 的文本文件,进行文档测试未免有点小题大做。但二三十年过去了,现在的软件文档已成为软件的一个重要组成部分,而且种类繁多,对文档的测试也变得必不可少。图 7-11 为 WinRAR 的 Readme 的文件。

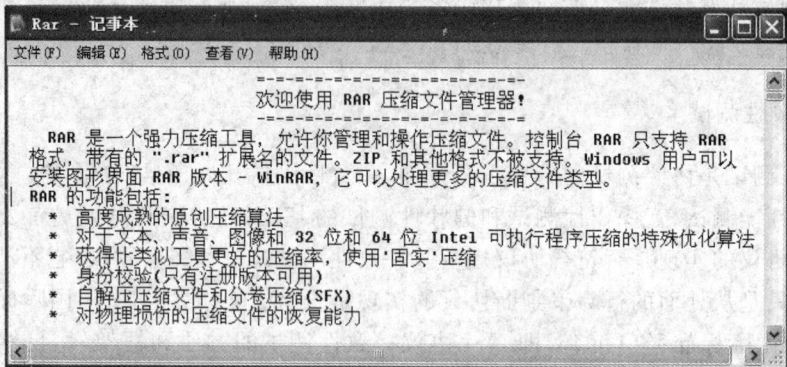

图 7-11 WinRAR 的 Readme 的文件

7.8.1 文档测试的含义

1. 基本概述

文档测试(Documentation Testing)是提交给用户的文档进行验证,目标是验证软件文档是否正确记录系统的开发全过程的技术细节。通过文档测试可以改进系统的可用性、可靠性、可维护性和安装性。

2. 文档内容

1) 测试方案

主要设计怎么测试,什么内容和采用什么样的方法,经过分析可以得到相应的测试用例表。

2) 测试执行策略

主要包括哪些可以先测试,哪些可以放在一起测试之类的。

3) 测试用例

主要根据测试用例列表,写出每一个用例的操作步骤、紧急程度、预置结果和备注信息。

4）缺陷描述报告

主要包括测试环境的介绍、预置条件、测试人员、问题重现的操作步骤和当时测试的现场信息。

5）整个项目的测试报告

从设计和执行的角度上来对此项目测试情况的介绍，从分析中总结此次设计和执行做得好的地方和需要努力的地方和对此项目的一个质量评价。

3. 文档测试的重要性

对于用户来说，软件文档是软件的一部分，所以文档的错误也是软件缺陷。错误的解释可能会引导用户无法完成某些软件已具有的功能。如果安装文档不正确，用户无法进行安装，肯定是软件的缺陷。

好的文档能达到提高易用性、提高可靠性、降低技术支持费用的目的，从而提高了产品的整体质量。用户通过文档可以掌握具体的使用方法，这提高了产品的易用性，避免了用户在摸索使用中一些不可预期的操作，也就相对避免了一些不可预期的错误的发生，从而提高了产品的可靠性。当用户在遇到问题时，多数会向朋友或同事询问解决方法，再就是通过帮助文档或请求公司帮助。约30%的用户通过文档解决了问题，也就避免了公司提供费用不菲的技术支持。

4. 文档测试的三类文件

文档测试有三大类分别是开发文件、用户文件、管理文件。

1）开发文件

开发文件包括可行性研究报告、软件需求说明书、数据要求说明书、概要设计说明书、详细设计说明书、数据库设计说明书、模块开发卷宗。

（1）系统定义的目标是否与用户的要求一致。

（2）系统需求分析阶段提供的文档资料是否齐全。

（3）文档中的所有描述是否完整、清晰，准确地反映用户要求。

（4）与所有其他系统成分的重要接口是否都已经描述。

（5）被开发项目的数据流与数据结构是否足够、确定。

（6）所有图表是否清楚，在不补充说明时能否理解。

（7）主要功能是否已包括在规定的软件范围之内，是否都已充分说明。

（8）软件的行为和必须处理的信息、必须完成的功能是否一致。

（9）设计的约束条件或限制条件是否符合实际。

（10）是否考虑了开发的技术风险。

（11）是否考虑过软件需求的其他方案。

（12）是否考虑过将来可能会提出的软件需求。

（13）是否详细制定了检验标准，它们能否对系统定义是否成功进行确认。

（14）有没有遗漏、重复或不一致的地方。

（15）用户是否审查了初步的用户手册或原型。

(16) 项目开发计划中的估算是否受到了影响。

(17) 接口。分析软件各部分之间的联系,确认软件的内部接口与外部接口是否已经明确定义。模块是否满足高内聚低耦合的要求。模块作用范围是否在其控制范围之内。确认该软件设计在现有的技术条件下和预算范围内是否能按时实现。

(18) 实用性。确认该软件设计对于需求的解决方案是否实用。

(19) 技术清晰度。确认该软件设计是否以一种易于翻译成代码的形式表达。

(20) 可维护性。从软件维护的角度出发,确认该软件设计是否考虑了方便未来的维护。

(21) 质量。确认该软件设计是否表现出良好的质量特征。

(22) 各种选择方案。看是否考虑过其他方案,比较各种选择方案的标准是什么。

(23) 限制。评估对该软件的限制是否实现,是否与需求一致。

(24) 其他具体问题。对于文档、可测试性、设计过程等进行评估。

2) 用户文件

用户文件包括用户手册、操作手册。

(1) 把用户文档作为测试用例选择依据。

(2) 确切的按照文档所描述的方法使用系统。

(3) 测试每个提示和建议,检查每条陈述。

(4) 查找容易误导用户的内容。

(5) 把缺陷并入缺陷跟踪库。

(6) 测试每个在线帮助超链接。

(7) 测试每条语句,不要想当然。

(8) 表现的像一个技术编辑而不是一个被动的评审者。

(9) 首先对整个文档进行一般的评审,然后进行一个详细的评审。

(10) 检查所有的错误信息。

(11) 测试文档中提供的每个样例。

(12) 保证所有索引的入口有文档文本。

(13) 保证文档覆盖所有关键用户功能。

(14) 保证阅读类型不是太技术化。

(15) 寻找相对比较弱的区域,这些区域需要更多的解释。

3) 管理文件

管理文件包括项目开发计划、测试计划、测试分析报告、开发进度月报、项目开发总结报告。

软件测试中的文档测试主要是对相关的设计报告和用户使用说明进行测试,对于设计报告主要是测试程序与设计报告中的设计思想是否一致;对于用户使用说明进行测试时,主要是测试用户使用说明书中对程序操作方法的描述是否正确,重点是用户使用说明中提到的操作例子要进行测试,保证采用的例子能够在程序中正确完成操作。

具体来说,文档的种类如下:

(1) 联机帮助文档或用户手册。

这是人们最容易想到的文档。用户手册是随软件发布而印制的小册子,通常是简单的软件使用入门指导书。而详细的帮助指导内容通常以联机帮助文档的形式出现,有索引和搜索功能,用户可以方便、快捷地查找所需信息。微软的联机帮助文档内容非常全面。多数情况下联机帮助文档已成为软件的一部分,有时也在网站上发布。

(2) 指南和向导。

是程序和文档融合在一起形成的,可以引导用户一步一步完成任务的一种工具,如Microsoft Office 助手。

(3) 安装、设置指南。

简单的可以是一页纸,复杂的可以是一本手册。

(4) 示例及模板。

例如,某些系统提供给用户填写的表单模板。

(5) 错误提示信息。

常常被忽略,但确属于文档。一个较特殊的例子,服务器系统运行时检测到系统资源达到临界值或受到攻击时,给管理员发送的警告邮件。

(6) 用于演示的图像和声音。

(7) 授权/注册登记表及用户许可协议。

(8) 软件的包装、广告宣传材料、标签和不干胶条。

有些用户会认真对待,并很好地利用它,因为错误或缺少必要的信息可能带来麻烦。其至标签上的信息等均为文档测试的内容。

(9) 授权/注册登记表。

(10) 最终用户许可协议、用来解释使用软件的法律条款。

5. 注意事项

(1) 仔细阅读,跟随每个步骤,检查每个图形,尝试每个示例。

(2) 检查文档的编写是否满足文档编写的目的。

(3) 内容是否齐全、正确。

(4) 内容是否完善。

(5) 标记是否正确。

7.8.2 文档性测试方法

1. 文档走查

文档走查通过阅读文档,来检查文档的质量。走查最有效的工具是检查单,检查单的设计有两条原则:横向分块,将文档分为若干部分,划分的基本单位是文档的章节;纵向分类,将同一类错误,设计在一个检查单中,只检查规定的检查项。

2. 数据校对

只需检查文档中数据所在部分,而不必检查全部文档。检查的数据主要有边界值、程序的版本、硬件配置、参数缺省值等。

边界值校对：通过查阅设计文档，检查用户文档中的边界值，例如所需内存最小值，数据表示范围等。如果设计文档中没有给出明确值，需要测试人员测试这些值。

3. 操作流程检查

程序的操作流程主要有安装/卸载操作过程、参数配置操作过程、功能操作和向导功能。对这些操作流程的检查如同程序的测试，需要运行程序，检查的方法是对比文档是否符合程序的执行流程，检查文档的描述是否准确和易于理解。

操作流程检查与程序测试相似，但是测试人员不需要编写测试用例，文档的输入输出就是测试输入输出，如果程序执行的结果与文档不一致，需要进一步确认是文档的错误还是程序的错误。

4. 引用测试

文档之间的相互引用，如术语、图、表和示例等，是缺陷的多发处。加之文档中究竟有多少处引用，事先并不清楚。因此，测试起来比较困难。引用是单向指针，适用追踪法，即从文档开始处，逐项检查引用的正确性。

5. 可用性测试

本项测试只针对文档的可用性，不涉及整个软件的可用性，软件可用性测试是更复杂的问题。这项测试又分为两种策略：一是由软件专家进行测试，要求测试者是软件专家，对被测试软件的功能非常熟悉，掌握相应领域知识，专家依靠他们的经验和知识完成测试；二是用户测试，选择一些对软件不熟悉，但具有操作软件必需领域知识的人员来承担，他们以用户加初学者的身份测试文档的可用性。

6. 链接测试

与引用测试类似，但是链接测试是专用于测试电子文档中的超级链接。当超级链接关系复杂时，这项测试也较复杂，需要借助于有向图，否则可能迷失在链接中。测试方法是为每个链接在有向图中画一条有向边，直到所有的链接都反映到有向图中，如果有失败的链接或不正确的链接，就找到了缺陷。

7.9 GUI 软件测试

用户界面是指软件中的可见外观及其底层与用户交互的部分（菜单、对话框、窗口和其他控件）。20 世纪末计算机操作由命令行界面发展到图形用户界面，图形用户界面的广泛流行是当今计算机技术的重大成就之一，它极大地方便了非专业用户的使用，人们不再需要死记硬背大量的命令，而可以通过窗口、菜单方便地进行操作。

7.9.1 GUI 测试概述

1. GUI 测试的含义

图形用户界面(Graphical User Interface,GUI)是计算机软件与用户进行交互的主要方式。GUI 软件测试是指对使用 GUI 的软件进行的软件测试。GUI 的存在为用户的操作带来了极大的方便,同时,也使得 GUI 软件更复杂、更难以测试。GUI 软件的测试由于其凸现出来的重要性,已日渐引起学术界和工业界的兴趣和重视。然而,目前关于 GUI 软件测试的研究还处于初级阶段,很多问题还没有解决,GUI 软件测试依然需要较高人工成本,目前的技术还不能满足保证软件质量的实际需求。一般来说,当一个软件产品完成 GUI 设计后,就确定了它的外观架构和 GUI 元素,GUI 本身的测试工作就可以进行。

2. GUI 软件的主要特点

1) WIMP

W(Windows)窗口,是用户或系统的一个工作区域。一个屏幕上可以有多个窗口。

I(Icons)图符,系形象化的图形标志,易于人们理解。

M(Menu)菜单,可供用户选择的功能提示。

P(PointingDevices)鼠标,便于用户直接对屏幕对象进行操作。

2) 用户模型

GUI 采用了不少 Desktop 桌面办公方式,使应用者共享一个直观的界面框架。由于人们熟悉办公桌的情况,因而对计算机显示的图符的含义容易理解,诸如文件夹、收件箱、画笔、工作簿、时钟等。使软件更加美观,易于被用户所接受。

3) 直接操作

用户操作简便、直观。过去的界面不仅需要记忆大量命令,而且需要指定操作对象的位置,如行号、空格数、X 及 Y 的坐标等。采用 GUI 后,用户可直接对屏幕上的对象进行操作,如拖动、删除、插入以至放大和旋转等。用户执行操作后,屏幕能立即给出反馈信息或结果,因而称为"所见即所得"(What You See Is What You Get)。用鼠标代替了键盘,给用户带来了方便。

4) 操作的连续性和可逆性

能够在有限面积内显示更丰富的信息,操作的连续性和可逆性能够避免许多无意义的或者错误的用户输入。

因此,越来越多的软件利用 GUI 来与用户进行交互,GUI 软件已成为计算机软件的主流。深入人们日常工作和生活的各种办公软件、财务软件、Internet 浏览器、Web 应用程序,都是 GUI 软件。

7.9.2 GUI 软件测试方法

1. GUI 软件测试的难点

1）测试用例需要专门的定义

测试用例严格来说包括软件输入及其期望输出，但通常也将软件输入称为测试用例。而 GUI 软件的状态与测试历史相关，软件运行的结果与软件初始状态、测试历史和当前测试输入都有关系，难以用简单的数据结构表示；测试的期望输出也变得很复杂。这使得测试用例的定义变成一个首要问题，有了明确的测试用例的定义才能够进行进一步的研究。同时，测试用例的定义对测试的效率也会产生直接影响。

2）测试用例的生成变得复杂

GUI 软件的测试输入是事件序列，而这些事件的发生没有固定的顺序，因此 GUI 软件的输入域非常庞大或者无穷。另一方面，GUI 软件的输入受到 GUI 的结构和状态的限制，在其输入域上的很多事件序列是无效的，无法正确执行或者不会得到软件的响应。如何获得有效的测试用例成为生成 GUI 测试用例的关键。

3）测试用例的自动执行变得困难

GUI 软件的输入和输出是交替进行的，而且测试输入受到 GUI 结构和状态的限制，这些特点使得自动测试时需要时刻监视 GUI 的结构和状态。

4）需要新的测试覆盖准则

软件接收到事件后即调用相应的代码来响应该事件。由于事件的发生没有固定的顺序，而软件的运行又与测试历史相关，使得 GUI 软件的控制流和数据流都变得极其复杂，直接应用现有的覆盖准则成本比较高，所以需要研究针对 GUI 测试的覆盖准则来指导测试用例的生成和判断测试的充分性。

5）GUI 软件的操作界面的不确定性

很多 GUI 软件为用户提供了若干快捷键、快捷方式等，这些界面的元素对用户操作习惯会产生重大影响，在软件可靠性研究中需要考虑到 GUI 对操作剖面的影响。

2. GUI 软件测试方法

1）GUI 测试覆盖准则

软件测试覆盖准则是一个被关注很久的课题，是指测试中对测试需求覆盖程度的要求。而测试覆盖率是用来定量描述对测试需求覆盖程度的度量。可以说覆盖准则是各种软件测试技术的核心。常用的覆盖准则包括语句覆盖准则、分支覆盖准则、条件覆盖准则、路径覆盖准则、状态覆盖准则、数据流覆盖准则等。这些覆盖准则多是在 20 世纪 90 年代之前被定义的，都不是针对 GUI 软件测试的。在 GUI 软件测试中，由于其输入是事件序列，而这个序列是由用户决定的，具有很大的随意性和随机性，这使得 GUI 软件的控制流图和数据流图比起传统非 GUI 软件要复杂很多，导致这些传统的覆盖准则难以使用。因此有必要专门为 GUI 软件测试定义新的覆盖准则。

2）GUI 测试用例生成

当前国内外学者针对 GUI 测试用例生成的问题已经提出了若干种方法，如录制/回放技术、基于有限状态自动机生成测试用例、基于 UML 生成 GUI 测试用例、基于事件流图生成测试用例。

（1）录制/回放技术。

HP WinRunner、IBM Rational 这类 GUI 测试工具中提供了测试用例录制/回放机制，可以将用户在被测 GUI 软件上的操作录制为测试脚本，而在进行测试时回放这些脚本。这是工业界应用比较广的一种测试用例生成方法。然而这类方法需要人工设计并录制测试用例，可以说仅仅是人工测试的辅助工具。

（2）基于有限状态自动机生成测试用例。

有限状态自动机（Finite State Machine，FSM）是一种能够描述交互式系统的数学模型。GUI 软件作为一种交互式系统，也可以使用 FSM 进行建模。基于 FSM 的测试用例生成主要有以下几种方法。

Belli 在文献中使用 FSM 对 GUI 软件与用户的操作以及软件缺陷进行了建模，并给出算法将 FSM 转换为表达式，然后利用这些表达式生成 GUI 测试用例。Chen 等以被测软件 GUI 上的 GUI 部件属性为状态，事件作为输出，GUI 部件属性的变化作为输出，构建 FSM，通过 FSM 上的路径搜索得到输入序列作为测试用例。

上述方法直接使用 FSM 对 GUI 进行建模，由于存在状态爆炸的问题，难以处理较大的 GUI 软件，FSM 模型的创建难度也比较大。Shehady 等使用带变量的有限状态自动机（Variable Finite State Machine，VFSM，有的文献也称为扩展有限状态自动机，即 Extended Finite State Machine，EFSM）来对 GUI 软件进行建模。VFSM 可以通过定义变量大大减少状态空间中状态的数量。文中创建 VFSM 时是以当前窗口作为状态，将测试中操作的或关注的变量加入自动机中；然后给出算法，将 VFSM 转化为 FSM，再由 FSM 生成事件序列作为 GUI 测试用例。但这种方法依然难以应用于大的 GUI 软件，创建 VFSM 难度也比较大，需要很高的人力成本。

White 等提出了一种使用多个 FSM 对被测 GUI 软件进行建模的方法，以缩小 FSM 的规模，减少生成测试用例的个数。这种方法首先将在用户操作后产生的 GUI 上可观察的变化作为一个响应（responsibility）；再对每个响应人工地辨识出一系列 GUI 部件，通过对这些部件的操作可以产生这个响应，这样的一系列 GUI 部件成为一个完全交互序列（Complete Interaction Sequence，CIS）；然后对每一个 CIS 建立一个 FSM；下一步是利用文中给出的方法将 FSM 中相对独立的状态子集组合成一个超状态；最后利用变换后的 FSM 生成测试用例。

（3）基于 UML 生成 GUI 测试用例。

UML（Unified Modeling Language，统一建模语言）是用来对软件系统进行可视化建模的一种语言。在软件开发过程中，人们常用 UML 来编写设计文档。

Vieira 等中提出利用 UML 用例图和活动图来生成 GUI 测试用例的方法。这种方法首先要人工对 UML 进行标注，然后根据标注后的 UML 文档生成测试操作。这类方法使用的前提是具有完善的 UML 软件设计文档或 UML 软件规约（Specification），具有较大的局限性；所生成的测试用例还需要人工转化为测试脚本，或者人工施加到被测软件上。

（4）基于事件流图生成测试用例。

事件流图是 Memon 等提出的一种描述事件间跟随关系的模型。所谓跟随是指在测试中一个事件能够在另一个事件施加后跟随着施加到被测软件上。事件流图中的路径就是在测试中可以运行的测试用例序列。在文献中，Memon 等使用遍历算法在事件流图上查找特定的路径来作为 GUI 测试用例。这种方法没有明确的目标，会生成大量冗余测试用例。

3）GUI 的手工测试和自动化测试

（1）GUI 的手工测试。

按照软件产品的文档说明设计测试用例，依靠人工单击的方式输入测试数据，然后把实际运行结果与预期的结果相比较后，得出测试结论。但是，随着软件产品的功能越来越复杂，越来越完善，一般一套软件包括丰富的用户界面，每个界面里又有相当数量的对象元素，所以 GUI 测试完全依靠手工测试方法是难以达到测试目标的。

（2）GUI 的自动化测试。

首先选择一个能够完全满足测试自动化需要的测试工具，其次是使用编程语言，如Java、C++ 等编写自动化测试脚本。但是，任何一种工具都不能够完全支持众多不同应用的测试，常用的做法是使用一种主要的自动化测试工具，并且使用编程语言编写自动化测试脚本以弥补测试工具的不足。自动化测试的引入大大提高了测试的效率和准确性，而且专业测试人员设计的脚本可以在软件生命周期的各个阶段重复使用。

7.9.3　GUI 测试的几个要素

GUI 测试的几个要素包括：
- 符合标准和规范。
- 直观性。
- 一致性。
- 灵活性。
- 舒适性。
- 正确性。
- 实用性。

1. 设计符合标准和规范

标准和规范详细说明了软件对用户应该有什么样的外观和感觉，以苹果公司和微软公司为例。苹果公司有"Macintosh Human Interface Guideline"，微软公司有"Microsoft Windows User Experience"，如图 7-12 所示。

以微软著名的字处理软件 Word 和演示文稿软件 PowerPoint 为例，它们的窗口界面充分体现了其规范性、标题

图 7-12　几个提示标志

栏、菜单栏、工具栏等,如图 7-13 和图 7-14 所示。

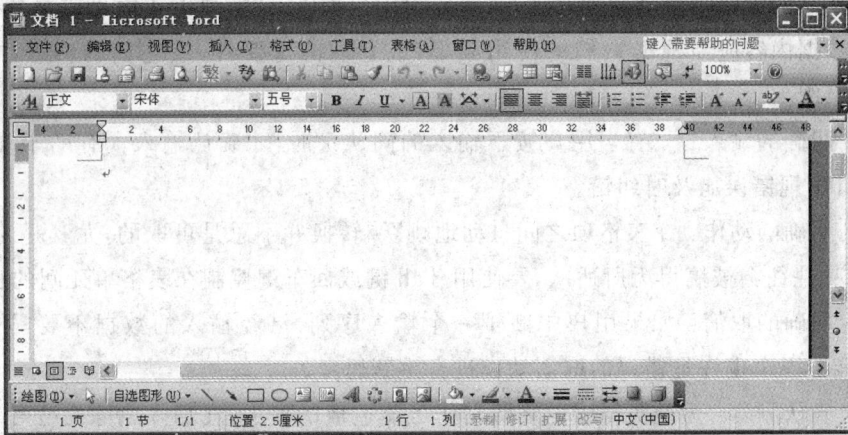

图 7-13 字处理软件 Word 界面

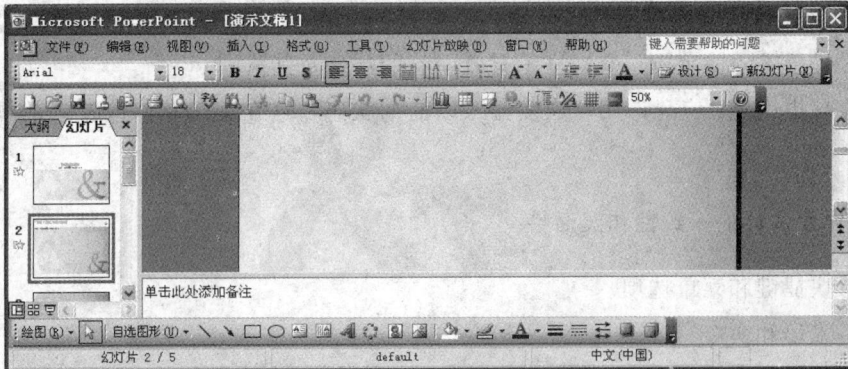

图 7-14 演示文稿软件 PowerPoint 界面

在软件设计的范围,可以通过以下方法来减少用户输入的工作量。

(1) 对共同的输入内容设置默认值(缺省值)。

(2) 改动填入已输入过的内容或需要重复输入的内容。

(3) 如果输入内容是来自一个有限的备选集,可以采用列表选择。

2. 设计的直观性

界面设计的直观性如图 7-15 所示。

- 用户界面洁净、不拥挤,功能或期待的响应明显且出现在预期的地方。

图 7-15 界面设计的直观性

- 组织和布局合理,允许用户轻松地从一个功能转到另一个功能,下一步做什么明显,任何时刻都可以决定放弃、退回或退出,输入得到确认等。

- 没有多余功能,软件整体或局部不能做得太多或其太多特性把工作复杂化了,不使人感到信息太庞杂。

- 及时的出错处理和帮助功能,系统要给用户提供反馈,弹出式信息或声音提示等。数据内容应当根据它们的使用频率,或它们的重要性,或它们的输入次序进行组织。

(1) 明确的输入:只有当用户按下输入的确认键时,才确认输入。有助于在输入过程中一旦出现错误能及时纠错。

(2) 明确的动作:在表格项之间自动地跳跃/转换并不总是可取的,尤其是对于不熟练的用户,往往会被搞得无所适从,要使用 Tab 键或回车键控制在表格单元间的移动。

(3) 明确的取消:如果用户中断了一个输入序列,已经输入的数据不要马上丢弃。这样才能对一个也许是错误的取消动作进行重新思考。

(4) 确认删除:为避免错误的删除动作可能造成的损失,在输入删除命令后,必须进行确认,然后才执行删除操作。例如,你确认要把文件放入回收站吗?(是/否)来确认。

(5) 允许编辑:在一个文件输入过程中或输入完成后,允许用户对其编辑,以修改他们正在输入的数据或修改他们以前输入的数据。

(6) 提示输入的范围:应当显示有效回答的集合及其范围。

(7) 提供恢复:应允许用户恢复输入以前的状态。这在编辑和修改错误的操作经常用到。

3. 界面设计的一致性和灵活性

(1) 快捷键和菜单选项。

(2) 术语和命令。

(3) 按钮位置和等价的按键。

(4) 状态跳转灵活。

(5) 状态终止和跳过灵活。

(6) 数据输入和输出灵活。

4. 界面设计的舒适性

界面设计的错误处理,程序应该在用户执行严重错误的操作之前提出警告,并且允许用户恢复由于错误操作导致丢失的数据。

5. 界面设计的正确性和实用性

测试正确性就是测试是否做了该做的事。在测试时需要注意,有没有多余的或遗漏的功能,功能是否执行了与用户手册或产品说明不符的操作?界面设计的正确性和实用性如图 7-16 所示。实用性不是指软件本身是否实用,而仅指具体特性是否实用。在审查文档、准备测试或实际测试时,看到的特性是否具有实际价值。

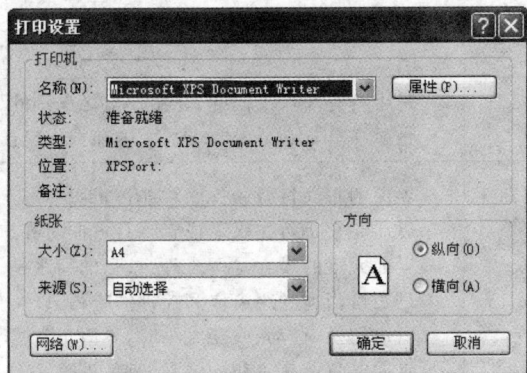

图 7-16　Adobe Reader 的"打印设置"对话框

7.9.4　GUI 测试主要内容

图形用户界面(GUI)对软件测试提出了有趣的挑战,因为 GUI 开发环境有可复用的构件,开发用户界面更加省时而且更加精确。

与此同时,GUI 的复杂性也增加了,从而加大了设计和执行测试用例的难度。现在 GUI 设计和实现有了越来越多的类似,也就产生了一系列的测试标准。

表 7-5 中的问题可以作为常见 GUI 测试的测试用例。

表 7-5　GUI 测试常见问题

指　标	编　号	问　题
正确性	1 2	用户界面是否与软件的功能相融洽 是否所有界面元素的文字和状态都正确无误
易理解性	3 4 5 6 7	用户能否不必阅读手册就能使用常用的功能 是否所有界面元素提供了充分而必要的提示 界面结构能够清晰地反映工作流程 用户是否容易知道自己在界面中的位置,不会迷失方向 有联机帮助吗
风格	8 9 10	相同的界面元素是否有相同的视感和相同的操作方式 字体是否一致 是否符合大多数用户使用同类软件的习惯
错误处理	11 12 13	是否对重要的输入数据进行校验 执行有风险的操作时,有"确定"或"放弃"等提示吗 是否根据用户的权限自动屏蔽某些功能
适应性	14 15	所有界面元素都具备充分必要的键盘操作和鼠标操作吗 初学者和专家都有合适的方式操作这个界面吗
国际化	16 17	是否使用国际通行的图标和语言 度量单位、日期格式、人的名字等是否符合国际惯例

续表

指　标	编　号	问　题
个性化	18	是否具有与众不同的、让用户记忆深刻的界面设计
	19	是否在具备必要的"一致性"的前提下突出"个性化"设计
布局与色彩	20	界面的布局符合软件的功能逻辑吗
	21	界面元素是否在水平或者垂直方向对齐
	22	界面元素的尺寸是否合理行、列的间距是否保持一致
	23	是否恰当地利用窗体和控件的空白，以及分割线条
	24	窗口切换、移动、改变大小时，界面正常吗
	25	界面的色调是让人感到和谐、满意
	26	重要的对象是否用醒目的色彩表示
	27	色彩使用是否符合行业的习惯

7.9.5　GUI 测试常见问题

1. 录入界面问题

（1）输入字段要完整，且要与列表字段相符合。

（2）必填项一律在后面用 * 表示。

（3）字段需要做校验，如果校验不对需要在处理之前要有相关的提示信息。

（4）录入字段的排序按照流程或使用习惯，字段特别多的时候需要进行分组显示。

（5）下拉框不选值的时候应该提供默认值。

（6）相同字段的录入方式应该统一。

（7）录入后自动计算的字段要随着别的字段修改更新。

（8）日期参照应该既能输入，又能从文本框选择。

2. 界面格式问题

（1）字体颜色、大小、对齐方式、加粗的一致性。

（2）文本框、按钮、滚动条、列表等控件的大小、对齐、位置的一致性。

（3）不同界面显示相同字段的一致性。

（4）列表的顺序排列应该统一。

（5）下拉框中的排列顺序需要符合使用习惯或者是按照特定的规则排定。

（6）所有弹出窗口居中显示或者最大化显示。

（7）人员、时间的默认值一般取当前登录人员和时间。

（8）对于带有单位的字段，需要字段的标签后面添加单位。

3. 功能问题

（1）按钮功能的实现。

(2) 信息保存提交后系统给出"保存/提交成功"提示信息,并自动更新显示。

(3) 所有有提交按钮的页面都要有保存按钮。

(4) 选择记录后单击删除按钮要提示"确实要删除吗?"。

(5) 需要考虑删除的关联性,即删除某一个内容需要同时删除其关联的某些内容。

(6) 界面只读的时候,应该不能编辑。

7.10 网站测试

网站测试与传统的软件测试不同,不但要检查网站是否按设计要求运行,还要测试网络系统是否符合不同用户的浏览器显示等网络特有的要求。

7.10.1 网站测试的含义

网站测试指的是当一个网站制作完上传到服务器之后针对网站的各项性能所做的检测工作。它与软件测试有一定的区别,其除了要求外观的一致性以外,还要求其在各个浏览器下的兼容性,以及在不同环境下的显示差异。如图 7-17 所示,就是人民网首页,包含简单的文字、图片和链接。

图 7-17 网站首页

网站测试主要包括性能测试、功能测试、可用性测试、安全性测试和兼容性测试。

7.10.2　网站测试的主要内容

1．性能测试

1）连接速度测试

用户连接到 Web 应用系统的速度根据上网方式的变化而变化，他们或许是电话拨号，或是宽带上网。当下载一个程序时，用户可以等较长的时间，但如果仅仅访问一个页面就不会这样。如果 Web 系统响应时间太长（例如超过 10 秒钟），用户就会因没有耐心等待而离开。

另外，有些页面有超时的限制，如果响应速度太慢，用户可能还没来得及浏览内容，就需要重新登录了。而且，连接速度太慢，还可能引起数据丢失，使用户得不到真实的页面。

2）负载测试

负载测试是为了测量 Web 系统在某一负载级别上的性能，以保证 Web 系统在需求范围内能正常工作。负载级别可以是某个时刻同时访问 Web 系统的用户数量，也可以是在线数据处理的数量。例如，负载测试需要测量 Web 应用系统能允许多少个用户同时在线，如果超过了这个数量，会出现的现象，Web 应用系统能否处理大量用户对同一个页面的请求等。

3）压力测试

进行压力测试是指实际破坏一个 Web 应用系统，测试系统的反映。压力测试是测试系统的限制和故障恢复能力，也就是测试 Web 应用系统会不会崩溃，在什么情况下会崩溃。黑客常常提供错误的数据负载，直到 Web 应用系统崩溃，当系统重新启动时获得存取权。

2．功能测试

1）链接测试

链接是 Web 应用系统的一个主要特征，它是在页面之间切换和指导用户去一些不知道地址的页面的主要手段。链接测试可分为三个方面。首先，测试所有链接是否按指示的那样确实链接到了该链接的页面；其次，测试所链接的页面是否存在；最后，保证 Web 应用系统上没有孤立的页面，所谓孤立页面是指没有链接指向该页面，只有知道正确的 URL 地址才能访问。

2）表单测试

当用户给 Web 应用系统管理员提交信息时，就需要使用表单操作，例如用户注册、登录、信息提交等。在这种情况下，我们必须测试提交操作的完整性，以校验提交给服务器的信息的正确性。例如，用户填写的出生日期与工作经历是否恰当，填写的所属省份与所在城市是否匹配等。如果使用了默认值，还要检验默认值的正确性。如果表单只能接受指定的某些值，则也要进行测试。例如，只能接受某些字符，测试时可以跳过这些字符，看系统是否会报错。如图 7-18 所示，就是一个表单，需要填写用户信息，提交后可以申请免费的 163 邮箱。表单测试用例如表 7-6 所示。

表 7-6　表单测试用例

测试用例号	操作描述	数据	期望结果	实际结果
ST1	用 Tab 键从一个格跳转到另一个格	…	按正确的顺序移动	一致/不一致
ST2	输入数据所能接受的最长字符串	…	能接受输入	一致/不一致
ST3	输入数据超出所能接受的最长字符串	…	拒绝接受输入的字符	一致/不一致
ST4	在某个可选区域中不填写内容	…	在用户正确填写其他内容的同时接收表单	一致/不一致
ST5	在某个必填区域中不填写内容	…	表单页面弹出提示要求用户必须填写	一致/不一致
⋮	⋮	⋮	⋮	⋮

图 7-18　一个表单

3) Cookies 测试

Cookies 通常用来存储用户信息和用户在某应用系统的操作,当一个用户使用 Cookies 访问了某一个应用系统时,Web 服务器将发送关于用户的信息,把该信息以 Cookies 的形式存储在客户端计算机上,这可用来创建动态和自定义页面或者存储登录等信息。

如果 Web 应用系统使用了 Cookies,就必须检查 Cookies 是否能正常工作。测试的内容可包括 Cookies 是否起作用,是否按预定的时间进行保存,刷新对 Cookies 有什么影响等。

Cookies 测试用例如表 7-7 所示。

表 7-7 Cookies 测试用例

测试用例号	操作描述	数据	期望结果	实际结果
ST1	测试 Cookies 打开和关闭	…	Cookies 在打开时是否起作用	一致/不一致
⋮	⋮	⋮	⋮	⋮

4）开发语言测试

Web 开发语言版本的差异可以引起客户端或服务器端严重的问题,例如使用哪种版本的 HTML 等。当在分布式环境中开发时,开发人员都不在一起,这个问题就显得尤为重要。除了 HTML 的版本问题外,不同的脚本语言,例如 Java、JavaScript、ActiveX、VBScript 等也要进行验证。

5）数据库测试

在 Web 应用技术中,数据库起着重要的作用,数据库为 Web 应用系统的管理、运行、查询和实现用户对数据存储的请求等提供空间。在 Web 应用中,最常用的数据库类型是关系型数据库,可以使用 SQL 对信息进行处理。

在使用了数据库的 Web 应用系统中,一般情况下,可能发生两种错误,分别是数据一致性错误和输出错误。数据一致性错误主要是由于用户提交的表单信息不正确而造成的,而输出错误主要是由于网络速度或程序设计问题等引起的,针对这两种情况,可分别进行测试。

3. 可用性测试

1）导航测试

导航描述了用户在一个页面内操作的方式,在不同的用户接口控制之间,例如按钮、对话框和窗口等;或在不同的连接页面之间。通过考虑下列问题,可以决定一个 Web 应用系统是否易于导航。

（1）导航是否直观?

（2）Web 系统的主要部分是否可通过主页存取?

（3）Web 系统是否需要站点地图、搜索引擎或其他的导航帮助?

2）图形测试

在 Web 应用系统中,适当的图片和动画既能起到广告宣传的作用,又能起到美化页面的功能。一个 Web 应用系统的图形可以包括图片、动画、边框、颜色、字体、背景、按钮等。图形测试的内容有:

（1）要确保图形有明确的用途,图片或动画不要胡乱地堆在一起,以免浪费传输时间。

（2）验证所有页面字体的风格是否一致。

（3）背景颜色应该与字体颜色和前景颜色相搭配。

（4）图片的大小和质量也是一个很重要的因素,一般采用 JPG 或 GIF 压缩。

3）内容测试

内容测试用来检验 Web 应用系统提供信息的正确性、准确性和相关性。

信息的正确性是指信息是可靠的还是误传的。例如，在商品价格列表中，错误的价格可能引起财政问题甚至导致法律纠纷；信息的准确性是指是否有语法或拼写错误。这种测试通常使用一些文字处理软件来进行，例如使用 Microsoft Word 的"拼音与语法检查"功能。

4）整体界面测试

整体界面是指整个 Web 应用系统的页面结构设计，是给用户的一个整体感。例如，当用户浏览 Web 应用系统时是否感到舒适，是否凭直觉就知道要找的信息在什么地方？整个 Web 应用系统的设计风格是否一致？

对整体界面的测试过程，其实是一个对最终用户进行调查的过程。一般 Web 应用系统采取在主页上做一个调查问卷的形式，来得到最终用户的反馈信息。对所有的可用性测试来说，都需要有外部人员的参与，最好是最终用户的参与。

4. 安全性测试

安全性测试是对网站的安全性可能存在的漏洞测试、攻击性测试和错误性测试。对电子商务的客户服务器应用程序、数据、服务器、网络、防火墙等进行测试。网站的安全性测试区域主要有：

1）用户身份认证

现在的 Web 应用系统基本采用先注册，后登录的方式。因此，必须测试有效和无效的用户名和密码，要注意到是否大小写敏感，可以试多少次的限制，是否可以不登录而直接浏览某个页面等。

2）时间控制

Web 应用系统是否有超时的限制，也就是说，用户登录后在一定时间内没有单击任何页面，是否需要重新登录才能正常使用。

3）服务器软件管理

服务器端的脚本常常构成安全漏洞，这些漏洞又常常被黑客利用。所以，还要测试没有经过授权，就不能在服务器端放置和编辑脚本的问题。

4）日志管理

为了保证 Web 应用系统的安全性，日志文件是至关重要的。需要测试相关信息是否写进了日志文件、是否可追踪。

5）加密处理

检验加密的力度是否足够，用户密码的存储是否安全，以及密钥管理。

5. 兼容性测试

1）平台测试

市场上有很多操作系统，如 Windows、UNIX、Macintosh、Linux 等。Web 应用系统的最终用户究竟使用哪一种操作系统，取决于用户系统的配置。这样，就可能会发生兼容性问题,同一个应用可能在某些操作系统下能正常运行,但在另外的操作系统下可能会运行失败。因此,在 Web 系统发布之前,需要在各种操作系统下对 Web 系统进行兼容性测试。

2) 浏览器测试

浏览器是 Web 客户端最核心的构件,来自不同厂商的浏览器对 Java、JavaScript、ActiveX、plug-ins 或不同的 HTML 规格有不同的支持。例如,ActiveX 是 Microsoft 的产品,是为 Internet Explorer 而设计的,JavaScript 是 Netscape 的产品,Java 是 Sun 的产品等。另外,框架和层次结构风格在不同的浏览器中也有不同的显示,甚至根本不显示。不同的浏览器对安全性和 Java 的设置也不一样。测试浏览器兼容性的一个方法是创建一个兼容性矩阵。在这个矩阵中,测试不同厂商、不同版本的浏览器对某些构件和设置的适应性。

7.11　α 测试和 β 测试

验收测试阶段既有非正式的测试,也可以有计划、有系统的测试。有时,验收测试长达数周甚至数月,不断暴露错误,导致开发延期。一个软件产品,可能拥有众多用户,不可能由每个用户验收,此时多采用称为 α、β 测试的过程,用来发现那些似乎只有最终用户才能发现的问题。

α 测试是指软件开发公司组织内部人员模拟各类用户行对即将面市软件产品(称为 α 版本)进行测试,试图发现错误并修正。α 测试的关键在于尽可能逼真地模拟实际运行环境和用户对软件产品的操作并尽最大努力涵盖所有可能的用户操作方式。经过 α 测试调整的软件产品称为版本。紧随其后的 β 测试是指软件开发公司组织各方面的典型用户在日常工作中实际使用 β 版本,并要求用户报告异常情况、提出批评意见。然后软件开发公司再对 β 版本进行改错和完善。一般包括功能度、安全可靠性、易用性、可扩充性、兼容性、效率、资源占用率、用户文档八个方面。

实施验收测试的常用策略有三种,它们分别是正式验收测试、α 测试、β 测试。

1. 正式验收测试

正式验收测试是一项管理严格的过程,它通常是系统测试的延续。计划和设计这些测试的周密和详细程度不亚于系统测试。选择的测试用例应该是系统测试中所执行测试用例的子集。不要偏离所选择的测试用例方向,这一点很重要。在很多组织中,正式验收测试是完全自动执行的。

对于系统测试,活动和工件是一样的。在某些组织中,开发组织(或其独立的测试小组)与最终用户组织的代表一起执行验收测试。在其他组织中,验收测试则完全由最终用户组织执行,或者由最终用户组织选择人员组成一个客观公正的小组来执行。

这种测试形式的优点包括:

(1) 要测试的功能和特性都是已知的。

(2) 测试的细节是已知的并且可以对其进行评测。

(3) 这种测试可以自动执行,支持回归测试。

(4) 可以对测试过程进行评测和监测。

(5) 可接受性标准是已知的。

这种测试形式的缺点包括:

(1) 要求大量的资源和计划。

(2) 这些测试可能是系统测试的再次实施。

2. α 测试

α 测试即非正式验收测试。在非正式验收测试中,执行测试过程的限定不像正式验收测试中那样严格。在此测试中,确定并记录要研究的功能和业务任务,但没有可以遵循的特定测试用例。测试内容由各测试员决定。这种验收测试方法不像正式验收测试那样组织有序,而且更为主观。

大多数情况下,非正式验收测试是由最终用户组织执行的。

非正式验收测试的优点包括:

(1) 要测试的功能和特性都是已知的。

(2) 可以对测试过程进行评测和监测。

(3) 可接受性标准是已知的。

(4) 与正式验收测试相比,可以发现更多由于主观原因造成的缺陷。

非正式验收测试的缺点包括:

(1) 要求资源、计划和管理资源。

(2) 无法控制所使用的测试用例。

(3) 最终用户可能沿用系统工作的方式,并可能无法发现缺陷。

(4) 最终用户可能专注于比较新系统与遗留系统,而不是专注于查找缺陷。

(5) 用于验收测试的资源不受项目的控制,并且可能受到压缩。

3. β 测试

β 测试即 Beta 测试,是由软件的多个用户在实际使用环境下进行的测试。测试后这些用户返回有关错误信息给开发者。β 测试主要衡量产品的功能性、可用性、可靠性等性能,包括产品的文档、客户培训和产品的支持能力。β 测试由最终用户实施,通常开发(或其他非最终用户)组织对其的管理很少或不进行管理。β 测试是所有验收测试策略中最主观的。

β 测试的优点包括:

(1) 测试由最终用户实施。

(2) 大量的潜在测试资源。

(3) 提高客户对参与人员的满意程度。

(4) 与正式或非正式验收测试相比,可以发现更多由于主观原因造成的缺陷。

β 测试缺点包括:

(1) 未对所有功能和/或特性进行测试。

（2）测试流程难以评测。

（3）最终用户可能沿用系统工作的方式，并可能没有发现或没有报告缺陷。

（4）最终用户可能专注于比较新系统与遗留系统，而不是专注于查找缺陷。

（5）用于验收测试的资源不受项目的控制，并且可能受到压缩。

（6）可接受性标准是未知的。

（7）需要更多辅助性资源来管理 β 测试员。

一般情况是当 α 测试达到一定可靠性时才开始 β 测试，β 测试是整个测试的最后阶段。产品的所有手册和文档也应该在此阶段完全定稿。

7.12 回归测试

回归测试（Regression Testing）是指在发生修改之后重新测试先前的测试以保证修改的正确性。理论上，软件产生新版本，都需要进行回归测试，验证以前发现和修复的错误是否在新软件版本上再次出现。

根据修复好了的缺陷再重新进行测试。回归测试的目的在于验证以前出现过，但已经修复好的缺陷不再重新出现。一般指对某已知修正的缺陷再次围绕它原来出现时的步骤重新测试。通常确定所需的再测试的范围时是比较困难的，特别当临近产品发布日期时。因为为了修正某缺陷时必须更改源代码，因而就有可能影响这部分源代码所控制的功能。所以在验证修好的缺陷时不仅要服从缺陷原来出现时的步骤重新测试，而且还要测试有可能受影响的所有功能。因此应当鼓励对所有回归测试用例进行自动化测试。

回归测试作为软件生命周期的一个组成部分，在整个软件测试过程中占有很大的工作量比重，软件开发的各个阶段都会进行多次回归测试。在渐进和快速迭代开发中，新版本的连续发布使回归测试进行得更加频繁，而在极端编程方法中，更是要求每天都进行若干次回归测试。因此，通过选择正确的回归测试策略来改进回归测试的效率和有效性是非常有意义的。

1. 测试策略

对于一个软件开发项目来说，项目的测试组在实施测试的过程中会将所开发的测试用例保存到"测试用例库"中，并对其进行维护和管理。当得到一个软件的基线版本时，用于基线版本测试的所有测试用例就形成了基线测试用例库。在需要进行回归测试的时候，就可以根据所选择的回归测试策略，从基线测试用例库中提取合适的测试用例组成回归测试包，通过运行回归测试包来实现回归测试。保存在基线测试用例库中的测试用例可能是自动测试脚本，也有可能是测试用例的手工实现过程。

回归测试需要时间、经费和人力来计划、实施和管理。为了在给定的预算和进度下，尽可能有效率和有效力地进行回归测试，需要对测试用例库进行维护并依据一定的策略选择相应的回归测试包。

1）测试用例库的维护

为了最大限度地满足客户的需要和适应应用的要求，软件在其生命周期中会频繁地被修改和不断推出新的版本,修改后的或者新版本的软件会添加一些新的功能或者在软件功能上产生某些变化。随着软件的改变,软件的功能和应用接口以及软件的实现发生了演变,测试用例库中的一些测试用例可能会失去针对性和有效性,而另一些测试用例可能会变得过时,还有一些测试用例将完全不能运行。为了保证测试用例库中测试用例的有效性,必须对测试用例库进行维护。同时,被修改的或新增添的软件功能,仅仅靠重新运行以前的测试用例并不足以揭示其中的问题,有必要追加新的测试用例来测试这些新的功能或特征。因此,测试用例库的维护工作还应包括开发新测试用例,这些新的测试用例用来测试软件的新特征或者覆盖现有测试用例无法覆盖的软件功能或特征。

测试用例的维护是一个不间断的过程,通常可以将软件开发的基线作为基准,维护的主要内容包括下述几个方面。

(1) 删除过时的测试用例。

因为需求的改变等原因可能会使一个基线测试用例不再适合被测试系统,这些测试用例就会过时。

(2) 改进不受控制的测试用例。

随着软件项目的进展,测试用例库中的用例会不断增加,其中会出现一些对输入或运行状态十分敏感的测试用例。这些测试不容易重复且结果难以控制,会影响回归测试的效率,需要进行改进,使其达到可重复和可控制的要求。

(3) 删除冗余的测试用例。

如果存在两个或者更多个测试用例针对一组相同的输入和输出进行测试,那么这些测试用例是冗余的。冗余测试用例的存在降低了回归测试的效率。所以需要定期的整理测试用例库,并将冗余的用例删除掉。

(4) 增添新的测试用例。

如果某个程序段、构件或关键的接口在现有的测试中没有被测试,那么应该开发新测试用例重新对其进行测试。并将新开发的测试用例合并到基线测试包中。

通过对测试用例库的维护不仅改善了测试用例的可用性,而且也提高了测试库的可信性,同时还可以将一个基线测试用例库的效率和效用保持在一个较高的级别上。

2) 回归测试包的选择

选择回归测试策略应该兼顾效率和有效性两个方面。常用的选择回归测试的方式包括:

(1) 再测试全部用例。

选择基线测试用例库中的全部测试用例组成回归测试包,这是一种比较安全的方法,再测试全部用例具有最低的遗漏回归错误的风险,但测试成本最高。全部再测试几乎可以应用到任何情况下,基本上不需要进行分析和重新开发,但是,随着开发工作的进展,测试用例不断增多,重复原先所有的测试将带来很大的工作量,往往超出了我们的预算和进度。

(2) 基于风险选择测试。

可以基于一定的风险标准来从基线测试用例库中选择回归测试包。首先运行最重要的、关键的和可疑的测试,而跳过那些非关键的、优先级别低的或者高稳定的测试用例,这些用例即便可能测试到缺陷,这些缺陷的严重性也仅有三级或四级。一般而言,测试从主要特征到次要特征。

(3) 再测试修改的部分。

当测试者对修改的局部化有足够的信心时,可以通过相依性分析识别软件的修改情况并分析修改的影响,将回归测试局限于被改变的模块和它的接口上。通常,一个回归错误一定涉及一个新的、修改的或删除的代码段。在允许的条件下,回归测试尽可能覆盖受到影响的部分。

再测试全部用例的策略是最安全的策略,但已经运行过许多次的回归测试不太可能揭示新的错误,而且很多时候,由于时间、人员、设备和经费的原因,不允许选择再测试全部用例的回归测试策略,此时,可以选择适当的策略进行缩减的回归测试。

2. 测试实践

在实际工作中,回归测试需要反复进行,当测试者一次又一次地完成相同的测试时,这些回归测试将变得非常令人厌烦,而在大多数回归测试需要手工完成的时候尤其如此,因此,需要通过自动测试来实现重复的和一致的回归测试。通过测试自动化可以提高回归测试效率。为了支持多种回归测试策略,自动测试工具应该是通用的和灵活的,以便满足达到不同回归测试目标的要求。

在测试软件时,应用多种测试技术是常见的。当测试一个修改了的软件时,测试者也可能希望采用多于一种回归测试策略来增加对修改软件的信心。不同的测试者可能会依据自己的经验和判断选择不同的回归测试技术和策略。

回归测试并不减少对系统新功能和特征的测试需求,回归测试包应包括新功能和特征的测试。如果回归测试包不能达到所需的覆盖要求,必须补充新的测试用例使覆盖率达到规定的要求。

回归测试是重复性较多的活动,容易使测试者感到疲劳和厌倦,降低测试效率,在实际工作中可以采用一些策略减轻这些问题。例如,安排新的测试者完成手工回归测试,分配更有经验的测试者开发新的测试用例,编写和调试自动测试脚本,做一些探索性的或ad hoc测试。还可以在不影响测试目标的情况下,鼓励测试者创造性地执行测试用例,变化的输入、按键和配置能够有助于激励测试者又能揭示新的错误。

在组织回归测试时需要注意:

(1) 各测试阶段发生的修改一定要在本测试阶段内完成回归,以免将错误遗留到下一测试阶段。

(2) 回归测试期间应对该软件版本冻结,将回归测试发现的问题集中修改,集中回归。

习题

1. 什么是系统测试?系统测试使用的主要技术是黑盒测试技术还是白盒测试技术?
2. 单元测试、集成测试和系统测试有哪些区别?

3. 什么是性能测试？性能测试时主要测试术语或指标有哪些？

4. 简述性能测试中压力测试、容量测试、负载测试各自的含义。

5. 什么是可靠性测试？

6. 什么是安全性测试？

7. 什么是恢复性测试？

8. 什么是备份测试？

9. 什么是可用性测试？

10. 什么是协议测试？

11. 什么是文档测试？

12. 什么是 GUI？简述 GUI 软件的主要特点。

13. 什么是网站测试？

14. 什么是 α 测试和 β 测试？

15. 什么是回归测试？

第8章 自动化测试及工具

软件测试在整个软件开发过程中占据了将近一半的时间。通过在测试过程中合理地引入软件测试工具，能够缩短软件开发时间，提高测试质量，从而更快、更好地为用户提供需要的软件产品。自动化测试有着高效率以及速度快等优点，是软件测试的发展趋势。根据不同测试用例体系，采用最优的脚本技术与方法实现软件测试的自动化，降低创建与维护脚本的开销，从而高效率地进行软件测试。

测试工具根据测试方法的不同，可以分为白盒测试工具、黑盒测试工具和测试管理工具等。选择测试工具不仅要遵守一定的程序和步骤，而且要注重测试工具的不同点，结合自己项目的特点，做出合理的选择。

本章介绍了自动化测试基础，包括自动化测试的含义和自动化测试的特点以及自动化测试的实施和自动化测试工具的选择与比较，还比较详细地介绍了国内外著名的测试工具 QTP 和 AutoRunner。

8.1 自动化测试概述

软件开发的发展过程，就像我们社会发展的过程一样，从刚开始的手工磨坊式，逐步的发展到现在的分工协作、流程化、工程化。从 20 世纪 90 年代起，针对软件测试的自动化就已经开始，并且相应的工具就层出不穷。

8.1.1 自动化测试的含义

在手工测试时发现其有很多局限性，例如，通过手工测试无法做到覆盖所有代码路径；简单的功能性测试用例在每一轮测试中都不能少，而且具有一定的机械性、重复性，工作量往往较大；许多与时序、死锁、资源冲突、多线程等有关的错误，通过手工测试很难捕捉到；进行系统负载、性能测试时，需要模拟大量数据或大量并发用户等各种应用场合时，很难通过手工测试来进行；进行系统可靠性测试时，需要模拟系统运行十年、几十年，以验证系统能否稳定运行，这也是手工测试无法模拟的；如果有大量（成百上千）的测试用例，需要在短时间内（半天或 1 天）完成，手工测试几乎不可能做到。这些在手工测试时出现的问题促使人们使用自动化工具进行软件测试。

自动化测试（Automated Software Testing）又叫自动化软件测试，就是通过开发软件和使用工具来进行软件测试。通过录制测试脚本，然后执行这个测试脚本来实现测试过程的自动化。自动化测试是软件测试的一个重要组成部分，它能完成许多手工测试无法实现或难以实现的测试。正确、合理地实施自动化测试，能够快速、全面地对软件进行测试，从而提高软件质量，节省经费，缩短软件发布周期。

自动化就是通过人们的开发以及在相应领域上使用的一些工具，尤其是在测试中的重复以及烦琐的活动。自动化测试是可以执行一些人们手工测试中比较困难的测试工作,比如,对于我们1万个用户的一个联机的系统中,几乎是不可能实现用手工以及还有操作的测试,可是我们运用自动化测试工具是可以进行模拟1万个用户的输入。如果一个软件项目有成千上万个测试用例要执行,还要重复执行,手工测试会非常单调和枯燥。而利用工具进行自动化测试就可以把人从这种枯燥单调的重复性劳动中解放出来。

在进行自动化测试需要考虑遵循以下五个原则。

1. 软件测试人员需要掌握必要的软件开发知识和编码技巧

自动化测试时录制/回放的脚本开发方式是不可能应付所有自动化测试需求的,因此,需要测试人员掌握必要的开发知识和编码技巧。

2. 自动化测试是一个长期的过程

不要期望自动化测试在短期内找到很多缺陷,自动化测试只有在长期的运行后才能体现出它的价值。不要以为只要购买了测试工具,录制一些脚本,然后,就可以优哉游哉地等着自动化测试实现。自动化测试需要考虑自动化测试脚本的维护成本,随着测试应用程序功能的增加和修改,测试脚本的维护工作量会急剧增加。

3. 确保自动化测试的资源,包括人员和技能

最好有专门的自动化测试工程师来保证自动化测试持续、顺利地进行下去,自动化测试工程师需要对项目的自动化测试负责,设计测试框架和解决各种测试脚本结构,解决测试脚本的开发问题,确保自动化测试得以计划、设计和有序地开发、维护。

4. 需要循序渐进地开展自动化测试

测试工程师应该先熟悉工具和自动化测试的基本技能,然后,整合资源,开始实现一些基本的自动化测试用例。先对那些容易实现且相对稳定的功能模块的自动化测试,然后再考虑逐步扩展和补充其他相对难实现,或者是比较不稳定的功能模块。

5. 确保测试过程的成熟度

如果软件企业的测试过程和项目管理过程的能力成熟度比较低,则实现自动化测试的成功率也比较低。在展开自动化测试之前,先考察一下软件企业各方面的管理能力。如果各方面的能力成熟度都比较差的话,则不要盲目引入自动化测试。

8.1.2 自动化测试的优点

自动化测试具有的优点如下:

(1) 运行的速度快,节省了时间。自动化测试的速度手工无法相比的,可以加快测试进度从而加快产品发布进度。

(2) 提高了测试效率。手工测试的效率较低,这在软件产品的研发后期尤其明显,因为随着产品的日趋完善,功能日渐增多,需要测试和检查的内容越来越多,很容易遗漏。

加之产品发布日期日益临近,人工重复进行回归测试的难度加大,很难在短时间内完成大面积的测试覆盖。

(3)模拟测试条件,可以执行一些手工测试困难或不可能进行的测试。例如,对于大量用户的测试,不可能同时让足够多的测试人员同时进行测试,但是却可以通过自动化测试模拟同时有许多用户,从而达到测试的目的。

(4)提高了准确度和精确度,可以运行更多更烦琐的测试。测试员尝试了几百个测试用例以后,注意力可能会分散,并开始犯错误。而测试工具可以重复执行同样的测试,并毫无差错地检查测试结果。

(5)测试具有一致性和可重复性。由于测试是自动执行的,每次测试的结果和执行的内容的一致性是可以得到保障的,从而达到测试的可重复的效果。

(6)更好地利用资源。将烦琐的任务自动化,可以提高准确性和测试人员的积极性,将测试技术人员解脱出来投入更多精力设计更好的测试用例。有些测试不适合于自动化测试,仅适合手工测试,将可自动化测试的测试自动化后,可以让测试人员专注于手工测试部分,提高手工测试的效率。另一方面,手工测试需要测试人员在场,而自动化测试可以一天 24 小时、一周 7 天地随时执行。还可使位于全球不同地方、不同时区的团队监视和控制测试,提供全球时区的覆盖。

(7)对程序的回归测试更方便。这可能是自动化测试最主要的任务,特别是在程序修改比较频繁时,效果是非常明显的。由于回归测试的动作和用例是完全设计好的,测试期望的结果也是完全可以预料的,将回归测试自动运行,可以极大提高测试效率,缩短回归测试时间。

综上所述,虽然自动化测试有如此多的优点,那么它是否比手工测试优越,可以完全代劳手工测试的所有工作呢? 答案是否定的,自动化测试没有想象中那么优越,自动化测试不能完全替代手工测试。

8.1.3 自动化测试的缺点

自动化测试纵使优点很多,但手工测试也有其不可替代的地方,因为人是具有超强逻辑思维和判断能力的,而工具是相对机械、缺乏思维能力的东西。自动化测试具有的缺点和问题如下:

(1)自动化测试不能取代手工测试,不可以解决遇到的全部问题。

(2)不能处理一些意外的情况,测试工具具有局限性。

(3)自动化测试对测试质量的依赖性极大。

(4)界面和用户体验测试必须依赖手工测试,因为人类的审美观和心理体验是工具不可模拟的。

(5)往往手工测试比自动化测试发现的缺陷更多。

(6)测试自动化不能提高有效性。

(7)测试自动化可能会制约软件开发。

(8)由于自动化测试比手动测试更脆弱,所以维护会受到限制。

（9）在测试过程中出现了异常，机器不会主动地去判断。

（10）测试工具本身并无想象力，不能主动发现缺陷。

（11）如果缺乏测试经验，测试的组织差、文档少或不一致，则自动化测试的效果比较差。

（12）正确性的检查，人们对是非的判断和逻辑推理能力是工具不具备的。

（13）无论测试工具多么好，都不可以解决目前遇到的全部问题。

（14）商用测试工具是由销售商销售软件产品，销售商往往不具备实时解决问题的能力和有力的技术服务支持，因此部分用户认为测试工具不能很好地测试。

（15）测试自动化实施需要管理支持及组织艺术，必须进行选型、培训和实践、普遍使用工具。

8.1.4　自动化测试与手工测试的互补性

自动化测试与手工测试存在互补性，具体表现如下：

（1）自动化测试更适合测试重复执行机械化的计算、数值比较和搜索等方面。

（2）在系统功能逻辑测试、验收测试、适用性测试、涉及交互性测试时，多采用手工测试方法。

（3）单元测试、集成测试、系统负载或性能、可靠性测试等比较适合采用自动化测试。

（4）对那种不稳定、开发周期短或一次性的软件等不适合自动化测试。

（5）测试工具本身缺乏想象力和创造性，自动测试只能发现 15％的缺陷，而手工测试可以发现 85％的缺陷。

总之，我们既要充分利用自动化测试工具的高效率来帮助测试人员完成一些基本的测试用例的执行，从而实现更加快速的回归测试，并且提高测试的覆盖率；同时，也不要放弃手工测试；要自动化测试和手工测试并重。

8.2　实施自动化测试

下面从自动化测试的对象和范围、自动功能测试的脚本开发两个方面介绍如何实施自动化测试。

8.2.1　自动化测试的对象和范围

在选择自动化测试方案之前先要确定自动化的对象和范围，然后决定采用什么样的自动化测试方案，进行测试脚本开发。

在产品开发过程中，需求的变更是很常见的。对于这种情况，要自动化的对象是很容易确定的。自动化应该考虑需求不变或没有变更的部分。需求变更一般会影响场景和新特性，不会影响产品的基本功能。在自动化时，要首先考虑产品的这类基本功能。

选择最合适的自动化测试对象。例如，压力测试、可靠性测试和性能测试这些类型的测试要求在大量不同的计算机上以一定的持续时间运行测试用例,比如 48 小时等。让数百个用户天天使用产品简直就是不可能的,他们既不愿意承担重复性工作,也不可能找到那么多有所需技能的人群。属于这些类型测试的测试用例是自动化的第一候选者。

回归测试是重复性的。这些测试用例在产品开发各个阶段要执行多次。由于这些测试用例具有重复性,因此自动化从长远看会显著节省时间和工作量。此外,正如本章已经提到过的,所节省的时间可以有效地用于即兴测试和其他更具创造性的测试。

功能测试这类测试可能需要复杂的设置,因此可能需要当前还没有普遍具备的特殊技能。利用专家的技能一次性自动化这些测试用例,使技能不那么高的员工也可以马上运行这些测试用例。

在产品开发场景中,很多测试需要重复,如果考虑了定期增强和维护发布版本,好的产品会有很长的生命期。这就提供了自动化测试用例在发布周期内多次执行的机会。根据一般经验,如果测试用例在不久的将来,比方说一年内需要执行至少 10 次,如果自动化测试工作量不超过执行这些测试用例的 10 倍,那么就可以考虑自动化这些测试用例。当然,这只是根据经验,具体选择哪些测试用例还有很多因素需要考虑,例如是否具备所需的技能、在强大的发布日期压力下是否有设计自动化测试脚本的时间、工具的成本、是否有所需的支持等。作为自动化测试范围的总结,就是要选择自动化测试那些能够以最少的时间延迟换得最大投入回报的工作。

投入回报也是需要认真考虑的一个方面。自动化测试工作量估计要向管理层提供预期投入回报的明确结论。在启动自动化时,关注点应该放在好的排列组合区域上。这使自动化测试能够用较少的代码覆盖较多的测试用例。另外,自动化测试应该首先考虑需要较短时间,易于自动化的测试用例。有些测试用例没有能够预先确定的预期结果,这类测试用例需要很长时间自动化,应该放在后期进行。这可以满足管理层寻求自动化快速投入回报的要求。

重点优先的原则,即重要的关键的和基本功能优先进行自动化测试。为此,所有测试用例都要根据客户预期分为高、中、低优先级,自动化测试要从高优先级的测试用例入手,然后覆盖中、低优先级需求的测试用例。

8.2.2 自动功能测试的脚本开发

自动化测试与普通的软件开发项目一样有编码阶段。自动化测试的编码阶段主要是通过编写测试脚本实现所设计的自动化测试用例。

1. 录制与回放

测试工程师使用录制与回放的方法来自动地测试系统的流程或某些系统测试用例。市场上几乎所有的测试工具都具有录制与回放特性。测试工程师录制键盘字符或鼠标单击的行动序列,并在以后按照录制的顺序回放这些所录制的脚本。由于所录制的脚本可以回放很多次,所以可以减少测试工作。除了可以避免重复工作,录制和保存脚本也很简单。但是这样做也有一些缺点,脚本中可能包含一些硬编码的取值,因此很难执行一般类型的测试;当应用程序变更后,所有脚本都必须重新录制,因此增加了测试维护的成本。

2. 结构化

结构化脚本编写方法在脚本中使用结构控制。结构控制让测试人员可以控制测试脚本或测试用例的流程。在脚本中,典型的结构控制是使用 if else 分支语句、switch 开关语句、for 循环、do while 循环等条件状态语句来帮助实现判定,实现某些循环任务,调用其他覆盖普遍功能的函数。

3. 数据驱动

数据驱动脚本编写方法把数据从脚本分离出去,存储在外部的文件中。这样,脚本就只是包含编程代码了。这在测试运行时要改变数据的情况下是需要的。这样,脚本在测试数据改变时也不需要修改代码。有时候,测试的期待结果值也可以跟测试输入数据一起存储在数据文件中。

4. 关键字驱动

关键字驱动脚本编写方法把检查点和执行操作的控制都维护在外部数据文件。因此,测试数据和测试的操作序列控制都是在外部文件中设计好的,除了常规的脚本外,还需要额外的库来翻译数据。

5. 行为驱动

行为驱动这种技术使外行也可以创建自动化测试的测试用例。运行这样的测试用例不要求提供输入和预期输出条件。应用程序中出现的所有行动都会以自动化定义的一般控件集为基础进行自动化测试。行动集表示为对象,可以重用这些对象。用户只需要描述操作(例如登录、下载等),其他所需的一切都会自动生成和使用。输入和输出条件会自动生成和使用。使用测试自动化工具,测试执行的场景可以使用测试框架动态变更。行为驱动脚本编写方法包含两个主要因素:测试用例自动化和框架设计。

总之,对于开发的成本来说,随着脚本编写方法从录制回放到行为驱动的改变而不断地增加;对于维护的成本来说,随着脚本编写方法从录制回放到行为驱动的改变而在降低。对于编程技能要求来说,随着脚本编写方法从录制回放到行为驱动的改变,对一个测试员的编程熟练程度的要求在增加。对于设计和管理的需要来说,随着脚本编写方法从录制回放到行为驱动的改变,设计和管理自动化测试项目的要求在增加。因此,应该合理地选择自动化测试脚本开发方法,在适当的时候、适当的地方使用适当的脚本开发方法。

8.3 自动化测试工具的选择与比较

随着人们对测试工作的重视以及测试工作的不断深入,越来越多的公司开始使用自动化测试工具。如果能够正确地选择和使用自动化测试工具,就会提高测试的效率和测试质量,降低测试成本。由于一些商用的自动化测试工具十分昂贵,因此在选择自动化测试工具时,要把各种因素考虑进去,只有这样才能做出正确的选择。

自动化测试工具国内外有很多,可以将工具分为白盒测试工具、黑盒测试工具和测试管理工具三大类。自动化测试工具与软件测试过程的关系如图 8-1 所示。

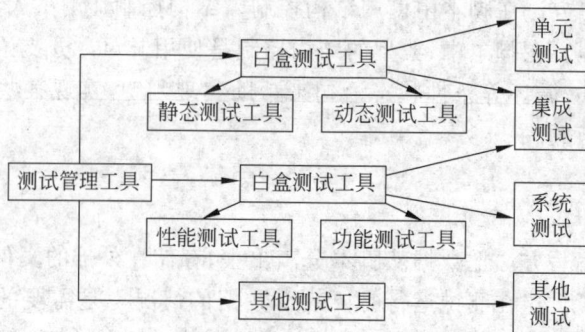

图 8-1　自动化测试工具与软件测试过程的关系图

8.3.1　白盒测试工具

白盒测试工具一般是针对代码进行测试的工具,测试中发现的缺陷可以定位到代码级。白盒测试工具多用于单元测试阶段。白盒测试工具的测试原理是:用测试工具对被测程序进行编译、连接,生成可执行程序。在这个过程中,工具会向被测代码中插入检测代码,然后运行生成的可执行程序,执行测试用例。在程序运行的过程中,工具会在后台通过插入被测程序的检测代码收集程序中的动态错误、代码执行时间、覆盖率信息。在退出程序后,工具将收集到的各种数据显示出来,以供分析。

白盒测试工具多为一个套件,其中包含了动态错误检测、时间性能分析、覆盖率统计等多个工具。

动态错误检测工具用来检查代码中类似于内存泄露、数组访问越界这样的程序错误。其典型代表是 Rational Suite Enterprise 套件中的 Purify 测试工具。

时间性能测试工具记录被测程序的执行时间。其典型代表是 Rational Suite Enterprise 套件中的 Quantify 测试工具。

覆盖率统计工具统计出人们当前执行的测试用例对代码的覆盖率。保证单元测试的全面性。其典型代表是 Rational Suite Enterprise 套件中的 Coverage 测试工具。

IBM 公司的白盒测试工具如表 8-1 所示,Compuware 公司的白盒测试工具如表 8-2 所示。

表 8-1　IBM 公司的白盒测试工具

工 具 名	支持语言环境	介 绍
Purify	Visual C/C++、Java	内存错误检测
PureCoverage	VC、VB、Java	测试覆盖程度检测
Quantify	VC、VB、Java	测试性能瓶颈检测

表 8-2　Compuware 公司的白盒测试工具

工　具　名	支持语言环境	介　　绍
FailSafe	Visual Basic	自动缺陷处理和恢复系统
TrueCoverage	C++、Java、Visual Basic	函数调用次数、所占比率统计和稳定性跟踪
SmartCheck	Visual Basic	函数调用次数、所占比率统计和稳定性跟踪
TrueTime	C++、Java、Visual Basic	代码运行效率检查和组件性能的分析

8.3.2　黑盒测试工具

黑盒测试工具的原理是利用脚本的录制(Record)和回放(Playback),模拟用户的操作,然后将被测系统的输出记录下来同预先给定的标准结果比较。录制就是记录下对软件的操作过程;回放就是像播放电影一样重放录制的操作。录制只是实现了测试输入的自动化。一个完整的测试用例由输入和预期输出共同组成。脚本录制好了,也加入了检验点,一个完整的测试用例已经被自动化了。但假如还想对脚本的执行过程进行更多的控制,那么就要对录制的脚本进行编程。

黑盒测试工具可以大大减轻黑盒测试的工作量,在迭代开发的过程中,能够很好地进行回归测试。黑盒测试工具包括功能测试工具和性能测试工具。黑盒测试工具的代表有 IBM 公司 Rational 的 TeamTest、Robot,Compuware 公司的 QACenter、WinRunner,另外,专用于性能测试的工具包括 Radview 公司的 WebLoad、Microsoft 公司的 WebStress 等工具。一些黑盒测试工具如表 8-3 所示。

表 8-3　一些黑盒测试工具

工　具　名	公　司	网　　址
Robot	IBM Rational	http://www. rational. com
TeamTest	IBM Rational	http://www. rational. com
QACenter	Compuware	http://www. mercuryinteractive. com
WinRunner	Compuware	http://www. mercuryinteractive. com
LoadRunner	Compuware	http://www. mercuryinteractive. com
Silkperformer	Segue	http://www. segue. com
SilkTest	Segue	http://www. segue. com
WAS	Microsoft	http://www. microsoft. com

黑盒测试工具又分为功能测试工具和性能测试工具。

1. 功能测试工具

功能测试工具主要用于检测被测程序能否达到预期的功能要求并能正常运行。功能测试工具一般采用脚本录制(Record)/回放(Playback)原理,模拟用户的操作,然后将被测系统的输出记录下来,并同预先给定的标准结果进行比较。在回归测试中使用功能测试工具,可以大大减轻测试人员的工作量,提高测试效果。功能测试工具不太适合于版本变动较大的软件。

主流的黑盒功能测试工具包括 Mercury Interactive 公司的 WinRunner、QTP,IBM Rational 公司的 TeamTest 和 Robot,Compuware 公司的 QACenter 等。

2. 性能测试工具

性能测试工具主要用于确定软件和系统性能。一般通过模拟上千万用户实施并发负载及实时性能监测的方式来确认和查找问题。目前普遍使用的负载测试工具有 QALoad、Load Runner 等。

性能测试工具对软件系统的性能进行测试时,大体分为以下几个步骤。

(1) 录制软件产品中要对其进行性能测试的功能部分的操作过程。功能录制结束后,会形成与操作相对应的测试脚本。

(2) 根据具体的测试要求,对脚本进行修改,对脚本运行的过程进行设置,如设置并发的用户数量、网络的带宽等,使脚本运行的环境与人们实际要模拟的测试环境一致。

(3) 运行测试脚本。

8.3.3 测试管理工具

测试管理工具是指帮助完成制定测试计划,跟踪测试运行结果等的工具。测试管理工具主要对软件缺陷、测试计划、测试用例、测试实施进行管理。一个小型软件项目可能有数千个测试用例要执行,使用捕获/回放工具可以建立测试并使其自动执行,但仍需要测试管理工具对成千上万个杂乱无章的测试用例进行管理。

测试管理工具的代表有 Rational 公司的 Test Manager、Compureware 公司的 TrackRecord 等软件。

缺陷跟踪工具是管理工具使用最多的。选择缺陷跟踪工具的方法如下:

(1) 使用 Word、Excel 等类型的文档处理软件。

(2) 自行设计开发一套管理软件。

(3) 购买商业性的软件。

(4) 下载一套适合自己的开源软件,自行配置和维护。

一些测试管理工具如表 8-4 所示。

表 8-4　测试管理工具

工 具 名	公 司	介 绍
TestDirector	Mercury	提供测试需求、测试计划、缺陷管理
Test Manager	Rational	提供测试计划、测试评估、测试报告、测试用例与需求
ClearQuest	Rational	缺陷和变更跟踪
Bugzilla	Mozilla	免费的缺陷管理工具
TrackRecord	Compuware	缺陷管理工具

8.3.4　常用自动化测试工具

1. WinRunner

Mercury Interactive 公司的 WinRunner 是一种企业级的功能测试工具,用于检测应用程序是否能够达到预期的功能及正常运行。通过自动录制、检测和回放用户的应用操作,WinRunner 能够有效地帮助测试人员对复杂的企业级应用的不同发布版进行测试,提高测试人员的工作效率和质量,确保跨平台的、复杂的企业级应用无故障发布及长期稳定运行。

WinRunner 的特点:与传统的手工测试相比能快速、批量地完成功能点测试;能针对相同测试脚本,执行相同的动作,从而消除人工测试所带来的理解上的误差;此外,它还能重复执行相同动作,测试工作中最枯燥的部分可交由机器完成;它支持程序风格的测试脚本,一个高素质的测试工程师能借助它完成流程极为复杂的测试,通过使用通配符、宏、条件语句、循环语句等,还能较好地完成测试脚本的重用;它针对于大多数编程语言和 Windows 技术,提供了较好的集成、支持环境,这对基于 Windows 平台的应用程序实施功能测试而言带来了极大的便利。

企业级应用可能包括 Web 应用系统、ERP 系统、CRM 系统等。这些系统在发布之前,升级之后都要经过测试,确保所有功能都能正常运行,没有任何错误。如何有效地测试不断升级更新且不同环境的应用系统,是每个公司都会面临的问题。

WinRunner 的主要功能如下:

(1) 轻松创建测试;

(2) 插入检查点;

(3) 检验数据;

(4) 增强测试;

(5) 运行测试;

(6) 分析结果;

(7) 维护测试。

2．LoadRunner

Mercury Interactive 的 LoadRunner 是一种适用于企业级系统、各种体系架构的自动负载测试工具，通过模拟实际用户的操作行为和实行实时性能监测，帮助更快地查找和发现问题，预测系统行为并优化系统性能。通过使用 LoadRunner，企业能最大限度地缩短测试时间，优化性能和加速应用系统的发布周期。此外，LoadRunner 能支持广泛的协议和技术，为一些特殊环境提供特殊的解决方案。

Load Runner 特点如下：

(1) 创建虚拟用户；

(2) 创建真实的负载；

(3) 定位性能问题；

(4) 分析结果以精确定位问题；

(5) 重复测试保证系统发布的高性能；

(6) Enterprise Java Beans 的测试；

(7) 支持无线应用协议；

(8) 支持 Media Stream 应用。

3．Rational Robot

Rational Robot 是业界最顶尖的功能测试工具，它甚至可以在测试人员学习高级脚本技术之前帮助其进行成功的测试。它集成在测试人员的桌面 IBM Rational Test Manager 上，在这里测试人员可以计划、组织、执行、管理和报告所有测试活动，包括手动测试报告。这种测试和管理的双重功能是自动化测试的理想开始。

Rational Robot 可以对在各种独立开发环境中开发的应用程序，创建、修改并执行功能测试、分布式功能测试、回归测试以及整合测试，记录并回放能识别业务应用程序对象的测试脚本，可以快速、有效地跟踪、报告与质量保证测试相关的所有信息，并将这些信息绘制成图表。

Rational Robot 是一个面向对象的软件测试工具，主要针对 Web、ERP 和 C/S 进行功能自动化测试。可以降低在功能测试上的人力和物力的投入成本和风险，测试包括可见的和不可见的对象。Rational Robot 可以开发运用三种测试脚本：用于功能测试的 GUI 脚本、用于性能测试的 VU 以及 VB 脚本。

Rational Robot 的主要功能如下：

(1) 执行完整的功能测试。记录和回放遍历应用程序的脚本以及测试在查证点处的对象状态。

(2) 执行完整的性能测试。通过 Rational Robot 与 Rational Test Manager 的协作可以记录和回放脚本，这些脚本帮助断定多客户系统在不同负载情况下是否能够按照用户定义的标准运行。

(3) 在 SQA Basic、VB、VU 多种环境下创建并编辑脚本。Rational Robot 编辑器提供有色代码命令，并在集成脚本开发阶段提供键盘帮助。

（4）测试微软 IDE 环境下 VB、HTML、Java、Oracle Forms、PowerBuilder、Delphi、开发的应用程序以及用户界面上看不见的那些对象。

（5）脚本回放阶段收集应用程序诊断信息。Rational Robot 与 Rational Purify Quantify PureCoverage 集成，可以通过诊断工具回放脚本，并在日志中查看结果。

4. QACenter

QACenter 是黑盒测试工具，它可以帮助测试人员创建一个快速、可重用的测试过程。该测试工具能够自动帮助管理测试过程，快速分析和调试程序，能够针对回归测试、强度测试、单元测试、并发测试、集成测试、移植测试容量和负载测试建立测试用例，自动执行测试并产生相应的测试文档。

QACenter 测试工具主要包括以下几个模块。

1）QARun

QARun 主要用于客户端/服务器系统中对客户端的功能测试。在功能测试中，主要包括对系统的 GUI 进行测试以及对客户端事务逻辑进行测试。QARun 的测试实现方法是通过鼠标移动、键盘单击活动操作被测系统，得到相应的脚本，并对脚本进行编辑和调试。在记录过程中针对被测系统中所包含的功能点进行基线的建立，也就是说在插入检查点的同时建立期望输出值。一般情况下，检查点在 QARun 提示目标系统执行一系列事件之后被执行，检查点可以确定实际结果与期望结果是否相同。

2）QALoad

QALoad 是强负载下应用的性能测试工具。它主要检测系统负载能力，支持范围广、测试内容多。该工具能够帮助测试人员、开发人员和系统管理人员对于分布式系统的被测程序进行有效的负载测试。负载测试能够模拟大量的用户并发活动，从而发现大用户负载下对 C/S 系统的影响。

3）QADirector

QADirector 是测试的组织设计和创建以及管理工具。它提供应用系统管理框架，使开发者和 QA 工作组将所有测试阶段组合在一起，从而最有效地使用现有测试资料、测试方法和应用测试工具。QADirector 使用户能够自动地组织测试资料，建立测试过程，以便对多种情况和条件进行测试。按正确的次序执行多个测试脚本，记录、跟踪、分析和记录测试结果，并与多个并发用户共享测试信息。

5. Telelogic TAU

TAU 第二代包含三个最新的、最强大的技术用来加速大规模软件开发和测试：统一建模语言（UML）及它的许多最新修订版本中的特性，UML2.0；功能强大的测试语言 TTCN-3 和新的构造系统的方法：Model Driven Architecture（模型驱动构架）。这三个新的业界标准结合成 TAU 的已经过认可的软件开发平台，形成了一个系统，一个一流的稳定可靠的工具解决方案。TAU 第二代是系统与软件开发解决方案的一个突破，它把业界从使用了太长时间的手工、易出错、以代码为中心的方法中释放出来，自然而然地迈向下一步，一个更加可视化、自动化及可靠的开发方法。Telelogic TAU/Tester 是基于通用测试语言 TTCN-3,用于自动化的系统和集成测试的强大工具。TAU/Tester 以现代化的开发工具为基础,提供高层测试功能,支持整个测试生命周期,加速自动化测试。TAU/Tester 可使用户特别关注于测试的开发,因为 TTCN-3 语言是独立于开发语言或测试设备的,且是抽象和可移植的。

6. TestDirector

TestDirector 是一套测试管理软件。可以使用它来规范科学的测试管理流程,建立起针对项目的测试方案和计划,消除组织机构间、地域间的障碍,让测试人员、开发人员或其他的 IT 人员通过一个中央数据仓库,在不同地方就能交互测试信息。TestDirector 将测试过程流水化——从测试需求管理,到测试计划,测试日程安排,测试执行到出错后的错误跟踪——仅在一个基于浏览器的应用中便可完成,而不需要每个客户端都安装一套客户端程序。

(1) 需求管理。程序的需求驱动整个测试过程。TestDirector 的 Web 界面简化了这些需求管理过程,以此可以验证应用软件的每一个特性或功能是否正常。通过提供一个比较直观的机制将需求和测试用例、测试结果和报告的错误联系起来,从而确保能达到最高的测试覆盖率。

(2) 测试计划的制定。其 Test Plan Manager 指导测试人员如何将应用需求转换为具体的测试计划,组织起明确的任务和责任,并在测试计划期间为测试小组提供关键要点和 Web 界面来协调团队间的沟通。

(3) 人工与自动化测试的结合。多数的测试项目需要人工与自动化测试结合,启用一个自动化切换机制,能让测试人员决定哪些重复的人工测试可转变为自动脚本以提高测试速度。TestDirector 还能简化将人工测试切换到自动化测试脚本的转换,并可立即启动测试设计过程。

(4) 安排和执行测试。一旦测试计划建立后,TestDirector 的测试实验室管理为测试日程制订提供一个基于 Web 的框架。其 Smart Scheduler 能根据测试计划中创立的指标对运行的测试执行监控,能自动分辨是系统还是应用错误,然后将测试切换到网络的其他机器。使用 Graphic Designer 图表设计,可以很快地将测试分类以满足不同的测试目的,如功能性测试、负载测试、完整性测试等。

(5) 缺陷管理。TestDirector 的出错管理直接贯穿作用于测试的全过程,从最初发现问题,到修改错误,再到验证修改结果。利用出错管理,测试人员只需进入一个 URL,就可汇报和更新错误,过滤整理错误列表并作趋势分析。

(6) 图形化和报表输出。TestDirector 常规化的图表和报告帮助对数据信息进行分析,还以标准的 HTML 或 Word 形式提供生成和发送正式测试报告。测试分析数据还可简便地输入到标准化的报告工具,如 Excel、ReportSmith、CrystalReports 和其他类型的第三方工具。

7. AdventNet QEngine

AdventNet QEngine 是一个应用广泛且独立于平台的自动化软件测试工具,可用于

Web 功能测试、Web 性能测试、Java 应用功能测试、Java API 测试、SOAP 测试、回归测试和 Java 应用性能测试。支持对于使用 HTML、JSP、ASP、. NET、PHP、JavaScript/VBScript、XML、SOAP、WSDL、e-commerce、传统客户端/服务器等开发的应用程序进行测试。此工具以 Java 开发,因此便于移植和提供多平台支持。

8. SilkTest

SilkTest 是业界领先的、用于对企业级应用进行功能测试的产品,可用于测试 Web、Java 或是传统的 C/S 结构。SilkTest 提供了许多功能,使用户能够高效率地进行软件自动化测试。这些功能包括测试的计划和管理;直接的数据库访问及校验;灵活、强大的 4Test 脚本语言,内置的恢复系统(Recovery System);以及具有使用同一套脚本进行跨平台、跨浏览器和技术进行测试的能力。

9. PureCoverage

PureCoverage 是一个面向 VC、VB 或者 Java 开发的测试覆盖程度检测工具,它可以自动检测你的测试完整性和那些无法达到的部分。

PureCoverage 的主要功能如下:

(1) 即时代码测试百分比显示;

(2) 未测试或测试不完整的函数、过程或者方法的状态表示;

(3) 在源代码中定位未测试的特定代码行。

PureCoverage 默认显示未测试代码为红色,已测试代码蓝色,而死状态行(通常是函数、过程或者方法中的非活动代码部分)为黑色。

10. JUnit

JUnit 由 Erich Gamma 和 Kent Beck 编写,下载网址 http://www.junit.ort。JUnit 共有六个包,其中最核心的包是 Framework、Runner 和 Textui。JUnit. Framework 是测试构架,包含了 JUnit 测试类所需的所有基类;junit. runner 负责测试驱动的全过程;junit. textui 负责文字方式的用户交互。

JUnit 用于单元级测试的开放式框架,具有如下优势:

(1) JUnit 完全免费。JUnit 是公开源代码,可以进行二次开发。

(2) 使用方便。JUnit 可以快速地撰写测试并检测程序代码,随着程序代码增加测试用例,JUnit 执行测试类似编译程序代码一样容易。

(3) JUnit 检验结果并提供立即回馈。JUnit 自动执行并且检查结果,执行测试后获得简单回馈,不需要人工检查测试结果报告。

(4) JUnit 合成测试系列的层级架构。JUnit 把测试组织成测试系列,允许组合多个测试并自动的回归整个测试系列,Junit 与 Ant 结合实施增量开发和自动化测试。

(5) JUnit 提升软件的稳定性。JUnit 使用小版本发布,控制代码更改量。同时,引入了重构概念,提高软件代码质量。

(6) 与 IDE 的集成。与 Java 相关的 IDE 环境集成,形成测试及开发代码之间无缝连接。

11. QC

HP 的 Quality Center(QC)是基于 Web 的系统,用于各种 IT 环境和应用环境中的自动软件质量测试。QC 专门用于优化关键质量控制活动(包括需求、测试与缺陷管理、功能测试和业务流程测试),并使其实现自动化。QC 包括 Test Director for Quality Center、Quick Test Professional、Win Runner 和新型 HP Business Process Testing 等产品。

QC 特点如下:

(1) QC 有助于维护测试的项目数据库,这个数据库涵盖了应用程序功能的各个方面。将 Quality Center 链接到电子邮件系统,所有应用程序开发、质量保证、客户支持和信息系统人员可以共享缺陷跟踪信息。

(2) QC 可以集成 HP-Mercury 的其他测试工具(如 Load Runner 和 Visual API-XP)以及第三方或者自定义测试工具和配置管理工具。Quality Center 可以无缝地与所集成的测试工具进行通信,提供一种完整的解决方案,使应用程序测试完全自动化。

(3) QC 可指导软件测试人员完成测试流程的需求指定、测试计划、测试执行和缺陷跟踪。它把应用程序测试中所涉及的全部任务集成起来,有助于确保能够得到最高质量的应用程序。

8.3.5 自动化测试工具 QTP

1. QTP 简介

QuickTest Professional(QTP)是 Mercury Interactive(MI)公司开发的一种自动测试工具。Mercury 公司后被美国惠普公司收购,2012 年 12 月 20 日发布的版本为 HP QuickTest Professional。使用 QTP 的目的用它来执行重复的手动测试,主要是用于回归测试和测试同一软件的新版本。因此在测试前要考虑好如何对应用程序进行测试,例如要测试那些功能、操作步骤、输入数据和期望的输出数据等。

2. QTP 的特点和优势

QTP 具有的主要特点如下:

(1) QTP 是一个侧重于功能的回归自动化测试工具;提供了很多插件分别用于各自类型的产品测试。默认提供 Web、ActiveX 和 VB。

(2) QTP 支持的脚本语言是 VBScript,VBScript 是一种松散的、非严格的、普及面很广的语言。

(3) QTP 支持录制和回放的功能。QTP 编辑器支持两种视图:Keyword 模式和 Expert 模式。

(4) QTP 通过三类属性来识别对象,即 Mandatory、Assitive 和 Ordinal identifiers。

（5）Action 是 QTP 组织测试用例的具体形式，拥有自己的 DataTable 和 Object Repository，支持 Input 和 Output 参数。Action 可以设置为 share 类型的，这样可以被其他 test 中的 Action 调用。

（6）QTP 提供 Excel 形式的数据表格 DataTable，可以用来存放测试数据或参数。

（7）环境变量。在一个测试中，环境变量可以被当前测试中所有 Action 共享。环境变量也有两种类型：build in 和 user defined。用户自定义的环境变量可以指向一个 XML 文件，这样可以实现在众多 test 之间共享变量。

（8）QTP 和被测系统必须在同一台机器上运行。

（9）QTP 对外提供了大量的 API 和对象，可以利用这些通过编写 Scripts 实现测试的操作、配置、运行和管理完全自动化。

（10）用 QTP 编写的测试代码，必须在 QTP 上运行。

QTP 具有的优势如下：

（1）QTP 甚至可以使新测试人员在很短的时间内提高效率。只需通过单击"记录"按钮，并使用执行典型业务流程的应用程序即可创建测试脚本。系统使用简明的英文语句和屏幕抓图来自动记录业务流程中的每个步骤。用户可以在关键字视图中轻松修改、删除或重新安排测试步骤。

（2）QTP 可以自动引入检查点，以验证应用程序的属性和功能，例如验证输出或检查链接有效性。对于关键字视图中的每个步骤，活动屏幕均准确显示测试中应用程序处理此步骤的方式。也可以为任何对象添加几种类型的检查点，以便验证组件是否按预期运行（只需在活动屏幕中单击此对象即可）。

（3）可以在产品介绍中输入测试数据，以便在不需要编程的情况下处理数据集和创建多个测试迭代，从而扩大测试案例范围。用户可以输入数据，或从数据库、电子表格或文本文件导入数据。

（4）高级测试人员可以在专家视图中查看和编辑自己的测试脚本，该视图显示 QTP 自动生成的基于业界标准的内在 VB 脚本。专家视图中进行的任何变动自动与关键字视图同步。

（5）QTP 加快了更新流程。当测试中应用程序出现变动，例如"退出"按钮更命名为"放弃"按钮时，可以对共享对象库进行一次更新，然后此更新将传播到所有引用该对象的脚本。

（6）QTP 支持所有常用环境的功能测试，包括 Windows、Web、. Net、VisualBasic、ActiveX、Java、SAP、Siebel 和 Oracle 等。

3. QTP 的安装

QTP 的安装步骤如下：

（1）单击 Quick Test Professional 安装程序，出现如图 8-2 所示界面，程序开始安装。

（2）出现许可协议安装界面，选择"我接受该许可证协议中的条款"，单击"是"按钮。

（3）在许可证类型中选择"单机版"，单击"下一步"按钮。

（4）填写注册信息，单击"下一步"按钮。维护号是随着 Quick Test Professional 包装

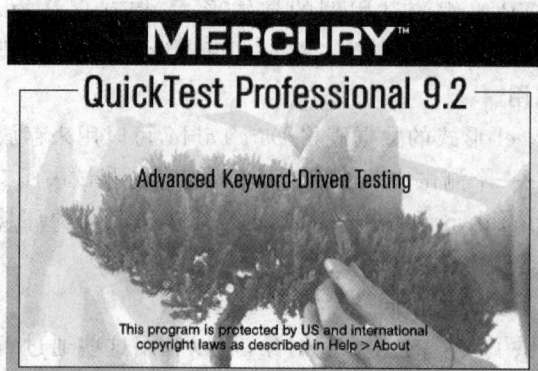

图 8-2　QTP 安装起始界面

提供的。

（5）在弹出的启用 Quick Test Professional 远程执行界面中选择"自动设置这些选项"，单击"下一步"按钮。

（6）在设置 Internet Explorer 高级选项中选择"我将手动选择这些选项"，单击"下一步"按钮。

（7）在选择安装类型界面中，选择"完全"，单击"下一步"按钮。

（8）在弹出的界面中选择"重启电脑"，单击"完成"按钮。

（9）重启完成后，在界面中单击"完成"按钮，出现如图 8-3 所示的界面。

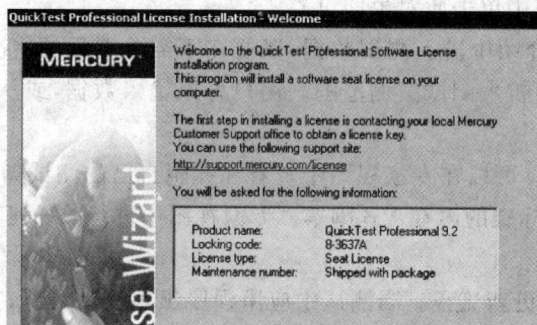

图 8-3　QTP 安装结束界面

4. QTP 的使用方法

QTP 进行功能测试的测试流程为制定测试计划、创建测试脚本、增强测试脚本功能、运行测试和分析测试结果五个步骤。

1）制定测试计划

自动测试的测试计划是根据被测项目的具体需求，以及所使用的测试工具而制定的，完全用于指导测试全过程。

QTP 是一个功能测试工具，主要帮助测试人员完成软件的功能测试，与其他测试工具一样，QTP 不能完全取代测试人员的手工操作，但是在某个功能点上，使用 QTP 的确能够帮助测试人员做很多工作。在测试计划阶段,首先要做的就是分析被测应用的特点,决定应该对哪些功能点进行测试,可以考虑细化到具体页面或者具体控件。对于一个普通的应用程序来说,QTP 应用在某些界面变化不大的回归测试中是非常有效的。

2)创建测试脚本

当测试人员浏览站点或在应用程序上操作的时候,QTP 的自动录制机制能够将测试人员的每一个操作步骤及被操作的对象记录下来,自动生成测试脚本语句。与其他自动测试工具录制脚本有所不同的是,QTP 除了以 VBScript 脚本语言的方式生成脚本语句以外,还将被操作的对象及相应的动作按照层次和顺序保存在一个基于表格的关键字视图中。

单击工具栏上的 Record 按钮。打开如图 8-4 所示 Record and Run Settings 对话窗口,选择 Web 选项卡或 Windows Applications 选项卡,然后开始录制脚本。

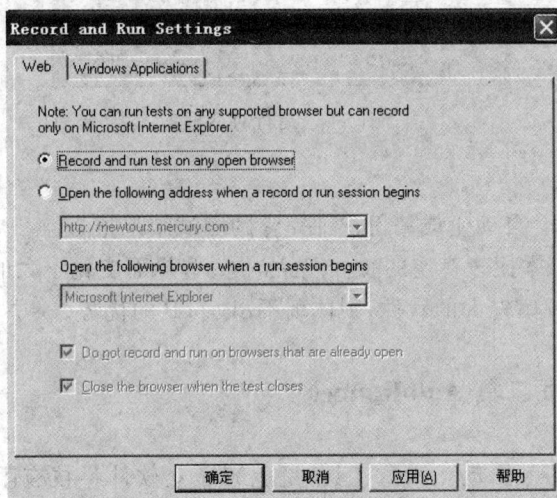

图 8-4　录制/运行脚本

3)增强测试脚本的功能

录制脚本只是实现创建或者设计脚本的第一步,基本的脚本录制完毕后,测试人员可以根据需要增加一些扩展功能,QTP 允许测试人员通过在脚本中增加或更改测试步骤来修正或自定义测试流程,如增加多种类型的检查点功能,既可以让 QTP 检查一下在程序的某个特定位置或对话框中是否出现了需要的文字,也可以检查一个链接是否返回了正确的 URL 地址等,还可以通过参数化功能,使用多组不同的数据驱动整个测试过程。

4)运行测试

QTP 从脚本的第一行开始执行语句,运行过程中会对设置的检查点进行验证,用实际数据代替参数值,并给出相应的输出结构信息。测试过程中测试人员还可以调试自己的脚本,直到脚本完全符合要求。

在 QTP 中,按 F5 键运行测试脚本,会出现如图 8-5 所示的对话框。可以选择测试运行结果存储的位置,如果选择 New run results folder,可以为本次测试选择一个目录用于存储测试结果文件,如果希望保存每次测试运行的结果,则应该选择 New run results folder 单选按钮。如果选择 Temporary run results folder 单选按钮,则 QTP 将运行测试结果存放到默认的目录中,并且覆盖上一次该目录中的测试结果,当测试脚本处于调试和检查分析阶段,感觉没必要保存每次运行的测试结果,则可以选择 Temporary run results folder 单选按钮。

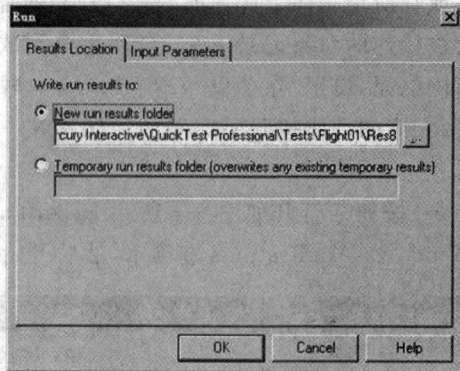

图 8-5   运行对话框

5)分析测试

运行结束后系统会自动生成一份详细完整的测试结果报告。

QTP 适合测试版本比较稳定的软件产品,在一些界面变化不大的回归测试中非常有效,但对于界面变化频率较大的软件,则体现不出 QTP 的优势。

8.3.6   自动化测试工具 AutoRunner

AutoRunner 是一款自动化测试工具,是上海泽众软件科技有限公司的产品。上海泽众软件科技有限公司自 2003 年成立以来,是专业从事自动化软件测试方法、技术的研究与开发、测试服务的高新技术企业。

1. AutoRunner 产品介绍

AutoRunner 可以用来执行重复的手工测试。主要用于功能测试、回归测试的自动化。它采用数据驱动和参数化的理念,通过录制用户对被测系统的操作,生成自动化脚本,然后让计算机执行自动化脚本,达到提高测试效率,降低人工测试成本。

AutoRunner 是黑盒测试工具,可以用来完成功能测试、回归测试,可以提高测试效率,降低测试人工成本。

产品可以对以下类型对象进行 GUI 功能性测试:

(1)Windows 类型对象,一般为用 C++/Delphi/VB/VFP/PB/. NetForm 等技术开发的桌面程序。

(2)IE 网页对象,一般性的网站,比如大的门户类网站。

(3)Java 对象,一般为用 AWT/Swing/SWT 等技术开发的桌面程序。

(4)Flex 对象,网页的内容是用 Flex 开发的。

（5）Silverlight 对象，网页的内容是用 Silverlight 开发的。

（6）WPF 对象，一般为用 WPF 技术开发的桌面程序。

（7）QT 对象，一般为用 QT 技术开发的桌面程序。

产品特点如下：

（1）使用 Java/BeanShell 语言作为脚本语言，使脚本更简单，更少，更易于理解。

（2）采用关键字提醒、关键字高亮的技术，提高脚本编写的效率。

（3）提供了强大的脚本编辑功能。

（4）支持同步点。

（5）支持校验点。

（6）支持参数化，同时支持数据驱动的参数化。

（7）支持测试过程的错误提示功能。

（8）允许用户在某个时刻从被测试系统中获取对象各种的信息，例如，一个对话框上的按钮的名字等属性信息。

（9）通过设置对象的识别权重，可以在各种情况下有效识别对象。

（10）AutoRunner3.0 新增了许多命令函数，有利于测试人员进行各种功能测试，熟练掌握这些命令函数，能够让测试人员编写出更简练、更高效的测试脚本。

2．AutoRunner 的测试过程

下面通过一个简单的计算器的例子对 AutoRunner 的测试过程有一个直观的了解。

1）项目操作

新建项目或导入项目，选择"文件"→"新建"→"项目"如图 8-6 所示。启动 AutoRunner 如图 8-7 所示。

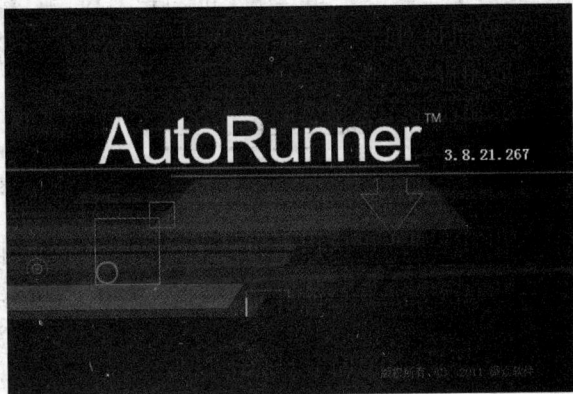

图 8-6　新建项目对话框　　　　　图 8-7　AutoRunner 的启动

2）新建脚本或导入脚本

新建脚本或导入脚本选择"文件"→"新建"→"脚本"如图 8-8 所示。

3）程序脚本录制

以录制 Windows 中自带的计算器为例，详细地介绍一下录制 Windows 程序脚本的

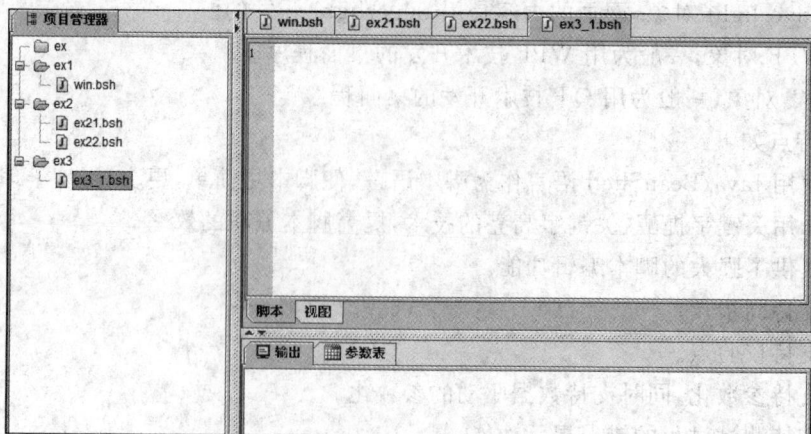

图 8-8　新建 ex3_1 脚本

过程。

（1）创建脚本。创建一个名为 ex3_1.bsh 的脚本（脚本名可任取），或双击脚本打开。

（2）录制脚本。先打开要录制的计算器程序"开始"→"运行"，输入 calc 回车即可，出现如图 8-9 所示的计算器窗口。

选择菜单"录制"→"开始录制"，或者是直接单击工具栏上的"录制"按钮，之后会弹出一个如图 8-10 所示的对话框，询问附加记录信息。

图 8-9　计算器

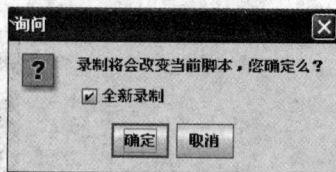

图 8-10　录制脚本"询问"对话框

软件将进入录制阶段，此阶段里软件界面会被隐藏，并在屏幕的右下角显示一个录制信息窗口，显示当前录制的相关信息。图 8-11 所示的是单击了计算器上的数字键 1 和 2 另加一个等号键和一个加号键的录制信息，这里并没有选择记录击键和记录时间。

（3）停止录制。

录制完成后，单击面板左上角的"停止"按钮，结束录制，此时在脚本里会看到面板上的脚本，同时在对象库中能看到每个对象的具体属性信息（单击工具栏的最后一个按钮打开对象库面板）。

（4）生成文件。

在录制好脚本后，在项目目录下会存在 ex3_1.bsh、ex3_1.xls 和 ex3_1.xml 三个文件。

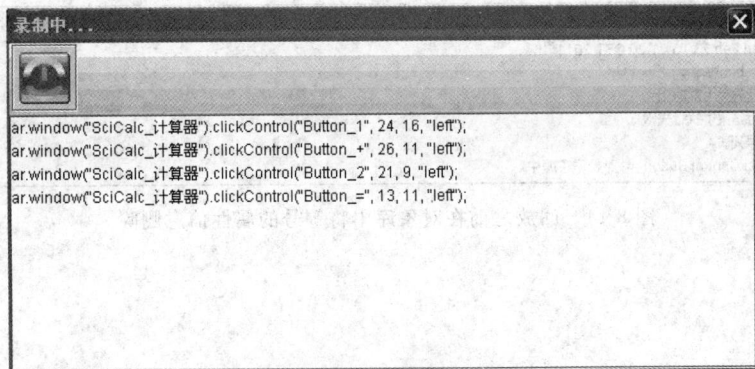

图 8-11 录制计算器

第一个为脚本文件,保存了脚本编辑器中的脚本。

第二个为参数表文件,是一个 Excel 表格,所有的参数化数据都将被保存到这里,当然在没用到参数化时,此文件中无数据。

第三个为对象库文件,是一个 xml 格式,前面看到的对象库信息会被保存到这里,对象库可以进行编辑,编辑后也会被保存下来。

上面的三个文件都可以在软件中修改,不建议在软件外编辑。

4)回放

选择"执行"→"开始执行"命令或者单击工具栏的"回放"按钮,此时软件进入回放阶段,界面会被隐藏,回放的结果会在输出窗口中显示,如回放成功会有如图 8-12 所示的信息输出。

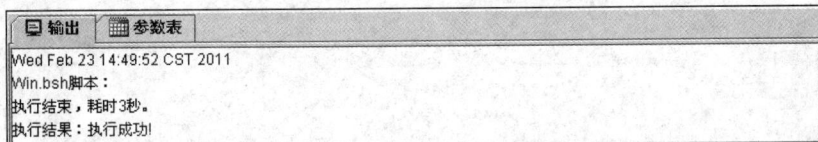

图 8-12 回放

如果回放之前将计算器窗口关闭,回放后会有如图 8-13 所示的信息输出,提示执行 window 动作时,计算器窗口对象没有找到。

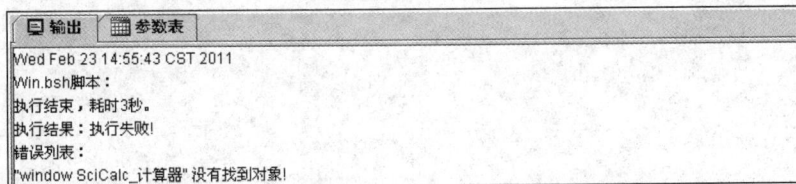

图 8-13 回放之前将计算器窗口关闭

如果回放之前在对象库中将等号的属性信息删除,回放后会有如图 8-14 所示的信息输出,提示回放 clickControl 动作时,等号对象在对象库中没有发现。

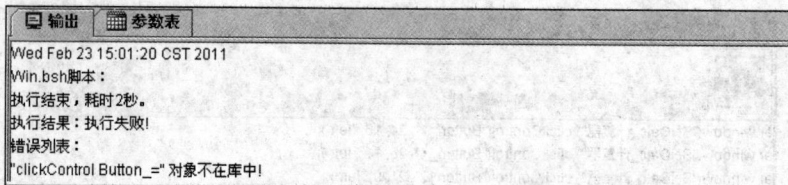

图 8-14　回放之前在对象库中将等号的属性信息删除

习题

1. 自动化测试的含义是什么？自动化测试有哪些优缺点？
2. 简述如何确定自动化测试的对象和范围。
3. 什么是白盒静态测试工具？什么是白盒动态测试工具？
4. 什么是黑盒功能测试工具和性能测试工具？
5. 学习使用 QTP，说明其运行测试的步骤。
6. 学习使用 AutoRunner，并说明其产品特点。

第9章 软件测试行业综述

本章是对软件测试行业的综述,首先介绍了软件测试行业发展的现状和软件测试技术的发展方向以及软件测试外包;其次,介绍了软件测试工程师职业的要求、软件测试工作特点和如何成为一名合格的软件测试工程师;最后,介绍如何准备应聘和面试软件测试工程师,以及如何准备全国计算机等级考试——软件测试工程师考试。

9.1 软件测试的发展和现状

软件测试作为信息产业的重要分支在我国发展十分迅速,并且业内对软件测试的发展也有着乐观和积极的态度。可以这样说,软件测试职业前景也是非常美好。当前软件测试技术职业市场表明,具有一定测试经验的软件测试工程师很受市场青睐,供不应求。目前,软件测试工作越来越得到重视。

1. 世界软件产业的发展

世界软件产业始终保持着高速增长,从 2000 年起软件和信息服务业就成为世界第一大产业,产值将近 5000 亿美元。产业规模上,全球软件从业人员已达数百万人,软件企业有几万家。以 1996 年为例,美国整个经济部门的就业增长率为 1.6%,而软件产业部门就业增长率高达 11.4%。近年来随着全球信息化建设的迅速推进,软件人员尤其是高层次软件人才供不应求的问题更加突出。

产业结构上,国际计算机产业结构逐渐从以硬件为核心向以软件为主导的方向过渡。在全球软件市场中,美国软件市场是发展最为成熟的地区市场,亚太市场是最有发展前途的市场,一直保持 20% 以上的增长速度。中国市场在亚太市场中具有举足轻重的地位。

世界软件市场一直保持良好的增长势头,尽管受亚洲经济危机的影响,但平均增长率仍达到 10% 左右。总体来看,软件产业的集中度呈上升趋势。美国仍然是世界软件最强国,其软件产品占有全球 60% 以上的市场份额。全球十大软件厂商中,有 7 家是美国公司,2 家是日本公司。

2. 我国软件测试产业的现状

我国的软件测试技术研究起步于 20 世纪 90 年代,主要是随着软件工程的研究而逐步发展起来的。由于起步较晚,与国际先进水平相比差距较大。随着我国软件产业的蓬勃发展以及对软件质量的重视,软件测试也越来越被软件企业所重视,软件测试正在逐步成为一个新兴的产业。中国软件产业的蓬勃发展,企业对于软件测试越来越重视。软件测试正逐步形成一个新兴的产业,并处于快速成长阶段。相信,经过一段时间的发展,国内的软件测试行业会缩小与国外发达国家的差距,从而带动整个软件产业的健康发展。

我国软件测试产业的发展经历了两个阶段：

第一阶段，起步阶段。

我国的软件测试的起步较晚。直到 20 世纪 90 年代，才成立了国家级的中国软件评测中心，测试服务才逐步展开。由于起步时间上的差距，我国目前不论是在软件测试理论研究，还是在软件测试的实践上，和国外发达国家都有不小的差距。技术研究贫乏，测试实践与服务也未形成足够规模，从业人员数量少，层次也不够高。

2000 年以前，国内软件公司有专门设立软件测试岗位的可说是少之又少，大部分情况是代码设计人员编码完成后，进行调试，对基本功能自行进行确认。据悉，即使是目前排名第一的软件公司华为也是在 1997 年才有正式的测试岗位。

第二阶段，发展阶段。

进入新世纪后，由于互联网信息产业的迅速崛起，不仅改变着人们的工作方式，也影响着日常生活中人们的交流方式。随着国内软件外包公司的快速发展，市场把对软件测试的需求推向了一个高潮。同时，属国内高科技领域的软件行业一方面是受国家政策的支持，另一方面也是社会发展之需。而大家都知道，有软件的地方，就需要有软件测试，因为软件测试仍是至今为止最好的提高软件质量的手段。此阶段，在互联网上百度或google 一下"软件测试员"或"软件测试工程师"，便有成千上万的相关信息出来。全国大大小小与软件相关的公司都开始设立软件测试岗位，并招聘相关人才。也正因为有这些社会需求，全国各地的测试培训、测试服务机构犹如雨后春笋般不断地涌现，如领测软件测试、北大青鸟、达内、51testing 等。

就当前形势来看，软件测试工程师在国内非常紧缺。据统计，欧美软件项目中，软件测试的工作量和费用已占到项目总工作量的 53%～87%。国外成熟软件企业，如微软，软件开发人员与测试人员的比例约为 1∶2，而国内软件企业，平均 8 个软件开发工程师才对应 1 个软件测试工程师，比例严重失衡。前几年国内的大小企业对测试人员的重要没有得到重视，现在很多企业都重金招纳软件测试人员，在未来几年内，测试人员的需求量还会增加，随着经济的发展，各类应用软件的开发，软件测试行业将会具有非常重要的地位。

随着软件外包行业的逐渐兴起和人们对软件质量保障意识的加强，中国软件企业已开始认识到，软件测试的广度和深度决定了中国软件企业的前途命运。例如，占中国软件外包总量近 85% 的对日软件外包企业，业务内容基本都针对测试环节。软件外包中对测试环节的强化，直接导致了软件外包企业对测试人才的大量需求。

国家信息产业部发布的最新报告显示，我国目前软件人才缺口高达 40 万。即使按照软件开发工程师与测试工程师 1∶1 的岗位比例计算，我国对于软件测试工程师的需求便有数十万之众，而目前，我国软件开发工程师与测试工程师岗位比例为 6∶1，远远低于国际水平。预计在未来 10 年内，我国 IT 企业对软件测试人才的需求还将继续增大。

软件测试的发展势在必行，从有关资料获悉，金融和电信行业，他们买的硬件设备都是顶级的，可惜软件应用这一块跟不上，导致了硬件功能得不到充分的发挥。硬件设备低下的运行效率，造成了资源与资金的隐性浪费，实际上是国内软件在拖硬件的后腿。国内的软件开发普遍存在"重开发，轻测试"的现象，常常是在项目开发完成之后，才发现软件有严重缺陷问题,不得不全部推倒从头再来。推倒重来则意味着前期人、财、物的投入全部浪费了,既大大增加了软件的开发成本,又会因为超出了客户的委托时间,付出的代价就更高了。

实践经验证明,软件测试是软件开发过程中的一个重要步骤,或者说测试应该贯穿在软件开发过程的每一个阶段。软件测试所起到的作用就是能够确保在软件开发的过程中,随时发现问题,方便开发人员及时修改。

如何提高我国的软件测试行业的发展水平呢?下面从三个方面加以阐述。

首先要解决软件测试专业人才的问题。国内企业对要提高软件测试的重视程度,并且壮大软件测试队伍,提高测试人员的素质。国内很多软件企业对软件测试的重要性了解不够,重开发轻测试的现象较为严重,很多公司测试工程师太少,没有专门的测试部门,开发人员同时做测试工作的现象较为普遍,尤其在中小型软件企业中这种现象特别突出。要改变这种现状,需要一个漫长的过程,不过随着中国市场的透明度得到提高,产品质量问题将成为软件企业能否继续发展壮大的关键所在,也会促使相越来越多的企业管理者意识到产品测试的重要性,也会将越来越多的精力投入到测试工作中。

其次是要善于学习与吸收国外的先进经验。我们中国人具有很强的学习能力,但在软件测试这一块,我们有太多要学习国外的先进技术及经验。国外有完善的测试机制,有丰富的软件测试经验,有强大的测试工具,有优秀的测试管理水平,这些我们都应好好地学习,确立与国外先进水平相同的技术指标和质量标准,解决测试手段落后、测试方法单一和测试工具欠缺的问题,在行业内部形成一个严密有效的纠错系统,使国内的测试工作流程、技术水平接近国外先进水平,这样才能提高国内软件开发与测试的整体管理水平,增加软件产品的竞争力。

第三,大力发展专业的测试公司,重视利用第三方的测试力量进行测试。如果让企业从头去建立测试部门,并完善测试质量体系,需要较多的资金投入,增加企业的运营成本,而且技术支持和技术培训也得从头做起,往往很困难。而将研发出来的软件产品交给实力强劲的第三方专业测试机构,不仅能大大地提高软件产品的质量问题,而且还节约了产品测试成本。第三方专业测试机构将越来越多,规模也将越来越大。目前国内很多地方都有了软件产品检测中心,此类机构是依靠技术与服务来征服客户的,注重测试方法与质量,国外在这一方面发展得很好,相信国内的发展也是很快的。随着软件测试行业的发展、提高和完善,也会像软件开发行业一样出现分工上的细化,测试人员等级的划分,比如初级测试员、测试工程师、高级测试工程师、测试设计师和测试经理等,同时也会出现各种各样的国家认证、企业认证、国际认证等。

软件行业在我国是一个"朝阳产业",而软件测试又是软件行业中的"朝阳产业",它是保证软件质量的重要手段。经过近二十年的发展,我国的软件测试和应用技术有了很大的进展,同时也得到了广泛的关注。然而,也应该看到,我国的软件测试行业与发达国家相比还有比较大的差距,很大程度上体现在软件测试的意识、技术和规范上。目前,只要我们加强测试意识的培养,加强技术上的学习,规范软件开发和测试流程,相信不久的将来,我国的软件测试和应用就会有一个比较充分、长足的发展。

9.2 软件测试技术的发展方向

当前,信息产业发展突飞猛进,软件测试技术也在同步发展。自动化软件测试技术应用越来越普遍,测试技术正在朝多元化方向发展,面向对象软件测试应用越来越普遍,联机测试也越来越引起大家的重视。

1. 自动化软件测试技术应用越来越普遍

由于软件测试很大程度上是一种重复性工作,这种重复性表现在同样的一个功能点或是业务流程需要借助于不同类型的数据驱动而运行很多遍,同时,由于某一个功能模块的修改有可能影响其他模块而需要进行回归测试,也需要测试人员重复执行以前用过的测试用例,另外,自动化测试工具可以实现人们用手工无法实现的工作,如负载测试工具可以同时模拟成千上万的用户并发操作,弥补了人工测试的不足。正是基于以上原因,人们想出了自动化测试方法,同时计算机技术的发展也为自动化测试的实现提供了条件。目前比较常见的自动化测试技术的应用体现为功能测试工具,负载压力测试工具和自动化测试工具。在 2009 年下半年由工业和信息化部组织的全国范围内对软件企业所进行的调研数据来看,80%以上的软件企业都使用了自动化测试技术。

但就自动化技术的使用情况来看,大多数公司是使用负载测试工具进行性能测试。由于国内的软件开发过程不是很规范,软件产品相对不够成熟,大多数软件往往不具备自动化功能工具应用的条件。功能自动化测试工具大规模的应用还需要一定的时间。

2. 测试技术多元化

随着大家对质量重视程度的提高,人们不再满足于软件功能的实现,更看重于软件产品或系统的性能,加上测试工作者及测试厂商的努力,性能测试工具得到了较为广泛的应用,在性能测试方面的实践不断得到积累,测试工作者们总结出在性能测试方面的一些理论与方法,如负载测试、压力测试、大数据量测试等。相信在不久的将来,在性能测试方面,还会有新的理论方法补充进来。除此之外,根据软件应用领域及软件类型的不同,出现了一些更加专业的测试技术类型,下面挑选几种主要的测试技术进行介绍。

1) Web 应用测试

B/S 架构的大行其道,催生了人们对 Web 应用测试的研究,Web 应用测试继承了传统测试方法,同时结合 Web 应用的特点。比起任何其他类型的应用,Web 应用运行在更多的硬件和软件平台上,这些平台的性质可在任何时间改变,完全不在 Web 应用开发人员的知识或控制之内。

2) 手机软件测试

出现手机软件测试这个研究分支,主要是因为手机在中国应用特别普遍,使用范围很广,围绕手机所出现的软件种类越来越丰富,有很多专门从事手机软件的开发公司,于是自然而然出现一批手机软件测试的工程师。

3）嵌入式软件测试

随着信息技术和工业领域的不断融合,嵌入式系统的应用越来越广泛,可以预言,嵌入式软件将有更为广泛的发展空间。对于嵌入式软件的测试也将有着很大的市场需求。

4）安全测试

近些年来,随着计算机网络的迅速发展和软件的广泛应用,软件的安全性已经成为备受关注的一个方面,渐渐融入人们的生活,成为关系到金融、电力、交通、医疗、政府以及军事等各个领域的关键问题。尤其在当前黑客肆虐,病毒猖獗的网络环境下,越来越多的软件因为自身存在的安全漏洞,成为黑客以及病毒攻击的对象,给用户带来严重的安全隐患。软件安全漏洞造成的重大损失以及还在不断增长的漏洞数量使人们已经开始深刻认识到软件安全的重要性。

5）可靠性测试

在规定的时间内,规定的条件下,软件不引起系统失效的能力,其概率度量称为软件可靠度。软件可靠性测试是指为了保证和验证软件的可靠性要求而对软件进行的测试。经常采用的是按照软件运行剖面(对软件实际使用情况的统计规律的描述)对软件进行随机测试。

3. 面向对象软件测试

随着面向对象软件开发技术的广泛应用和软件测试自动化的要求,特别是基于软件开发技术的逐渐普及,基于模型的软件测试逐渐得到了软件开发人员和软件测试人员的认可和接受。它是一种新兴的测试用例生成技术。其中模型以其定义良好、功能强大、普遍适用的优点,为基于模型的测试提供了非常好的契机。

面向对象软件测试的测试工作过程与传统的测试一样,分为以下几个阶段:制定测试计划、产生测试用例、执行测试和评价。面向对象软件测试可分为方法测试、类测试、系统测试。

1）方法测试

方法测试主要考察封装在类中的一个方法对数据进行的操作,它与传统的单元模块测试相对应,可以将传统成熟的单元测试方法。但是,方法与数据一起被封装在类中,并通过向所在对象发送消息来驱动,它的执行与对象状态有关,也有可能会改变对象的状态。因此,设计测试用例时要考虑设置对象的初态,使它收到消息时执行指定的路径。

2）类测试

主要考察封装在一个类中的方法与数据之间的相互作用。一个对象有它自己的状态和依赖于状态的行为,对象操作既与对象状态有关,又反过来可能改变对象的状态。普遍认为这一级别的测试是必须的。类测试时要把对象与状态结合起来,进行对象状态行为的测试。类测试可分基于状态的测试和基于响应状态的测试两部分。

3）系统测试

系统测试是对所有类和主程序构成的整个系统进行整体测试,以验证软件系统的正确性和性能指标等满足需求式样说明书和任务书所指定的要求。它与传统的系统测试一样,包括功能测试、性能测试、余量测试等,可套用传统的系统测试方法。

4. 联机测试

联机测试又叫在线测试、监控测试,是软件自动化的一种方式。这种测试技术已经存在三十余年了,随着软件系统复杂性的增加,联机测试备受关注。联机测试关注软件在其领域内的行为,目标是检验是否按照设定的行为执行,并且检测故障和性能问题。联机测试关注两点:一是联机恢复,二是分析脱机行为产生剖面或获取可靠性指标。

9.3 软件测试外包

在软件开发外包领域,一些中国软件外包企业已经与印度同行展开了短兵相接的较量,但是经常感到对手的功力深厚,而自己略显力不从心。与此同时,另一些中国软件外包企业另辟蹊径,从为客户提供多种形式的软件测试外包服务做起,近两年在日本、美国和欧洲等全球主要外包市场不断进取,逐步探索出了一条软件外包服务的新路。

软件测试外包就是指软件企业将软件项目中的全部或部分测试工作,交给提供软件外包测试服务的公司,由它们为软件进行专门的测试。这样做的好处有两个:一方面软件企业可以更好地专注核心竞争力业务,同时降低软件项目成本;另一方面,由第三方专业的测试公司进行测试,无论在技术上还是管理上,对提高软件测试的有效性都具有重要意义。

软件测试外包行业前景非常看好,发展空间很大。IDG 的数据显示,最近几年,中国的软件外包产业年均增长率超过 30%,正处于快速发展的阶段。从市场来看,选择将部分软件测试工作进行外包的公司主要是微软、IBM 等国际软件旗舰企业,它们利用第三方专业软件测试公司,在产品发布前对软件进行一系列的集成测试和系统测试,既保证了测试工作的全面性,又节省了人力、物力的开销。最重要的是,测试结果往往好于这些软件企业最初的预期,效果非常令人满意。软件企业和提供软件外包测试服务的公司进行合作,只要达成双赢,两方皆大欢喜,这样的合作就会越来越多,项目也会越做越大。

软件测试外包可以分为以下两种:

第一种,甲方公司将项目完全包给乙方公司,由乙方公司完全出人力物力,在乙方所在地完成项目;

第二种,甲方公司"借用"乙方公司的员工,同甲方员工一起在甲方公司完成项目。

1. 国际竞争

全球和中国的软件外包继续呈现高速发展的态势。据 CCID 的数据显示,到 2009 年,中国软件外包市场的规模达到 45.60 亿美元。根据赛迪顾问数据统计,2005—2009 年期间,随着中国对欧美软件外包市场开拓力度的加大,美国发到中国的软件外包项目市场规模年复合增长率高达 50%以上。目前我国软件外包服务的现状可以归结为:在日本市场的外包优势较为明显,在欧美市场实现了局部突破,但是要占据更大的份额仍然任重道远。

尽管我国软件外包在日本外包市场取得了显著成功,但是日本的软件外包项目通常报价较低,而且日本软件规模不大,只占全球的 10%。占全球 65% 且外包利润丰厚的美国市场却被印度所控制。我国要想在欧美等高端外包市场取得实质性突破,关键是深入研究外包服务的内容特征,充分发挥我们的技术和市场优势,尽量避免与印度和爱尔兰等正面竞争,从而吸引更多的欧美外包客户发包到中国市场。

2. 中国软件外包企业

随着软件全球化竞争的日益加剧,客户对软件质量的要求水涨船高。为了提高软件质量,降低软件开发成本,分散软件外包风险,软件测试外包成为发展迅速的分支之一。

据资料显示,国外大型软件测试已经占整个软件项目成本的 40% 以上,因此软件测试外包服务的收入非常可观。软件测试是人员规模化和密集型技术工作,软件测试和软件开发人员的最佳比例应该是 1:1 左右,而当前大多数软件公司都还是 1:8 左右。我国具有众多的掌握软件技术的各类测试人才,已培养了近 60 万名软件专业人员,转行从事软件测试的社会人员每年都在增加,来自海外的留学生和国外大型软件公司的人数也呈增长态势。这种初、中、高级别的人力资源优势,加上市场优势和技术管理优势,为我国发展软件外包测试服务提供了坚实的基础,软件外包测试服务的发展潜力无限。

深入分析软件外包测试的特点,软件外包测试包含了非常丰富的内容。从测试的软件类型看,它包含了操作系统、通用办公软件、垂直行业软件等的外包测试。我国已经成为全球最大的生产和制造中心,在行业软件中,以手机和家电嵌入式软件为代表的通信行业软件和汽车、电子行业的中间件的发展迅速,成为具有潜力的软件外包领域。

软件国际化的最高境界就是本地化。随着国际化和本地化需求的深入发展,大型国际化软件经常需要发布几十种语言的本地化版本,因此多语言的软件本地化测试具有较大的发展潜力。可喜的是,我国的一些软件本地化公司凭借之前为美国软件公司提供中文软件本地化服务,已经与客户形成了互相信赖的客户关系,完善了符合外包测试要求的技术流程,而且具有比较明显的外包价格优势,已经开始为美国软件客户同时提供十几种语言的软件本地化测试。

软件外包测试是投入回报率高而风险很低的服务领域,根据北京软件外包测试服务公司透露的信息,从事欧美大型软件公司的软件外包测试的净利润都在 20% 到 35% 左右,甚至更高。而面向国内市场的软件项目,由于国内不规范的价格竞争,国内软件企业的利润空间急剧缩小,甚至净利润下降到 5% 以下,已经威胁到国内软件公司的生存。

探索我国软件外包产业的发展道路,必须分析国际软件外包的市场特点,发挥我们的技术和市场优势,找准在全球外包服务行业的自身定位,从某一个具有显著优势的外包领域入手,不断打造中国外包服务的品牌。因此,从技术定位角度考虑,虽然软件外包测试的技术含量不太高,但对现阶段的中国软件外包企业却是最适合的,可以在欧美日等全球市场率先实现全面突破。

3. 三个加强

对于准备加入软件外包服务的公司而言,要加入外包测试服务队伍,至少需要在三个方面实现加强。

（1）争取赢得国际软件客户的信赖。中国软件业在空间巨大、利润丰厚的欧美高端市场迟迟未能实现外包突破，几乎成了很多软件业人士永远的痛。目前在软件外包测试方面，中国软件外包服务公司已经率先取得突破，但要赢得更多全球客户的信赖，还需要不断探索和实践。

（2）完善外包测试服务流程。现代外包测试几乎贯穿软件项目生命周期的各个环节，需要分布在世界各地的不同公司的人员组成一个项目团队，并进行有效交流。因此制订满足软件外包测试的科学流程并得到客户的认可，才能满足国际软件外包测试的要求。

（3）汇聚大量外包专业人才。外包测试属于为客户提供技术和质量服务的中间环节，符合软件外包测试服务的各类人才包括软件测试工程师、测试项目组长、测试经理等。尽管我国具有较多的初级测试技术人员，但是比较缺少精通技术，擅长管理，熟悉欧美市场，能与欧美客户有效沟通的高级专业外包人才，这需要软件企业和高校培养、引进和留住优秀高级专业人才。

4. 软件测试工程师做外包测试的优点和缺点

1）软件测试工程师做外包测试的优点

第一，可以接触到很多其他公司接触不到的最新软硬件产品。比如在 IBM，所有的软件都是可以在内网中使用的。而在微软公司，在还没正式发布新的 Windows 以前，就可以上手使用，这是很让人羡慕的。

第二，可以学到很多技术。在大型外企中，你接触到的同时不是名校的博士、硕士就是海归，很容易学到新技术。

第三，更多的培训。无论是团队内部培训，还是公司组织的新技术的培训讲座，这些讲座只要你有时间，都是可以去听的。

2）软件测试工程师做外包测试的缺点

第一，缺少所谓的归属感。如果你是乙方的外派工程师，常年在甲方公司工作的，平时根本不需要回外包公司，会觉得没有归属感。

第二，很少有白盒测试。外包测试绝大多数情况都是做黑盒测试，做白盒测试的可能性就小了很多。

第三，很多大公司规定开源产品在公司是不允许使用的，而很多外面平时很常用的软件也没机会再使用。

9.4 对软件测试工程师的要求

随着软件产业的发展，与软件测试相关工作正逐渐成为软件企业生存与发展的核心。几乎每个大中型 IT 企业的软件产品在发布前都需要大量的质量控制、测试和文档工作，而这些工作必须依靠拥有娴熟技术的专业软件人才来完成。软件测试工程师就是这样的一个企业重头角色。

目前的现状是一方面企业对高质量的测试工程师需求量越来越大，另一方面国内原来对测试工程师的职业重视程度不够，使许多人不了解测试工程师具体是从事什么工作。

国内在短期将出现测试工程师严重短缺的现象。根据对近期网络招聘 IT 人才情况的了解,许多正在招聘软件测试工程师的企业很少能够在招聘会上顺利招聘到相应人才。

软件测试工程师简单地说是软件开发过程中的质量检测者和保障者,负责软件质量的把关工作。软件测试工程师(Software Testing Engineer)的主要工作职责是,理解产品的功能要求,并对其进行测试,检查软件有没有缺陷,决定软件是否具有稳定性,写出相应的测试规范和测试用例。总之,软件测试工程师在一家软件企业中担当的是质量管理角色,及时纠错及时更正,确保产品的正常运作。

9.4.1 软件测试工作特点

1. 软件测试工作的专业优势

1) 就业竞争相对较小

人才供不应求让软件测试人员的就业竞争压力明显小于同类其他职业,有利于从业者的身心健康。另外,由于软件测试在我国起步较晚,独立设置测试部门、对测试人员有强烈需求的多为独具慧眼的大中型 IT 企业。软件测试人才不需要在小企业积累经验就能获得知名企业的入门通行证,工作起点高于同类其他职业。人才供不应求让软件测试人员的就业竞争压力明显小于同类其他职业,有利于从业者的身心健康。

2) 行业整体薪资水平较高

刚入行的软件测试人员,起步的月薪就在 3000~5000 元左右,远高于同龄人 2000 元的薪资水平,随着工作经验的丰富以及能力的提升,这份薪水将一路看涨,甚至超出很多相同服务年限的软件开发人员的薪资水平。

3) 就业质量高

与其他 IT 职位相比,软件测试人员最大的优势就是发展方向太多了。由于工作的特殊性,测试人员不但需要对软件的质量进行检测,而且对于软件项目的立项、管理、售前、售后等领域都要涉及。在此过程中,测试人员不仅提升了专业的软件测试技能,还能接触到各行各业,从而为自己的多元化发展奠定了基础。

4) 无性别歧视

软件开发、销售、维护等领域普遍男性较多。而软件测试行业由于工作的特殊性,软件测试人员更要具有认真、耐心、细致、敏感等个性元素,而这在一定程度上与女性的个性气质相吻合。据了解,很多 IT 企业中软件测试人员的比例更趋向男女平衡,甚至出现女性员工成主流的情况。可以说软件测试行业无性别歧视。

5) 有利于多元化发展

与其他 IT 职位相比,软件测试人员最大的优势就是发展方向多元化。由于工作的特殊性,测试人员不但需要对软件的质量进行检测,而且对于软件项目的立项、管理、售前、售后等领域都要涉及。

2. 专业技能

计算机领域的专业技能是测试工程师应该必备的一项素质,是做好测试工作的前提条件。尽管没有任何 IT 背景的人也可以从事测试工作,但是一名要想获得更大发展空间或者持久竞争力的测试工程师,则计算机专业技能是必不可少的。专业技能包括测试专业技能、软件编程技能、网络、操作系统、数据库等几个方面。

软件编程技能实际应该是测试人员的必备技能之一。在微软,很多测试人员都拥有多年的开发经验。因此,测试人员要想得到较好的职业发展,必须能够编写程序。只有能编写程序具备软件编程技能,才可以胜任诸如单元测试、集成测试、性能测试等难度较大的测试工作。依据资深测试工程师的经验,测试工程师至少应该掌握 Java、C♯、C++ 之类的一门语言以及相应的开发工具。

3. 行业知识

行业主要指测试人员所在企业涉及的行业领域,例如很多 IT 企业从事石油、电信、银行、电子政务、电子商务等行业领域的产品开发。行业知识即业务知识,是测试人员做好测试工作的又一个前提条件,只有深入了解了产品的业务流程,才可以判断出开发人员实现的产品功能是否正确。行业知识与工作经验有一定关系,通过时间即可以完成积累。

一个优秀的软件测试工程师除了具备专业技能和行业知识外,还必须具备交流技巧、组织技能、实践技能等素质。

4. 个人素养

作为一名优秀的测试工程师,首先要对测试工作有兴趣:测试工作很多时候都是显得有些枯燥的,因此热爱测试工作,才更容易做好测试工作。因此,除了具有前面的专业技能和行业知识外,测试人员应该具有一些基本的个人素养,即专心、细心和耐心。

专心主要指测试人员在执行测试任务的时候要专心,不可一心二用。经验表明,高度集中精神不但能够提高效率,还能发现更多的软件缺陷,业绩最棒的往往是团队中做事精力最集中的那些成员。

细心主要指执行测试工作时候要细心,认真执行测试,不可以忽略一些细节。某些缺陷如果不细心很难发现,例如一些界面的样式、文字等。

耐心指很多测试工作有时候显得非常枯燥,需要很大的耐心才可以做好。

5. 软件测试工程师就业前景

目前,大学计算机专业普遍开设软件测试课程,很多培训机构也开设了软件测试人才的专业培养课程,其培训的学员更是成为众多 IT 企业争抢的目标。

2013 年 11 月 27 日在"前程无忧"网站 www.51job.com 上搜索"软件测试工程师",招聘信息为 4265 条,如图 9-1 所示。同一天,在"58 同城"bj.58.com 上搜索"软件测试工程师",招聘信息为 2933 条,如图 9-2 所示。

软件测试工程师成为 IT 业最稀缺人才。据前程无忧网数据显示,目前国内软件测试人才缺口高达 20 万,已成为我国软件产业发展的瓶颈之一。软件测试人才需求量的加大,是由于近年来我国软件行业的产业升级所决定的。由于我国的软件行业目前突破了作坊时代,由以前软件开发的单打独斗升级为工业化、流水线式的生产模式,作为工业化

图 9-1 "前程无忧"搜索软件测试工程师工作

图 9-2 "58同城"搜索软件测试工程师工作

的产品,软件测试也就成为软件开发企业必不可少的质量监控部门,而目前我国的软件测试人才的培养数量较产业升级相对滞后,这就形成了软件测试人才的供给远小于需求现状。

9.4.2 软件测试工程师

由于软件测试工程师处于重要岗位,所以必须具有扎实的专业知识背景,并且还应有实际操作经验。既应熟悉中国和国际软件测试标准,熟练掌握和操作国际流行的系列软件测试工具,又能够承担比较复杂的软件分析、测试、品质管理等任务。

国内软件测试工程师的职位从无到有,现在如雨后春笋般蓬勃增长的计算机软件企业对优秀软件测试工程师的需求旺盛。下面介绍软件测试工程师职位分类、软件测试的工作职责和软件测试工程师应具有的素质。

1. 软件测试工程师的分类

按其级别和职位的不同,软件测试工程师可分为初级软件测试工程师、中级软件测试工程师、高级软件测试工程师三类。

1)初级软件测试工程师

初级软件测试工程师通常都是按照软件测试方案和流程对产品进行功能测验,检察产品是否有缺陷。基本以黑盒功能测试为主。此类测试无法稳定提供软件测试的深度与广度,难以真正保证软件质量。初级测试工程师的责任比较简单,还不具备完全独立的工作能力,需要资深测试工程师的指导,主要有下列责任:

(1)验证产品在功能、界面上是否和产品规格说明书一致。

(2)按照要求,执行测试用例,进行功能测试、验收测试等,并能发现所暴露的问题。

(3)努力学习新技术和软件工程方法,不断提高自己的专业水平。

(4)接受测试工程师的指导,执行主管所交代的其他工作。

(5)清楚地描述所出现的软件问题。

(6)使用简单的测试工具。

2)中级软件测试工程师

中级测试工程师对于测试技术掌握较为全面,但是缺乏足够的经验积累和深度钻研。测试工程师执行的测试不会完全停留在表面,会有意识地进行深入测试,如检查相应的数据库等。参与编写软件测试方案、测试文档,与项目组一起制定软件测试阶段的工作计划,能够在项目运行中合理利用测试工具完成测试任务。中级测试工程师的主要责任如下:

(1)熟悉产品的功能、特性,审查产品规格说明书。

(2)根据需求文档或设计文档,可以设计功能方面的测试用例。

(3)根据测试用例,执行各种测试,发现所暴露的问题。

(4)安装、设置简单的系统测试环境。

(5)全面使用测试工具,包括测试脚本的编写。

(6)报告所发现的软件缺陷,审查软件缺陷,跟踪缺陷修改的情况,直到缺陷关闭。

(7)负责对初级测试工程师的指导,执行主管所交代的其他工作。

(8)撰写测试报告。

3）高级软件测试工程师

高级软件测试工程师要求熟练掌握软件测试与开发技术，且对所测试软件对口行业非常了解，能够对可能出现的问题进行分析评估。测试专家经验丰富，经历过各类测试实战。测试专家能够根据自己的经验，进行更有针对性的测试，能够对发现的问题进行定位。缺陷的发现率与定位能力强于测试工程师。高级软件测试工程师的主要责任如下：

（1）负责系统一个或多个模块的测试工作。

（2）制订某个模块或某个阶段的测试计划、测试策略。

（3）设计测试环境所需的系统或网络结构，安装、设置复杂的系统测试环境。

（4）熟悉产品的功能、特性，审查产品规格说明书，并提出改进要求。

（5）进行代码审查。

（6）验证产品是否满足了规格说明书所描述的需求。

（7）根据需求文档或设计文档，设计复杂的测试用例。

（8）负责对测试工程师的指导，执行主管所交代的其他工作。

我国的测试正处于发展过程中，发展时间较短。我国大量的软件测试从业人员仍停留在较低的初级测试员与测试工程师的层次中，高级软件测试工程师已属稀缺，软件测试专家更是凤毛麟角。

2. 软件测试团队的基本构成

一个比较健全的测试团队应该具有下面这些角色。

1）测试经理

人员招聘、培训、管理，资源调配、测试方法改进等。

测试经理的主要工作在团队、资源和项目等管理上，不同于测试组长。测试组长主要集中在项目管理上，一般不负责测试人员的招聘、流程定义等管理工作，而且偏重技术。测试经理对产品的质量负全面责任，有责任向公司最高管理层反映软件开发过程中管理问题或产品中的质量问题，使公司能全面掌握生产和质量状况。

2）测试组长

业务专家，负责项目的管理，测试计划的制订，项目文档的审查，测试用例的设计和审查，任务的安排，和项目经理、开发组长的沟通等。

测试组长一般具备资深测试工程师的能力和经验，可能在技术上相对弱些，不是小组内最强的，其责任偏重测试项目的计划、跟踪和管理，同时负责测试小组的团队的管理和发展。

3）初级测试工程师

执行测试用例和相关的测试任务。

4）实验室管理人员

设置、配置和维护实验室的测试环境，主要是服务器和网络环境等。

5）内审员

审查流程，并提出改进流程的建议；建立测试文档所需的各种模板，检查软件缺陷描述及其他测试报告的质量等。

3. 软件测试的工作职责

软件测试工程师简单地说是软件开发过程中的质量检测者和保障者,负责软件质量的把关工作。软件测试的工作职责包括:

(1) 使用各种测试技术和方法来测试和发现软件中存在的软件缺陷。测试技术主要分为黑盒测试和白盒测试两大类。其中黑盒测试技术主要有等价类划分法、边界值法、因果图法、状态图法、测试大纲法以及各类典型的软件故障模型等;白盒测试的主要技术有语句覆盖、分支覆盖、判定覆盖和路径覆盖等。

(2) 测试工作需要贯穿整个软件开发生命周期。完整的软件测试工作包括单元测试、集成测试、确认测试和系统测试工作。单元测试工作主要在编码阶段完成,由开发人员和软件测试工程师共同完成,其主要依据是详细测试。集成测试的主要工作测试软件模块之间的接口是否正确实现,基本依据是软件体系结构设计。确认测试和系统测试是在软件开发完成后,验证软件的功能与需求的一致性、验证软件在相应的硬件条件下的系统功能是否满足用户需求。

(3) 测试人员将发现的缺陷编写成正式的缺陷报告,提交给开发人员进行缺陷的确认和修复。缺陷报告编写最主要的要求是保证缺陷的重现。要求测试人员具有很好的文字表达能力和语言组织能力。

(4) 测试人员需要分析软件质量。在测试完成后,测试人员需要根据测试结果来分析软件质量,包括缺陷率、缺陷分布、缺陷修复趋势等。给出软件各种质量特性,包括功能性、可靠性、易用性、安全性、时间与资源特性等的具体度量。最后给出一个软件是否可以发布或提交用户使用的结论。

(5) 测试过程中,为了更好地组织与实施测试工作,测试负责人需要制定测试计划,包括测试资源、测试进度、测试策略、测试方法、测试工具、测试风险等。为了提高工作效率或提高测试水平,测试工作需要引进自动化测试工具是必不可少的,测试人员需要学会使用自动化测试工具,编写测试脚本,进行性能测试等。

(6) 测试项目负责人在测试工作中,还需要根据实际情况不断改进测试过程,提高测试水平,进行测试队伍的建设等。

软件测试人员必须具有创新性和综合分析能力,必须具备判断准确、追求完美、执著认真、善于合作的品质,以及具有丰富的编程经验与查检故障的能力。在具体工作过程中,测试工程师的工作是利用测试工具按照测试方案和流程对产品进行功能和性能测试,甚至根据需要编写不同的测试用例,设计和维护测试系统,对测试方案可能出现的问题进行分析和评估。对软件测试工程师而言,必须具有高度的工作责任心和自信心。任何严格的测试必须是一种实事求是的测试,因为它关系到一个产品的质量问题,而测试工程师则是产品出货前的把关人,所以,没有专业的技术水准是无法胜任这项工作的。同时,由于测试工作一般由多个测试工程师共同完成,并且测试部门一般要与其他部门的人员进行较多的沟通,软件测试工程师不但要有较强的技术能力而且要有较强的沟通能力。

4．软件测试工程师应具有的素质

软件测试工作的重要性是显而易见的,这样就使得测试工程师要具备一定的工作素质。Bill Hetzel 在其编写的"The Complete Guide to Software Testing"一书中对一个优秀的软件测试专家应该具备的特征总结为 5C,即 Controlled(接受管理、有条理)、Competent(了解正确的测试技术)、Critical(专注于发现问题)、Comprehensive(注意细节)、Considerate(能够与开发人员很好地交流)。一个好的测试人员至少具备以下一些素质。

1) 扎实的专业技能

专业技能是测试工程师应该必备的首要素质,是做好测试工作的前提条件。专业技能则是必不可少的,专业技能主要包含以下三个方面。

(1) 测试专业技能。测试专业技能涉及的范围很广: 既包括黑盒测试、白盒测试、测试用例设计等基础测试技术,也包括单元测试、功能测试、集成测试、系统测试、性能测试等测试方法,还包括基础的测试流程管理、缺陷管理、自动化测试技术等知识。

(2) 软件编程技能。软件编程技能实际应该是测试人员的必备技能之一,在微软,很多测试人员都拥有多年的开发经验。因此,测试人员要想得到较好的职业发展,必须能够编写程序。只有能编写程序,才可以胜任诸如单元测试、集成测试、性能测试等难度较大的测试工作。

(3) 网络、操作系统、数据库、中间件等知识。作为一名测试人员,尽管不能精通所有的知识,但要想做好测试工作,应该尽可能地去学习更多的与测试工作相关的知识。

2) 良好的心理状态

目前测试工程师的一个心结可能是认为测试工作地位不高,前途迷茫。或许测试工程师在开发能力不如程序员,但其他方面却不见得不如程序员。众所周知,软件测试工程师涉及的面要比程序员多,工作的对象也比开发人员要广,程序员也许只懂一种产品的技术,但测试工程师却要了解多种产品,所以测试工程师必须要端正自己的心态。只有端正了心态,工作时才会踏实细心,才会认真负责,毕竟软件测试工程师多数是枯燥无味的重复性工作,如果不踏实工作,就很难发现产品中的缺陷。

开发人员指责测试人员出了错是常有的事,测试工程师必须对自己的观点有足够的自信心,对自己所报的缺陷有信心。如果没有信心或受开发人员影响过大,测试工作就缺乏独立性,程序中的漏洞或缺陷容易被忽略过去,就谈不上保证软件产品的质量。

软件测试工作还要有足够的耐心。有时需要花费惊人的时间去分离、识别一个错误,需要对其中一个测试用例运行几十遍、甚至几百遍,了解错误在什么情况、或什么平台下才发生。耐心是测试工程师必备的素质。

3) 要具有怀疑一切的态度

软件测试工程师的工作是测试,而测试最主要的任务是尽可能地找出产品中的缺陷,没有人说自己开发的产品根本没有缺陷。作为软件测试工程师,必须要持怀疑的态度去测试每个产品,因为产品最终是面向用户的,而用户的层次是不相同的,有些用户的水平和对产品的理解比研发设计人员还要精深,所以一定要抱着怀疑一切的态度,认为产品每个功能都可能有问题,认真地测试产品的每一个测试点,他们不会把缺陷当作偶然而轻易放过,而会想尽一切可能去发现它们,软件测试员不放过蛛丝马迹。

4)具有准确的判断力

一个好的测试工程师具有一种先天的敏感性及准确的判断力,并且还能尝试着通过一些巧妙的变化去发现问题。同时,还具有强烈的质量追求,对细节的关注能力。应用的高风险区的判断力以便将有限的测试针对重点环节。

5)具有协作和团队精神

软件开发和测试是一个团队,在一个项目中是同等重要的。测试的最终目的是提高产品的工程设计和生命周期,也是一种开发的过程。所以软件测试工程师必须要有好的协作和团队精神,这样才能提高开发效率,保证产品质量。

6)良好的沟通能力

软件测试工程师属于服务型的工作,要为多个对象服务,那就要求测试人员具有良好的沟通能力。如果沟通能力有限,就不能清晰地向开发人员描述 BUG 的症状以及可能存在的原因;如果沟通能力有限,就不能清楚地向主管和项目经理反馈测试状态;如果沟通能力有限,遇到偶然性出现的缺陷时就会不知所措,相应的就会影响产品的质量。

据报道,在国外大多数软件公司,一名软件开发工程师就需要配备两名软件测试工程师。目前,软件测试自动化技术在我国刚刚被少数业内专家所认知,而这方面的专业技术人员在国内更是凤毛麟角。根据对近期网络招聘计算机人才情况的了解,许多正在招聘软件测试工程师的企业很少能够在招聘会上顺利招到合适的人才。

随着中国计算机行业的发展,从计算机硬件、软件到系统集成,几乎每个中大型计算机企业的产品在发布前都需要大量的质量控制、测试和文档工作,而这些工作必须依靠拥有娴熟技术的专业软件人才来完成。而软件测试工程师就是其中热门职业之一。

9.5 软件测试工程师考试

很多朋友经过刻苦的学习,准备到公司做一名软件测试工程师。即可以换一份待遇好、环境好的工作,又有自己用武之地。

1. 软件测试工程师面试准备

招聘和面试软件测试工程师大致分以下三步。

第一步,投递简历。

投递简历,让招聘公司发现你,一般有三种方式:

(1)通过招聘网站搜索测试招聘信息,选择合适的公司和职位,投递简历。

(2)通过招聘网站发布自己的简历,等待招聘公司发现并下载你的简历。

(3)通过招聘会,现场投递简历。

目前,国内知名的人才招聘网站:中华英才网(www.chinahr.com)、51job 前程无忧(www.51job.com)、卓博(www.jobcn.com)、中国国家人才网(www.newsjob.com.cn)、北京人才网(www.bjrc.com)等。还有一些专业的软件测试网站,如领测软件测试网论坛（bbs. ltesting. net）的求职招聘专区，有很多企业发布软件测试工程师的招聘信息，也是很好的渠道。如果想被猎头看重，那就赶快注册登记，很快将会有一大堆公司给你打电话，通知你去面试，这就是前面所说的第(2)种方式。一般说来，你在人才网上发布简历找工作的同时，猎头公司也在找你，所以说，(1)、(2)两种方式结合使用。第(3)种招聘方式，近些年已经有逐渐减少的趋势，因为招聘会有时间限制，还要跑到现场，在人山人海中搜寻符合自己条件的公司和职位，投递简历并进行简单面试，既费时、费力，效果也不佳。

第二步，准备面试。

首先要了解公司情况，正所谓知己知彼，百战不殆。看看公司是否有你所关注的地方，比如公司的规模、办公地点、测试组的情况等，最主要的要知道公司的主要业务，测试什么，软件还是硬件，那个行业的，做到心中有数。

其次要注意言谈举止和穿着。

言谈举止要透出一股自信，让人感觉你就是很有能力，什么任务都可以放心地交给你去做，你都能圆满完成。面试的关键就是语言表达，看你是否能够很有条理的把自己的经历、知识、技能表达清楚，并且在讲的过程中，注意观察招聘方的表情，看人家是否感兴趣，如果人家皱眉头，表情不悦，就尽快结束自己的话题。因此，在面试之前，你可以自己练习练习。

陌生人见面，第一印象很重要，你给招聘方的第一印象，主要通过衣着来表现。搞技术的软件测试工程师，不能穿得太随便。所以在面试时，一定要穿洁净、整齐的职业装。

第三步，参加面试。

在约定的时间、约定的地点，你最好准时出现，如果不能准时赴约，一定要提前打电话，告知对方是什么原因导致你迟到，多长时间以后能你到达约定地点。进入公司，会有接待人员招呼你坐下，通知招聘负责人接待你面试，此间接待人员会给你送上来一杯水。

如果是笔试，会规定一定的时限，到时间人事部门的人会来收卷。试卷的命题一般分为填空、选择、判断、逻辑推理、程序改错、简答，也有让你找 bug 的题，这些题给人的感觉都是在简单中透漏着深度。

2. 全国计算机等级考试——软件测试工程师考试

软件测试是保证软件质量的关键步骤，目前国内很多软件企业中软件开发和软件测试人员的配比仅能达到 8∶1，像微软、IBM 等大型公司中，这个比例甚至能达到 1∶2，即一位软件开发人员至少与两位测试人员在配合工作。两相比较，国内软件测试人才的缺口巨大。就整体而言，测试行业目前还存在技能不均衡，软件测试人员的水平也良莠不齐，对测试过程方法技术等的规范化也不是很系统。随着软件企业的发展，软件企业对软件测试人才的需求和要求在不断提高，对软件测试人才技能的认定和指导也非常必要。

国内权威的软件测试考试是教育部考试中心于 2010 年开始推出的"全国计算机等级考试——四级软件测试工程师考试"。通过复习和考试可以帮助考生掌握软件工程和软件质量保证的基础知识，掌握软件测试的基本理论、方法和技术，理解软件测试的规范和标准，熟悉软件测试过程，了解软件测试过程管理，最终满足软件测试岗位的要求。

习题

1. 简述我国软件测试产业的现状。
2. 我国软件测试产业大致经历了几个发展阶段？
3. 简述我国的软件测试外包。
4. 软件测试工程师的分哪几类？主要负责什么工作？
5. 简述软件测试人员职位和责任。

附录 A 基本术语(中英文词汇)

A

Acceptance Testing	验收测试
Accessibility Test	适用性测试
Actual Outcome	实际结果
Algorithm	算法
Algorithm Analysis	算法分析
Alpha Testing	α测试
Analysis	分析
Anomaly	异常
Application Software	应用软件
Application Under Test	所测试的应用程序
Architecture	体系结构
Artifact	工件
Assertion Checking	断言检查
Audit	审计
Audit Trail	审计跟踪
Automated Testing	自动化测试

B

Backus-Naur Form	BNF 范式
Baseline	基线
Basic Block	基本块
Basis Test Set	基本测试集
Behaviour	行为
Bench Test	基准测试
Benchmark	标杆/指标/基准
Best Practise	最佳实践
Beta Testing	β测试
Black Box Testing	黑盒测试
Bottom-up Testing	自底向上测试
Boundary Value Testing	边界值测试
Boundary Values	边界值
Boundry Value Analysis	边界值分析
Branch	分支
Branch Condition	分支条件
Branch Condition Combination Coverage	分支条件组合覆盖
Branch Condition Coverage	分支条件覆盖
Branch Condition Testing	分支条件测试

Branch Coverage	分支覆盖
Branch Outcome	分支结果
Branch Point	分支点
Branch Testing	分支测试
Breadth Testing	广度测试
Brute Force Testing	强力测试
Buddy Test	合伙测试
Buffer	缓冲
Bug	缺陷
Bug Bash	错误大扫除
Bug Fix	错误修正
Bug Report	错误报告
Bug Tracking System	错误跟踪系统
Build Verification Tests	版本验证测试
Build	工作版本
Build-in	内置

C

Capability Maturity Model (CMM)	能力成熟度模型
Capability Maturity Model Integration (CMMI)	能力成熟度模型整合
Capacity Test	容量测试
Capture/Replay Tool	捕获/回放工具
Cause-Effect Graph	因果图
Certification	验证
Change Control	变更控制
Change Management	变更管理
Change Request	变更请求
Character Set	字符集
Check In	检入
Check Out	检出
Closeout	收尾
Code Audit	代码审计
Code Coverage	代码覆盖
Code Inspection	代码审查
Code Page	代码页
Code Rule	编码规范
Code Style	编码风格
Code Walkthrough	代码走读
Code-Based Testing	基于代码的测试
Coding Standards	编程规范
Common Sense	常识
Compatibility Testing	兼容性测试
Complete Path Testing	完全路径测试
Completeness	完整性

Complexity	复杂性
Component	组件
Component Testing	组件测试
Computation Data Use	计算数据使用
Computer Aided Software Testing	计算机辅助测试
Computer Aided Software Engineering	计算机辅助软件工程
Computer System Security	计算机系统安全性
Concurrency User	并发用户
Condition Coverage	条件覆盖
Condition Outcome	条件结果
Condition	条件
Configuration Control	配置控制
Configuration Item	配置项
Configuration Management	配置管理
Configuration Testing	配置测试
Conformance Criterion	一致性标准
Conformance Testing	一致性测试
Consistency	一致性
Consistency Checker	一致性检查器
Control Flow	控制流
Control Flow Graph	控制流图
Conversion Testing	转换测试
Core Team	核心小组
Corrective Maintenance	故障维护
Correctness	正确性
Coverage Item	覆盖项
Coverage	覆盖率
Crash	崩溃
Criticality	关键性
Criticality Analysis	关键性分析
CRM(Change Request Management)	变更需求管理

D

Data Corruption	数据污染
Data Definition	数据定义
Data Definition C-use Pair	数据定义 C-use 使用对
Data Definition P-use Coverage	数据定义 P-use 覆盖
Data Definition P-use Pair	数据定义 P-use 使用对
Data Definition-Use Coverage	数据定义使用覆盖
Data Definition-Use Pair	数据定义使用对
Data Definition-Use Testing	数据定义使用测试
Data Dictionary	数据字典
Data Flow Analysis	数据流分析
Data Flow Coverage	数据流覆盖

Data Flow Diagram	数据流图
Data Flow Testing	数据流测试
Data Integrity	数据完整性
Data Use	数据使用
Data Validation	数据确认
Dead Code	死代码
Debug	调试
Debugging	调试
Decision Condition	判定条件
Decision Coverage	判定覆盖
Decision Outcome	判定结果
Decision Table	判定表
Decision	判定
Defect	缺陷
Defect Density	缺陷密度
Defect Tracking	缺陷跟踪
Deployment	部署
Depth Testing	深度测试
Design Of Experiments	实验设计
Design-Based Testing	基于设计的测试
Desk Checking	桌前检查
Detail Test Plan	详细确认测试计划
Determine Potential Risks	确定潜在风险
Determine Usage Model	确定应用模型
Diagnostic	诊断
Dirty Testing	肮脏测试
Disaster Recovery	灾难恢复
Documentation Testing	文档测试
Domain	域
Domain Testing	域测试
Dynamic Analysis	动态分析
Dynamic Testing	动态测试

E

Embedded Software	嵌入式软件
Emulator	仿真
End-to-End Testing	端到端测试
Enhanced Request	增强请求
Entity Relationship Diagram	实体关系图
Entry Criteria	准入条件
Entry Point	入口点
Envisioning Phase	构想阶段
Equivalence Class	等价类
Equivalence Partition Coverage	等价划分覆盖

Equivalence Partition Testing	参考等价划分测试
Equivalence Partitioning	等价划分
Error	错误
Error Guessing	错误猜测
Error Seeding	错误播种/错误插值
Event-Driven	事件驱动
Exception	异常/例外
Exception Handlers	异常处理器
Exception	异常/例外
Executable Statement	可执行语句
Exhaustive Testing	穷尽测试
Exit Point	出口点
Expected Outcome	期望结果
Exploratory Testing	探索性测试

F

Failure	失效
Failure Modes and Effects Analysis	失效模型效果分析
Failure Modes and Effects Criticality Analysis	失效模型效果关键性分析
Fault Tree Analysis	故障树分析
Fault	故障
Feasible Path	可达路径
Feature Testing	特性测试
Field Testing	现场测试
Framework	框架
Functional Decomposition	功能分解
Functional Specification	功能规格说明书
Functional Testing	功能测试

G

Globalization	全球化
Gap Analysis	差距分析
Garbage Characters	乱码字符
Glass Box Testing	白盒测试
Glossary	术语表
Graphical User Interface(GUI)	图形用户界面

H

Hard-Coding	硬编码
Hotfix	热补丁

I

Internationalization	国际化
Identify Exploratory Tests	识别探索性测试
Institute of Electrical and Electronic Engineers(IEEE)	美国电子与电器工程师学会
Incident	事故
Incremental Testing	渐增测试

Infeasible Path 不可达路径

Input Domain 输入域

Inspection 审查

Installability Testing 可安装性测试

Installing Testing 安装测试

Instrumentation 插装

Instrumenter 插装器

Integration 集成

Integration Testing 集成测试

Interface 接口

Interface Analysis 接口分析

Interface Testing 接口测试

Invalid Inputs 无效输入

Isolation Testing 隔离测试

Issue 问题

Iteration 迭代

Iterative Development 迭代开发

J

Job 工作

Job Control Language 工作控制语言

K

Key Concepts 关键概念

Key Process Area 关键过程区域

Keyword Driven Testing 关键字驱动测试

Kick-Off Meeting 启动会议

L

Localization 本地化

Lag Time 延迟时间

LCSAJ Coverage LCSAJ 覆盖

LCSAJ Testing LCSAJ 测试

Lead Time 前置时间

Load Testing 负载测试

Localization Testing 本地化测试

Logic Analysis 逻辑分析

Logic-Coverage Testing 逻辑覆盖测试

M

Main Test Plan 主确认计划

Maintainability 可维护性

Maintainability Testing 可维护性测试

Maintenance 维护

Master Project Schedule 总体项目方案

Measurement 度量

Memory Leak 内存泄露

Migration Testing	迁移测试
Milestone	里程碑
Mock Up	模型，原型
Modified Condition/Decision Coverage	修改条件/判定覆盖
Module Testing	模块测试
Monkey Testing	跳跃式测试
Mouse Leave	鼠标离开对象
Mouse Over	鼠标在对象之上
MTBF	平均失效间隔时间
MTP	主确认计划
MTTF	平均失效时间
MTTR	平均修复时间
Multiple Condition Coverage	多条件覆盖
Mutation Analysis	变异分析
Mutation Testing	变异测试

N

N/A	不适用的
Negative Testing	逆向测试，反向测试，负面测试
Nominal Load	额定负载
Non-Functional Requirements Testing	非功能需求测试
N-Switch Coverage	N 切换覆盖
N-Transitions	N 转换

O

Off-The-Shelf Software	套装软件
Operational Testing	可操作性测试
Output Domain	输出域

P

Pair Programming	成对编程
Paper Audit	书面审计
Partition Testing	分类测试
Path Coverage	路径覆盖
Path Sensitizing	路径敏感性
Path	路径
Peer Review	同行评审
Performance	性能
Performance Indicator	性能指标
Performance Testing	性能测试
Pilot	试验
Pilot Testing	试验测试
Portability	可移植性
Portability Testing	可移植性测试
Positive Testing	正向测试
Postcondition	后置条件

Precondition	前提条件
Predicate	谓词
Predicate Data Use	谓词数据使用
Priority	优先级
Program Instrumentation	程序插装
Progressive Testing	递进测试
Prototype	原型
Pseudo Code	伪代码
Pseudo-Localization Testing	伪本地化测试
Pseudo-Random	伪随机

Q

QC	质量控制
Quality Assurance(QA)	质量保证
Quality Control	质量控制

R

Race Condition	竞争状态
Rational Unified Process	统一过程
Recovery Testing	恢复测试
Refactoring	重构
Regression Analysis And Testing	回归分析和测试
Regression Testing	回归测试
Release	发布
Release Note	版本说明
Reliability	可靠性
Reliability Assessment	可靠性评估
Reliability Testing	可靠性测试
Requirements Management Tool	需求管理工具
Requirements-Based Testing	基于需求的测试
Return Of Investment	投资回报率
Review	评审
Risk Assessment	风险评估
Risk	风险
Robustness	强健性
Root Cause Analysis	根本原因分析

S

Safety	安全性
Safety Critical	严格的安全性
Sanity Testing	健全测试
Schema Repository	模式库
Screen Shot	抓屏、截图
Security Testing	安全性测试
Security	安全性
Serviceability Testing	可服务性测试

Severity	严重性
Shipment	发布
Simple Subpath	简单子路径
Simulation	模拟
Simulator	模拟器
SLA	服务级别协议
Smoke Testing	冒烟测试
Software Development Plan(SDP)	软件开发计划
Software Development Process	软件开发过程
Software Diversity	软件多样性
Software Element	软件元素
Software Engineering	软件工程
Software Engineering Environment	软件工程环境
Software Life Cycle	软件生命周期
Source Code	源代码
Source Statement	源语句
Specification	规格说明书
Specified Input	指定的输入
Spiral Model	螺旋模型
SQA	软件质量保证
SQL	结构化查询语句
Staged Delivery	分阶段交付
State Diagram	状态图
State Transition Testing	状态转换测试
State Transition	状态转换
State	状态
Statement Coverage	语句覆盖
Statement Testing	语句测试
Statement	语句
Static Analysis	静态分析
Static Analyzer	静态分析器
Static Testing	静态测试
Statistical Testing	统计测试
Stepwise Refinement	逐步优化
Storage Testing	存储测试
Structural Coverage	结构化覆盖
Structural Test Case Design	结构化测试用例设计
Structural Testing	结构化测试
Structured Basis Testing	结构化的基础测试
Structured Design	结构化设计
Structured Programming	结构化编程
Structured Walkthrough	结构化走读
Stub	桩
Sub-area	子域

Summary	总结
Symbolic Evaluation	符号评价
Symbolic Execution	符号执行
Symbolic Trace	符号轨迹
Synchronization	同步
Syntax Testing	语法分析
System Analysis	系统分析
System Design	系统设计
System Integration	系统集成
System Testing	系统测试

T

Technical Requirements Testing	技术需求测试
Test	测试
Test Automation	测试自动化
Test Case(TC)	测试用例
Test Case Design Technique	测试用例设计技术
Test Case Suite	测试用例套
Test Comparator	测试比较器
Test Completion Criterion	测试完成标准
Test Coverage	测试覆盖
Test Design	测试设计
Test Driver	测试驱动
Test Environment	测试环境
Test Execution	测试执行
Test Execution Technique	测试执行技术
Test Generator	测试生成器
Test Harness	测试用具
Test Incident Report(TIR)	测试事故报告
Test Infrastructure	测试基础建设
Test Log	测试日志
Test Measurement Technique	测试度量技术
Test Metrics	测试度量
Test Procedure	测试规程
Test Records	测试记录
Test Report	测试报告
Test Scenario	测试场景
Test Script	测试脚本
Test Specification	测试规格
Test Strategy	测试策略
Test Suite	测试套
Test Target	测试目标
Test Ware	测试工具
Testability	可测试性
Testing Bed	测试平台
Testing Coverage	测试覆盖

Testing Environment	测试环境
Testing Item	测试项
Testing Plan	测试计划
Testing Procedure	测试过程
Thread Testing	线程测试
Time Sharing	时间共享
ToolTip	控件提示或说明
Top-Down Testing	自顶向下测试
Traceability	可跟踪性
Traceability Analysis	跟踪性分析
Traceability Matrix	跟踪矩阵
Trade-Off	平衡
Transaction	事务/处理
Transaction Volume	交易量
Transform Analysis	事务分析
Trojan Horse	特洛伊木马
Truth Table	真值表
Tune System	调试系统

U

Unit Testing	单元测试
Usability Testing	可用性测试
Usage Scenario	使用场景
User Acceptance Test	用户验收测试
User Database	用户数据库
User Interface(UI)	用户界面
User Profile	用户信息
User Scenario	用户场景

V

Validation	确认
Verification	验证
Verification Test PLAN(VTP)	验证测试计划
Verification & Validation(V&V)	验证 & 确认
Version	版本
Virtual User	虚拟用户
Volume Testing	容量测试

W

Walkthrough	走读
Waterfall Model	瀑布模型
Web Testing	网站测试
White Box Testing	白盒测试
Work Breakdown Structure(WBS)	任务分解结构

Z

Zero Bug Bounce(ZBB)	零缺陷反弹

附录 B 正 交 表

$L_4(2^3)$

序号 \ 列号	1	2	3
1	1	1	1
2	1	2	2
3	2	1	2
4	2	2	1

$L_8(2^7)$

序号 \ 列号	1	2	3	4	5	6	7
1	1	1	1	1	1	1	1
2	1	1	1	2	2	2	2
3	1	2	2	2	1	2	2
4	1	2	2	2	2	1	1
5	2	1	1	2	1	1	2
6	2	1	1	2	2	2	1
7	2	2	2	1	1	2	1
8	2	2	2	1	2	1	2

$L_8(2^4 4^1)$

序号 \ 列号	1	2	3	4	5
1	0	0	0	0	0
2	0	0	1	1	2
3	0	1	0	1	1
4	0	1	1	0	3
5	1	0	0	1	3
6	1	0	1	0	1
7	1	1	0	0	2
8	1	1	1	1	0

$$L_{12}(2^{11})$$

列号 序号	1	2	3	4	5	6	7	8	9	10	11
1	1	1	1	1	1	1	1	1	1	1	1
2	1	1	1	1	1	2	2	2	2	2	2
3	1	1	2	2	2	1	1	1	2	2	2
4	1	2	1	2	2	1	2	2	1	1	2
5	1	2	2	1	2	2	1	2	1	2	1
6	1	2	2	2	1	2	2	1	2	1	1
7	2	1	2	2	1	1	2	2	1	2	1
8	2	1	2	1	2	2	2	1	1	1	2
9	2	1	1	2	2	2	1	2	2	1	1
10	2	2	2	1	1	1	1	1	2	2	2
11	2	2	1	2	1	2	1	1	1	2	2
12	2	2	1	1	2	1	2	1	2	2	1

$$L_{16}(2^{15})$$

列号 序号	1	2	3	4	5	6	7	8	9	10	11	12	13	14	15
1	1	1	1	1	1	1	1	1	1	1	1	1	1	1	1
2	1	1	1	1	1	1	1	2	2	2	2	2	2	2	2
3	1	1	1	2	2	2	2	1	1	1	1	2	2	2	2
4	1	1	1	2	2	2	2	2	2	2	2	1	1	1	1
5	1	2	2	1	1	2	2	1	1	2	2	1	1	2	2
6	1	2	2	1	1	2	2	2	2	1	1	2	2	1	1
7	1	2	2	2	2	1	1	1	1	2	2	2	2	1	1
8	1	2	2	2	2	1	1	2	2	1	1	1	1	2	2
9	2	1	2	1	2	1	2	1	2	1	2	1	2	1	2
10	2	1	2	1	2	1	2	2	1	2	1	2	1	2	1
11	2	1	2	2	1	2	1	1	2	1	2	2	1	2	1
12	2	1	2	2	1	2	1	2	1	2	1	1	2	1	2
13	2	2	1	1	2	2	1	1	2	2	1	1	2	2	1
14	2	2	1	1	2	2	1	2	1	1	2	2	1	1	2
15	2	2	1	2	1	1	2	1	2	2	1	2	1	1	2
16	2	2	1	2	1	1	2	2	1	1	2	1	2	2	1

$$L_{20}(2^{19})$$

列号 序号	1	2	3	4	5	6	7	8	9	10	11	12	13	14	15	16	17	18	19
1	1	1	1	1	1	1	1	1	1	1	1	1	1	1	1	1	1	1	1
2	2	2	1	1	2	2	2	2	1	2	1	2	1	1	1	1	2	2	1
3	2	1	1	2	2	2	2	1	2	1	2	1	1	1	1	2	2	1	2
4	1	1	2	2	2	2	1	2	1	2	1	1	1	1	2	2	1	2	2
5	1	2	2	2	2	1	2	1	2	1	1	1	1	2	2	1	2	2	1
6	2	2	2	2	1	2	1	2	1	1	1	1	2	2	1	2	2	1	1
7	2	2	2	1	2	1	2	1	1	1	1	2	2	1	2	2	1	1	2
8	2	2	1	2	1	2	1	1	1	1	2	2	1	2	2	1	1	2	2
9	2	1	2	1	2	1	1	1	1	2	2	1	2	2	1	1	2	2	2
10	1	2	1	2	1	1	1	1	2	2	1	2	2	1	1	2	2	2	2
11	2	1	2	1	1	1	1	2	2	1	2	2	1	1	2	2	2	2	1
12	1	2	1	1	1	1	2	2	1	2	2	1	1	2	2	2	2	1	2
13	2	1	1	1	1	2	2	1	2	2	1	1	2	2	2	2	1	2	1
14	1	1	1	1	2	2	1	2	2	1	1	2	2	2	2	1	2	1	2
15	1	1	1	2	2	1	2	2	1	1	2	2	2	2	1	2	1	2	1
16	1	1	2	2	1	2	2	1	1	2	2	2	2	1	2	1	2	1	1
17	1	2	2	1	2	2	1	1	2	2	2	2	1	2	1	2	1	1	1
18	2	2	1	2	2	1	1	2	2	2	2	1	2	1	2	1	1	1	1
19	2	1	2	2	1	1	2	2	2	2	1	2	1	2	1	1	1	1	2
20	1	2	2	1	1	2	2	2	2	1	2	1	2	1	1	1	1	2	2

$$L_9(3^4)$$

列号 序号	1	2	3	4
1	1	1	1	1
2	1	2	2	2
3	1	3	3	3
4	2	1	2	3
5	2	2	3	1
6	2	3	1	2
7	3	1	3	2
8	3	2	1	3
9	3	3	2	1

$$L_{27}(3^{13})$$

列号 序号	1	2	3	4	5	6	7	8	9	10	11	12	13
1	1	1	1	1	1	1	1	1	1	1	1	1	1
2	1	1	1	1	2	2	2	2	2	2	2	2	2
3	1	1	1	1	3	3	3	3	3	3	3	3	3
4	1	2	2	2	1	1	1	2	2	2	3	3	3
5	1	2	2	2	2	2	2	3	3	3	1	1	1
6	1	2	2	2	3	3	3	1	1	1	2	2	2
7	1	3	3	3	1	1	1	3	3	3	2	2	2
8	1	3	3	3	2	2	2	1	1	1	3	3	3
9	1	3	3	3	3	3	3	2	2	2	1	1	1
10	2	1	2	3	1	2	3	1	2	3	1	2	3
11	2	1	2	3	2	3	1	2	3	1	2	3	1
12	2	1	2	3	3	1	2	3	1	2	3	1	2
13	2	2	3	1	1	2	3	2	3	1	3	1	2
14	2	2	3	1	2	3	1	3	1	2	1	2	3
15	2	2	3	1	3	1	2	1	2	3	2	3	1
16	2	3	1	2	1	2	3	3	1	2	2	3	1
17	2	3	1	2	2	3	1	1	2	3	3	1	2
18	2	3	1	2	3	1	2	2	3	1	1	2	3
19	3	1	3	2	1	3	2	1	3	2	1	3	2
20	3	1	3	2	2	1	3	2	1	3	2	1	3
21	3	1	3	2	3	2	1	3	2	1	3	2	1
22	3	2	1	3	1	3	2	2	1	3	3	2	1
23	3	2	1	3	2	1	3	3	2	1	1	3	2
24	3	2	1	3	3	2	1	1	3	2	2	1	3
25	3	3	2	1	1	3	2	3	2	1	2	1	3
26	3	3	2	1	2	1	3	1	3	2	3	2	1
27	3	3	2	1	3	2	1	2	1	3	1	3	2

$L_{16}(4 \times 2^{12})$

列号 序号	1	2	3	4	5	6	7	8	9	10	11	12	13
1	1	1	1	1	1	1	1	1	1	1	1	1	1
2	1	1	1	1	1	2	2	2	2	2	2	2	2
3	1	2	2	2	2	1	1	1	1	2	2	2	2
4	1	2	2	2	2	2	2	2	2	1	1	1	1
5	2	1	1	2	2	1	1	2	2	1	1	2	2
6	2	1	1	2	2	2	2	1	1	2	2	1	1
7	2	2	2	1	1	1	1	2	2	2	2	1	1
8	2	2	2	1	1	2	2	1	1	1	1	2	2
9	3	1	2	1	2	1	2	1	2	1	2	1	2
10	3	1	2	1	2	2	1	2	1	2	1	2	1
11	3	2	1	2	1	1	2	1	2	2	1	2	1
12	3	2	1	2	1	2	1	2	1	1	2	1	2
13	4	1	2	2	1	1	2	2	1	1	2	2	1
14	4	1	2	2	1	2	1	1	2	2	1	1	2
15	4	2	1	1	2	1	2	2	1	2	1	1	2
16	4	2	1	1	2	2	1	1	2	1	2	2	1

$L_{16}(4^2 \times 2^9)$

列号 序号	1	2	3	4	5	6	7	8	9	10	11
1	1	1	1	1	1	1	1	1	1	1	1
2	1	2	1	1	1	2	2	2	2	2	2
3	1	3	2	2	2	1	1	1	2	2	2
4	1	4	2	2	2	2	2	2	1	1	1
5	2	1	1	2	2	1	1	2	1	2	2
6	2	2	1	2	2	2	1	1	2	1	1
7	2	3	2	1	1	1	2	2	2	1	1
8	2	4	2	1	1	2	1	1	1	2	2
9	3	1	2	1	2	2	1	2	2	1	2
10	3	2	2	1	2	1	2	1	1	2	1
11	3	3	1	2	1	2	1	2	1	2	1
12	3	4	1	2	1	1	2	1	2	1	2
13	4	1	2	2	1	1	2	1	2	2	1
14	4	2	2	2	1	1	1	2	1	1	2
15	4	3	1	1	2	2	2	1	1	1	2
16	4	4	1	1	2	1	1	2	2	2	1

$$L_{16}(4^5)$$

列号 序号	1	2	3	4	5
1	1	1	1	1	1
2	1	2	2	2	2
3	1	3	3	3	3
4	1	4	4	4	4
5	2	1	2	3	4
6	2	2	1	4	3
7	2	3	4	1	2
8	2	4	3	2	1
9	3	1	3	4	2
10	3	2	4	3	1
11	3	3	1	2	4
12	3	4	2	1	3
13	4	1	4	2	3
14	4	2	3	1	4
15	4	3	2	4	1
16	4	4	1	3	2

$$L_{18}(2 \times 3^7)$$

列号 序号	1	2	3	4	5	6	7	8
1	1	1	1	1	1	1	1	1
2	1	1	2	2	2	2	2	2
3	1	1	3	3	3	3	3	3
4	1	2	1	1	2	2	3	3
5	1	2	2	2	3	3	1	1
6	1	2	3	3	1	1	2	2
7	1	3	1	2	1	3	2	3
8	1	3	2	3	2	1	3	1
9	1	3	3	1	3	2	1	2
10	2	1	1	3	3	2	2	1
11	2	1	2	1	1	3	3	2
12	2	1	3	2	2	1	1	3
13	2	2	1	2	3	1	3	2
14	2	2	2	3	1	2	1	3
15	2	2	3	1	2	3	2	1
16	2	3	1	3	2	3	1	2
17	2	3	2	1	3	1	2	3
18	2	3	3	2	1	2	3	1

$$L_{16}(4^4 \times 2^3)$$

序号 \ 列号	1	2	3	4	5	6	7
1	1	1	1	1	1	1	1
2	1	2	2	2	1	2	2
3	1	3	3	3	2	1	2
4	1	4	4	4	2	2	1
5	2	1	2	3	2	2	1
6	2	2	1	4	2	1	2
7	2	3	4	1	1	2	2
8	2	4	3	2	1	1	1
9	3	1	3	4	1	2	2
10	3	2	4	3	1	1	1
11	3	3	1	2	2	2	1
12	3	4	2	1	2	1	2
13	4	1	4	2	2	2	1
14	4	2	3	1	2	2	1
15	4	3	2	4	1	1	1
16	4	4	1	3	1	2	2

$$L_{16}(4^3 \times 2^6)$$

序号 \ 列号	1	2	3	4	5	6	7	8	9
1	1	1	1	1	1	1	1	1	1
2	1	2	2	1	1	2	2	2	2
3	1	3	3	2	2	1	1	2	2
4	1	4	4	2	2	2	2	1	1
5	2	1	2	2	2	1	2	1	2
6	2	2	1	2	2	2	1	2	1
7	2	3	4	1	1	1	2	2	1
8	2	4	3	1	1	2	1	1	2
9	3	1	3	1	2	2	2	2	1
10	3	2	4	1	2	1	1	1	2
11	3	3	1	2	1	2	2	1	1
12	3	4	2	2	1	1	1	2	1
13	4	1	4	2	1	2	1	2	2
14	4	2	3	2	1	1	2	1	1
15	4	3	2	1	2	2	1	1	1
16	4	4	1	1	2	1	2	2	2

$$L_{25}(5^6)$$

序号 \ 列号	1	2	3	4	5	6
1	1	1	1	1	1	1
2	1	2	2	2	2	2
3	1	3	3	3	3	3
4	1	4	4	4	4	4
5	1	5	5	5	5	5
6	2	1	2	3	4	5
7	2	2	3	4	5	1
8	2	3	4	5	1	2
9	2	4	5	1	2	3
10	2	5	1	2	3	4
11	3	1	3	5	2	4
12	3	2	4	1	3	5
13	3	3	5	2	4	1
14	3	4	1	3	5	2
15	3	5	2	4	1	3
16	4	1	4	2	5	3
17	4	2	5	3	1	4
18	4	3	1	4	2	5
19	4	4	3	5	3	1
20	4	5	2	1	4	2
21	5	1	5	4	3	6
22	5	2	1	5	4	3
23	5	3	2	1	5	4
24	5	4	3	2	1	5
25	5	5	4	3	2	1

$$L_{24}(3^1 \times 4^1 \times 2^{13})$$

序号 \ 列号	1	2	3	4	5	6	7	8	9	10	11	12	13	14	15
1	0	0	0	0	0	0	0	0	0	0	0	0	0	0	0
2	0	0	0	0	0	0	1	0	1	1	0	1	1	2	2
3	0	0	0	1	1	1	0	1	1	0	1	1	0	2	1
4	0	0	1	0	0	0	1	1	1	1	0	0	0	1	3
5	0	0	1	0	1	1	1	0	0	0	0	1	1	1	2
6	0	0	1	1	1	0	1	1	0	1	1	0	1	0	0
7	0	1	0	0	0	1	1	1	0	1	1	1	1	0	1
8	0	1	0	0	1	0	1	1	1	0	0	0	1	2	3
9	0	1	0	1	1	1	0	0	0	1	0	1	0	0	3
10	0	1	0	0	0	0	0	0	1	1	1	0	1	1	1
11	0	1	1	1	0	0	0	1	0	0	1	0	0	2	2
12	0	1	1	1	0	1	0	1	1	1	1	0	1	0	
13	1	0	0	0	1	0	0	1	0	1	1	1	0	1	2
14	1	0	0	0	1	1	1	0	1	0	1	0	0	2	0
15	1	0	0	1	0	1	1	1	0	0	1	0	1	1	3
16	1	0	1	0	0	0	1	1	1	1	0	1	0	0	1
17	1	0	1	1	0	1	0	0	0	1	0	0	1	2	1
18	1	0	1	1	1	0	0	0	1	0	1	1	1	0	3
19	1	1	0	0	0	0	0	1	0	1	0	1	0	2	
20	1	1	0	1	0	0	0	1	1	0	1	1	1	0	
21	1	1	0	1	1	0	0	0	0	0	0	0	1	1	
22	1	1	1	0	0	0	1	0	0	1	1	1	0	2	3
23	1	1	1	0	1	1	0	1	0	0	0	1	1	2	0
24	1	1	1		1	1	1	1	1	1	0	0	0	0	2

附录 C　IEEE 模板

1. 简介

IEEE 829—1998,称为 829 软件测试文档标准,作为一个 IEEE 的标准定义了一套文档用于 8 个已定义的软件测试阶段。完整的 IEEE 模板可以阅读 IEEE 网站 www.ieee.org。

2. IEEE 829

IEEE 829—1998,称为 829 软件测试文档标准,作为一个 IEEE 的标准定义了一套文档用于 8 个已定义的软件测试阶段,每个阶段可能产生自己单独的文件类型。这个标准定义了文档的格式但是没有规定它们是否必须全部被应用,也不包括这些文档中任何相关的其他标准的内容。

1) 测试计划

一个管理计划的文档。包括测试如何完成、谁来做测试、将要测试什么、测试将持续多久、测试覆盖度的需求等。

2) 测试设计规格

详细描述测试环境和期望的结果以及测试通过的标准。

3) 测试用例规格

定义用于运行于测试设计规格中所述条件的测试数据。

4) 测试过程规格

详细描述如何进行每项测试,包括每项预置条件和接下去的步骤。

5) 测试项传递报告

报告何时被测的软件组件从一个测试阶段到下一个测试阶段。

6) 测试记录

记录运行了哪个测试用例,谁运行的,以什么顺序,以及每个测试项是通过还是失败。

7) 测试附加报告

详细描述任何失败的测试项,以及实际的与之相对应的期望结果和其他旨在揭示测试为何失败的信息。这份文档之所以被命名为附加报告而不是错误报告,其原因是期望值和实际结果之间由于一些原因可能存在差异,而这并不能认为是系统存在错误。这包括期望值有误、测试被错误地执行或者对需求的理解存在差异。这个报告由以下所有附加的细节组成,例如实际结果和期望值、何时失败以及其他有助于解决问题的证据。这个报告还可能包括此附加项对测试所造成影响的评估。

8）测试摘要报告

这是一份提供所有直到测试完成都没有被提及的重要的报告，包括测试效果的评估、被测试软件系统的质量、来自测试附加报告的统计信息。这个报告还包括执行了哪些测试项、花费多少时间，用于改进以后的测试计划。这份最终的报告用于指出被测软件系统是否与项目管理者所提出的可接受标准相符合。

3. 修正

一个对 IEEE 829—1998 的修正，叫做 IEEE 829—2008，发表在 2008 年 7 月 18 号并已经被批准取代 1998 版本。IEEE 829 中可能引用到的其他标准：

- IEEE 1008，用于单元测试的标准。
- IEEE 1012，用于软件检验和验证的标准。
- IEEE 1028，用于软件检查的标准。
- IEEE 1044，用于软件异常分类的标准。
- IEEE 1044-1，软件异常分类指南。
- IEEE 1233，开发软件需求规格的指南。
- IEEE 730，用于软件质量保证计划的标准。
- IEEE 1061，用于软件质量度量和方法学的标准。
- IEEE 12207，用于软件生命周期过程和软件生命周期数据的标准。
- BSS 7925-1，软件测试术语词汇表。
- BSS 7925-2，用于软件组件测试的标准。

附录 D 软件测试工程师面试题及参考答案

1. 什么是软件缺陷?

所谓软件缺陷,即计算机软件或程序中存在的某种破坏正常运行能力的问题、错误,或者隐藏的功能缺陷。缺陷的存在会导致软件产品在某种程度上不能满足用户的需要。IEEE 729—1983 对缺陷有一个标准的定义:从产品内部看,缺陷是软件产品开发或维护过程中存在的错误、毛病等各种问题;从产品外部看,缺陷是系统所需要实现的某种功能的失效或违背。在软件开发生命周期的后期,修复检测到的软件错误的成本较高。

2. IEEE 给软件测试下的定义是什么? 它的目的是什么?

1983 年 IEEE(国际电子电气工程师协会)提出的软件工程标准术语中给软件测试下的定义是:使用人工或自动手段来运行或测定某个系统的过程,其目的在于检验它是否满足规定的需求或是弄清预期结果与实际结果之间的差别。

测试的目的就是希望能以最少的人力和时间发现潜在的各种错误和缺陷。应根据开发各阶段的需求、设计等文档或程序的内部结构精心设计测试用例,并利用这些实例来运行程序,以便发现错误。

3. 简单叙述软件测试过程及每部分的含义?

软件测试过程包括单元测试、集成测试、确认测试、系统测试、验收测试等几个环节。

(1) 单元测试。

单元测试(Unit Testing),又称模块测试,是在软件开发过程中要进行的最低级别的测试活动,或者说是针对软件设计的最小单位程序模块进行的测试工作。其目的在于发现每个程序模块内部可能存在的差错。

(2) 集成测试。

集成就是把多个单元组合起来形成更大的单元。集成测试(Integration Testing),也称为组装测试或联合测试。在单元测试的基础上,将所有模块按照设计要求组装成为子系统或系统,进行集成测试。通过实践发现,一些模块虽然能够单独地工作,但并不能保证连接起来也能正常的工作。程序在某些局部反映不出来的问题,在全局上很可能暴露出来,影响功能的实现。

(3) 确认测试。

确认测试又称有效性测试或合格性测试(Qualification Testing)。其目的是对软件产品进行评估以确定其是否满足软件需求的过程。确认测试一般通过一系列黑盒测试来实现软件确认。在测试时一般不由软件开发人员执行,而应由软件企业中独立的测试部门或第三方测试机构完成。

（4）系统测试。

系统测试（System Testing）是针对整个产品系统进行的测试,其目的是验证系统是否满足了需求规格的定义,找出与需求规格不相符或与之矛盾的地方。系统测试的对象不仅仅包括需要测试的产品系统的软件,还要包含软件所依赖的硬件、外设等。系统测试实际上是针对系统中各个组成部分进行的综合性检验,很接近人们的日常测试实践。

（5）验收测试。

验收测试即通过测试发现错误,报告异常情况,提出分析意见,然后再对其进行改错和完善、并修正。验收测试目的：向用户表明所开发的软件系统能够像用户所预定的那样工作。

4. 软件测试的几个原则是什么?

（1）尽早地和不断地进行软件测试。
（2）程序员应该避免检查自己的程序。
（3）不可能完全的测试。
（4）应该充分注意测试中的群集现象。
（5）合理安排测试计划。
（6）测试时既要考虑合法情况,也要考虑非法情况。
（7）对缺陷结果要进行一个确认过程。
（8）妥善保存测试计划、测试用例、出错统计和最终分析报告,为维护提供方便。

5. 什么是白盒测试? 白盒测试的步骤?

白盒测试（White Box Testing）又称结构测试、透明盒测试、逻辑驱动测试或基于代码的测试。白盒测试是一种测试用例设计方法,"盒子"指的是被测试的软件,"白盒"指的是盒子是可视的,你清楚盒子内部的东西以及里面是如何运作的。白盒测试法全面了解程序内部逻辑结构、对所有逻辑路径进行测试。在使用这种方法时,测试者必须检查程序的内部结构,从检查程序的逻辑着手,得出测试数据。

白盒测试的实施步骤如下所示。
（1）测试计划阶段：根据需求说明书,制定测试进度。
（2）测试设计阶段：依据程序设计说明书,按照一定规范化的方法进行软件结构划分和设计测试用例。
（3）测试执行阶段：输入测试用例,得到测试结果。
（4）测试总结阶段：对比测试的结果和代码的预期结果,分析错误原因,找到并解决错误。

6. 什么是静态测试和动态测试?

静态测试就是静态分析,不实际运行被测软件,对模块的源代码进行分析,查找错误或收集一些度量数据。

动态测试指的是实际运行被测程序,输入相应的测试数据,检查实际输出结果和预期结果是否相符的过程,所以判断一个测试属于动态测试还是静态测试,唯一的标准就是看是否运行程序。

7. 简述什么是语句覆盖、判定覆盖、条件覆盖、判定/条件覆盖、条件组合覆盖和路径覆盖?

(1) 语句覆盖:选择足够多的测试用例,使程序中每个语句至少都能被执行一次。

(2) 判定覆盖:执行足够多的测试用例,使程序中每个判定至少都获得一次"真"值和"假"值。

(3) 条件覆盖:执行足够多的测试用例,使判定中的每个条件获得各种可能的结果。

(4) 判定/条件覆盖:执行足够多的测试用例,使判定中每个条件取到各种可能的值,并使每个判定取到各种可能的结果。

(5) 条件组合覆盖:执行足够多的测试用例,使每个判定中条件的各种可能组合都至少出现一次。

(6) 路径覆盖:执行足够多的测试用例,覆盖程序中所有可能的路径。

8. 什么是黑盒测试?

黑盒测试(Black Box Testing)也称功能测试,它是通过测试来检测每个功能是否都能正常使用。在测试中,把程序看作一个不能打开的黑盒子,在完全不考虑程序内部结构和内部特性的情况下,在程序接口进行测试,它只检查程序功能是否按照需求规格说明书的规定正常使用,程序是否能适当地接收输入数据而产生正确的输出信息。黑盒测试着眼于程序外部结构,不考虑内部逻辑结构,主要针对软件界面和软件功能进行测试。

软件黑盒测试是以用户的角度,从输入数据与输出数据的对应关系出发进行测试的。很明显,如果外部特性本身有问题或规格说明的规定有误,用黑盒测试方法是发现不了的。

9. 什么是驱动模块和桩模块?

驱动模块(Driver):用以模拟待测模块的上级模块;接收测试数据,并传送给待测模块,启动待测模块,并打印出相应的结果。

桩模块(Stub):也称存根程序。用以模拟待测模块工作过程中所调用的模块。桩模块由待测模块调用,它们一般只进行很少的数据处理,例如打印入口和返回,以便于检验待测模块与其下级模块的接口。

10. 什么是非渐增式集成?

非渐增式集成(Big-Bang Integration)又称一次性集成或大棒式集成,首先对每个子模块进行测试(即单元测试),然后将所有模块全部集成起来一次性进行集成测试。

11. 什么是三明治集成?

三明治集成(Sandwich Integration)又称混合集成,综合了自顶向下和自底向上两种集成方法的优点。桩模块和驱动模块的开发工作都比较小。其代价是一定程度上增加了定位缺陷的难度。

12. 简述压力测试与性能测试的联系与区别？

压力测试用来保证产品发布后系统能否满足用户需求，关注的重点是系统整体；性能测试可以发生在各个测试阶段，即使是在单元层，一个单独模块的性能也可以进行评估。

压力测试是通过确定一个系统的瓶颈，来获得系统能提供的最大服务级别的测试。性能测试是检测系统在一定负荷下的表现，是正常能力的表现；而压力测试是极端情况下的系统能力的表现。

13. 简述容量测试与压力测试的区别？

压力测试与容量测试十分相近。二者都是检测系统在特定情况下，能够承担的极限值。

（1）然而两者的侧重点有所不同，压力测试主要是使系统承受速度方面的超额负载，例如一个短时间之内的吞吐量。

（2）容量测试关注的是数据方面的承受能力，并且它的目的是显示系统可以处理的数据容量。

（3）容量测试往往应用于数据库方面的测试。数据库容量测试使测试对象处理大量的数据，以确定是否达到了将使软件发生故障的极限。容量测试还将确定测试对象在给定时间内能够持续处理的最大负载或工作量。

压力测试和容量测试的测试方法有相通的地方，在实际测试工作中，往往结合起来进行以提高测试效率。

14. 什么是安全性测试？

安全性测试（Security Testing）是有关验证系统的安全性和识别潜在安全性缺陷的过程。其目的是为了发现软件系统中是否存在安全漏洞。软件安全性是指在非正常条件下不发生安全事故的能力。

15. 简述什么是模拟攻击试验？ 主要包括哪些？

模拟攻击试验是一组特殊的黑盒测试案例，通常以模拟攻击来验证软件或信息系统的安全防护能力，包括冒充、重演、消息篡改、口令猜测、拒绝服务、陷阱、木马、内部攻击、和外部攻击等。

16. 什么是可靠性测试？

可靠性测试（Reliability Testing）也称可靠性评估，指根据软件系统可靠性结构、寿命类型和各单元的可靠性试验信息，利用概率统计方法，评估出系统的可靠性特征量。

17. 什么是健壮性测试？

健壮性测试(Robustness Testing)用于测试系统在出现故障时，是否能够自动恢复或者忽略故障继续运行。为了使系统具有良好的健壮性，要求设计人员在做系统设计时必须周密细致，尤其要注意妥善地进行系统异常的处理。

18. 什么是兼容测试？

兼容测试(Compatibility Test)是指检查软件之间以及软件与硬件之间是否能够正确地进行交互和共享信息，即兼容性的测试。

19. 什么是可用性测试？

可用性测试(Usability Testing)是指选取有代表性的用户尝试对产品进行典型操作，同时观察员和开发人员在一旁观察、聆听、做记录，用来改善易用性的一系列方法。该产品可能是一个网站、软件或者其他任何产品，它可能尚未成型。

20. 什么是安装测试？

安装测试(Installation Testing)，确保该软件在正常情况和异常情况的不同条件下，首次安装、升级、完整的或自定义的安装都能进行安装。异常情况包括磁盘空间不足、缺少目录创建权限等。核实软件在安装后可立即正常运行。安装测试包括测试安装代码以及安装手册。安装手册提供如何进行安装，安装代码提供安装一些程序能够运行的基础数据。

21. 什么是容错性测试？

容错性测试也称负面测试(negative test)、例外测试(exception test)，主要检查系统的容错能力，检查软件在异常条件下自身是否具有防护性的措施或者某种灾难性恢复的手段。

容错性测试是检查软件在异常条件下的行为。容错性好的软件能确保系统不发生无法意料的事故。当系统出错时，能否在指定时间间隔内修正错误并重新启动系统。

22. 什么是配置测试？

配置测试(Configuration Testing)是指在不同的系统配置下能否正确工作，配置包括软件、硬件、网络等。配置测试主要是针对硬件，其测试过程是测试目标软件在具体硬件配置情况下，出不出现问题，为的是发现硬件配置可能出现的问题。有时经常会与兼容性测试或安装测试一起进行。硬件配置分为以下几类：PC、组件、外围设备、接口、选项和内存、设备驱动等。

23. 什么是冒烟测试？

冒烟测试(Smoke Testing)在测试中发现问题，找到了一个缺陷，然后开发人员会来修复这个缺陷。这时想知道这次修复是否真的解决了程序的缺陷,或者是否会对其他模块造成影响,就需要针对此问题进行专门测试,这个过程就被为冒烟测试。

24. 什么是 GUI?

图形用户界面(Graphical User Interface,GUI)是计算机软件与用户进行交互的主要方式。GUI 软件测试是指对使用 GUI 的软件进行的软件测试。

25. 什么是文档测试?

文档测试(Documentation Testing)是提交给用户的文档进行验证,目标是验证软件文档是否正确记录系统的开发全过程的技术细节。通过文档测试可以改进系统的可用性、可靠性、可维护性和安装性。

26. 什么是网站测试?

网站测试是指当一个网站制作完上传到服务器之后针对网站的各项性能所做的检测工作。它与软件测试有一定的区别,其除了要求外观的一致性以外,还要求其在各个浏览器下的兼容性,以及在不同环境下的显示差异。

27. 什么是恢复测试?

恢复测试(Recovery Testing)是指采取各种人工干预方式强制性地使软件出错,使其不能正常工作,进而检验系统的恢复能力。恢复测试通过测试一个系统从如下灾难中能否很好地恢复,如遇到系统崩溃、硬件损坏或其他灾难性问题。恢复测试时通过人为地让软件(或者硬件)出现故障来检测系统是否能正确恢复,通常关注恢复所需的时间以及恢复的程度。

28. 什么是协议测试?

协议测试(Protocol Testing)是用来保证协议实现的正确性和有效性的重要手段。协议测试已经成为计算机网络和分布式系统协议工程学中最活跃的领域之一。近年来,协议一致性测试技术得到了很好的发展和完善。

29. 什么是验收测试?

验收测试(Acceptance Testing)是部署软件之前的最后一个测试操作。在软件产品完成了功能测试和系统测试之后、产品发布之前所进行的软件测试活动,它是技术测试的最后一个阶段,也称为交付测试。验收测试的目的是确保软件准备就绪,并且可以让最终用户将其用于执行软件的既定功能和任务。

30. 简述什么是 α 测试和 β 测试?

α 测试是指软件开发公司组织内部人员模拟各类用户行为对即将面市软件产品(称为 α 版本)进行测试,试图发现错误并修正。α 测试的关键在于尽可能逼真地模拟实际运行环境和用户对软件产品的操作并尽最大努力涵盖所有可能的用户操作方式。经过 α 测试调整的软件产品称为 β 版本。紧随其后的 β 测试是指软件开发公司组织各方面的典型用户在日常工作中实际使用 β 版本,并要求用户报告异常情况、提出批评意见。然后软件开发公司再对 β 版本进行改错和完善。

31. 为什么需要软件评审呢?

提高项目的生产率,这是由于早期发现了错误,因而减少了返工时间,还可能减少测试时间;改善软件的质量;在评审过程中,使开发团队的其他成员更熟悉产品和开发过程;通过评审,标志着软件开发的一个阶段的完成。

32. 简述软件评审的几个阶段?

概要设计评审:在软件概要设计结束后必须进行概要设计评审,以评价软件设计说明书中所描述的软件概要设计在总体结构、外部接口、主要部件功能分配、全局数据结构以及各主要部件之间的接口等方面的合适性。

详细设计评审:在软件详细设计阶段结束后必须进行详细设计评审,以评价软件验证与确认计划中所规定的验证与确认方法的合适性与完整性。

数据库设计评审:在数据库设计阶段结束后必须进行数据库设计评审,以评价数据库的结构设计及运用设计的合适性。

测试评审:测试评审主要对测试的各个环节进行评审。

33. 自动化软件测试的含义是什么?

自动化软件测试,用自动化测试工具来进行全部或部分测试,这类测试一般不需要人为干预,通常在 GUI、性能等测试和功能测试中用得较多。通过录制测试脚本,然后执行这个测试脚本实现测试过程的自动化。软件测试自动化是软件测试的一个重要组成部分,它能完成许多手工测试无法实现或难以实现的测试。正确、合理地实施自动测试,能够快速、全面地对软件进行测试,从而提高软件质量,节省经费,缩短软件发布周期。

34. 什么是功能测试工具?

功能测试工具主要用于检测被测程序能否达到预期的功能要求并能正常运行。功能测试工具一般采用脚本录制(Record)/回放(Playback)原理,模拟用户的操作,然后将被测系统的输出记录下来,并同预先给定的标准结果进行比较。在回归测试中使用功能测试工具,可以大大减轻测试人员的工作量,提高测试效果。功能测试工具不太适合于版本变动较大的软件。

主流的黑盒功能测试工具包括 Mercury Interactive 公司的 WinRunner、QTP,IBM Rational 公司的 TeamTest 和 Robot,Compuware 公司的 QACenter 等。

35. 什么是测试管理工具?

测试管理工具是指帮助完成制定测试计划、跟踪测试运行结果等的工具。测试管理工具主要对软件缺陷、测试计划、测试用例、测试实施进行管理。一个小型软件项目可能有数千个测试用例要执行,使用捕获/回放工具可以建立测试并使其自动执行,但仍需要测试管理工具对成千上万个杂乱无章的测试用例进行管理。

测试管理工具的代表有 Rational 公司的 Test Manager、Compureware 公司的 TrackRecord 等软件。

36. 软件测试存在哪些误区?

（1）忽视需求阶段的参与。

（2）软件开发完成后进行软件测试。

（3）期望短期通过增加软件测试投入,迅速达到零缺陷率。

（4）规范化软件测试使项目成本增加。

（5）期望用测试自动化代替大部分人工劳动。

（6）软件测试是技术要求不高的岗位。

（7）软件发布后如果发现质量问题,那是软件测试人员的错。

（8）软件测试是测试人员的事情,与程序员无关。

（9）项目进度吃紧时可以少做些测试,等到时间富裕时再多做测试。

附录 E 全国计算机等级考试四级软件测试工程师练习题

一、选择题（每小题 2 分,共 50 分）

1. 软件生存周期过程中,修改错误代价最大的阶段是_____。
   A. 需求阶段　　　　B. 设计阶段　　　　C. 编程阶段　　　　D. 发布运行阶段

2. 下面说法正确的是_____。
   A. 我们无法测试一个程序确认它没有错误
   B. 黑盒测试是逻辑驱动的测试
   C. 穷举测试一定可以暴露数据敏感错误
   D. 白盒测试是一种输入输出驱动的测试

3. 软件测试的目的是_____。
   A. 评价软件的质量　　　　　　　　　B. 发现软件的错误
   C. 找出软件中所有的错误　　　　　　D. 证明软件是正确的

4. 不用执行程序,目的是收集有关程序代码的结构信息,这一过程是_____。
   A. 性能测试　　　　B. 静态分析　　　　C. 增量测试　　　　D. 大突击测试

5. 测试程序时不在机器上直接运行程序,而是采用人工检查或计算机辅助静态分析的手段检查程序,这种测试称为_____。
   A. 白盒测试　　　　B. 黑盒测试　　　　C. 静态测试　　　　D. 动态测试

6. 下列有关黑盒测试的叙述中,错误的是_____。
   A. 黑盒测试是在不考虑源代码的情形下进行的一种软件测试方法
   B. 最好有测试人员、最终用户和开发人员组成的团队来实施黑盒测试
   C. 黑盒测试主要是通过对比和分析实测结果和预期结果来发现它们之间的差异,所以黑盒测试又称为"数据驱动"测试
   D. 数据流测试是一种黑盒测试方法

7. 在边界值分析中,下列数据通常不用来作为测试数据的是_____。
   A. 正好等于边界的值　　　　　　　　B. 等价类中的典型值
   C. 刚刚大于边界的值　　　　　　　　D. 刚刚小于边界的值

8. 下列测试方法中不属于黑盒测试的是_____。
   A. 基本路径测试法　　　　　　　　　B. 等价类分析法
   C. 边界值分析法　　　　　　　　　　D. 正交表测试法

9. 因果图法最终生成的是_____。

    A. 输入输出关系   B. 正交表   C. 等价类   D. 决策表

10. 一个用户的应用系统通常有用户管理功能,可以增加新用户,假设规定用户名必须以字母开头,不超过 8 个字符的字母数字串,那么,下面那组值属于用户名的有效等价类_____。

    A. a111111,L,Liu-Yie,Lin-feng

    B. L1,A111111,glenford,123h123

    C. Linyifei,a111111,glenford,Myers

    D. Linyifei,a111111,glenford,G.Myers

11. 在软件测试用例设计的方法中,最常用的方法是黑盒测试和白盒测试,其中不属于白盒测试关注的是_____。

    A. 程序结构   B. 软件外部功能   C. 程序正确性   D. 程序内部逻辑

12. 以程序内部的逻辑结构为基础的测试用例设计技术属于_____。

    A. 灰盒测试   B. 数据测试   C. 黑盒测试   D. 白盒测试

13. 代码走查的目的是_____。

    A. 发现缺陷、遗漏和矛盾的地方

    B. 确认程序逻辑与程序规格说明的一致性

    C. 验证需求变更的一致性

    D. 证明程序确认是按照用户的需求工作的

14. 如果程序通过了 100% 的代码覆盖率测试,则说明程序满足了_____。

    A. 语句覆盖   B. 编程规范   C. 设计规格   D. 功能需求

15. 设计一段程序如下:

```
If ((a==b) and ((c==d) or (e==f))) do S1
Else if ((p==q) or (s==t)) do S2
Else do S3
```

满足判定/条件覆盖(分支-谓词覆盖)的要求,最少的测试用例数目是_____。

    A. 6   B. 8   C. 3   D. 4

16. 如果一个判定中的复合条件表达式为 $(A>0)OR(B\leq3)$,则为了达到 100% 的判定覆盖率,至少需要设计多少个测试用例_____。

    A. 1   B. 2   C. 3   D. 4

17. 路径覆盖必定满足_____。

    A. 语句覆盖   B. 条件覆盖

    C. 判定/条件覆盖   D. 条件组合覆盖

18. 下列几种逻辑覆盖标准中,设计足够的测试用例,运行被测程序,使得程序中所有可能的路径至少执行一次,称为_____。

    A. 判定覆盖   B. 条件覆盖   C. 语句覆盖   D. 路径覆盖

19. 阅读下列程序:

```
Int func(int a,b,c)
```

```
{
Int k=1;
If ((a>0) || (b<0) || (a+c>0)) k=k+a;
  Else k=k+b;
  If (c>0) k=k+c;
  Return k;
}
```

采用测试用例：(a,b,c)＝(1,1,−1)、(1,1,1)、(−1,1,1)、(0,1,1)，那么，可以实现的逻辑覆盖是_____。

    A. 判定覆盖　　　　B. 条件覆盖　　　　C. 语句覆盖　　　　D. 条件组合覆盖

20. 如果程序中有两个判定,其组合条件表达式分别是(a>＝3)and(b<＝0)以及(a>＝0)or(c<2)),为了达到 100％的判定覆盖,至少需要设计的测试用例个数为_____。

    A. 1　　　　　　　B. 2　　　　　　　C. 3　　　　　　　D. 4

21. 在以下有关集成测试的说法中,错误的说法是_____。

    A. 自底向上集成的缺点是在早期不能进行并行测试,不能充分利用人力

    B. 自底向上集成的优点是减少了编写桩模块的工作量

    C. 自顶向下集成的优点是能够较早地发现在高层模块接口、控制等方面的问题

    D. 自顶向下集成的缺点是需要设计许多的桩模块,测试的开销较大

22. 下面有关渐增式集成和非渐增式集成的说法中错误的是_____。

    A. 非渐增式集成测试方法把单元测试和集成测试分成两个不同的阶段,而渐增式集成测试方法往往把单元测试和集成测试合在一起同时完成

    B. 渐增式集成需要较多的工作量,而非渐增式集成需要的工作量较少

    C. 渐增式集成可以较早地发现接口错误,而非渐增式集成直到最后组装时才能发现接口上的问题

    D. 渐增式集成容易定位和改正错误,而非渐增式集成发现错误较迟且较能判断错误位置

23. 用来代替被测模块的子模块的是_____。

    A. 驱动模块　　　　B. 桩模块　　　　C. 调用模块　　　　D. 配置模块

24. 下列关于α测试的描述中错误的是_____。

    A. α测试需要用户代表参加　　　　B. α测试不需要用户代表参加

    C. α测试是系统测试的一种　　　　D. α测试不属于验收测试

25. 通常对于网站系统,关于用户数的统计主要有_____。

    A. 注册用户数　　　　B. 在线用户数

    C. 同时发请求用户数　　　　D. 以上全部

二、论述题(每小题 10 分,共 50 分)

1. 以下是某软件项目规格说明,请按要求回答问题。

某一软件项目规格说明：对于处于提交审批状态的单据，数据完成率达到 80％以上或已经过业务员确认，则进行处理。

(1) 确定软件规格中的原因和结果。

(2) 画出对应的因果图。

(3) 把因果图转换为决策表。

2. 以下是某 C 程序段，其功能是计算输入数字的阶乘，请仔细阅读程序并完成要求。

```
#include<studio.h>
#include<studlib.h>
int main()
{
int i=0;        /* i 为计数器 */
int n;
int f=1        /* 保存阶乘的结果 */
Puts("please input the number n:");
Scanf("%d", &n);
if (n<=0)        /* 判断输入的数是否大于或等于 0 */
{
Printf("please input an interger>=0. \n");
Return 0;
}
if (n==0)        /* 0 的阶乘为 1 */
{
Printf("factorial of 0 is 1. \n");
Return 0;
}
i=1;
While (i<=n)
{
F=f * I;
i++;
}
Printf("factorial of  %d is: %d.\n", n, f);
Getch();
Return 0;
}
```

(1) 画出此程序的控制流图。

(2) 设计一组测试用例，使该程序的语句覆盖率和分支覆盖率均能达到100％。如果该程序的语句覆盖率和分支覆盖率无法达到100％，则说明为什么。

3. 我国很多城市的固定电话号码由三部分组成：

• 地区码,空白或三位数字。

• 电话号码,以非 0、非 1 开头的三位数字。

- 电话号码后缀,四位数字。

试根据等价类划分法设计有效等价类和无效等价类? 并设计测试用例?

4. 有关个人信息输入问题。在一个信息系统中,员工信息查询功能是常见的功能。例如,设有 3 个独立的查询条件,以获得特定员工的个人信息。如果采用正交表测试,试写出有哪几个因素,每个因素有哪几个水平;选择合适正交表,并设计测试用例。

```
员工号(ID):
员工姓名(Name):
员工邮件地址(Mail Address):
```

5. 用白盒法测试以下程序段,画出程序的控制流图。

```
Procedure(VAR A,B,X: REAL);
BEGIN
  IF (A>2) AND (B=0)
      THEN  X:=X/A;
  IF (A=4)  OR  (X>1)
      THEN  X:=X+1
END;
```

(1) 按照"语句覆盖准则"设计测试用例,并说明执行路径。

(2) 按照"判定覆盖"设计测试用例,并说明执行路径。

(3) 按照"条件覆盖"设计测试用例,并说明执行路径和条件取值。

(4) 按照"判定/条件覆盖"设计测试用例,并说明执行路径和条件取值。

(5) 按照"条件组合覆盖"设计测试用例,并说明执行路径、条件取值和覆盖组合。

(6) 按照"路径覆盖"设计测试用例,并说明执行路径。

参 考 文 献

[1] （美）Ron Patton. 软件测试[M]. 第 2 版. 张小松译. 北京：机械工业出版社,2012.

[2] （美）Glenford J Myers,Tom Badgett,Corey Sandler 著. 软件测试的艺术[M]. 张晓明,黄琳译. 北京：机械工业出版社,2006.

[3] （美）Rattonl R. 软件测试：英文版[M]. 第 2 版. 北京：机械工业出版社,2006.

[4] 周元哲编著. 软件测试教程[M]. 北京：机械工业出版社,2010.

[5] 宫云战主编. 软件测试教程[M]. 北京：机械工业出版社,2009.

[6] 朱少民编著. 软件测试[M]. 北京：人民邮电出版社,2009.

[7] 郑人杰,许静,于波编著. 软件测试[M]. 北京：人民邮电出版社,2011.

[8] 佟伟光主编. 软件测试技术[M]. 北京：人民邮电出版社,2010.

[9] 徐光侠,韦庆杰主编. 软件测试技术教程[M]. 北京：人民邮电出版社,2011.

[10] 路晓丽,葛玮编著. 软件测试技术[M]. 北京：机械工业出版社,2007.

[11] 徐芳主编. 软件测试技术[M]. 北京：机械工业出版社,2011.

[12] 贺平编著. 软件测试技术[M]. 北京：机械工业出版社,2004.

[13] 朱少民主编. 软件测试方法和技术[M]. 北京：清华大学出版社,2005.

[14] 陈汶滨,朱晓梅,任冬梅编著. 软件测试技术基础[M]. 北京：清华大学出版社,2008.

[15] 陈明编著. 软件测试技术[M]. 北京：清华大学出版社,2011.

[16] 杜庆峰编著. 高级软件测试技术[M]. 北京：清华大学出版社,2011.

[17] 李海生,郭锐编著. 软件测试技术案例教程[M]. 北京：清华大学出版社,2013.

[18] 姚茂群主编. 软件测试技术与实践[M]. 北京：清华大学出版社,2012.

[19] 温艳冬,王法胜编著. 实用软件测试教程[M]. 北京：清华大学出版社,2011.

[20] 杜文洁主编. 软件测试教程[M]. 北京：清华大学出版社,2008.

[21] 张海藩编著. 软件工程导论[M]. 第 5 版. 北京：清华大学出版社,2008.

[22] 古乐,史九林编著. 软件测试技术概论[M]. 北京：清华大学出版社,2004.

[23] 林宁等主编. 软件测试实用指南[M]. 北京：清华大学出版社,2004.

[24] 邓武,李雪梅主编. 软件测试技术与实践[M]. 北京：清华大学出版社,2012.

[25] 秦航,杨强主编. 软件质量保证与测试[M]. 北京：清华大学出版社,2012.

[26] 库波,杨国勋主编. 软件测试技术[M]. 北京：中国水利水电出版社,2010.

[27] 曲朝阳,刘志颖等编著. 软件测试技术[M]. 北京：中国水利水电出版社,2006.

[28] 傅兵编著. 实用软件测试技术[M]. 北京：北京交通大学出版社,2013.

[29] 严云洋,胡家义编著. 全国计算机等级考试专业辅导教程 2012 版. 四级软件测试工程师[M]. 北京：电子工业出版社,2012.

[30] 孙海英等编著. 软件测试方法与应用[M]. 北京：中国铁道出版社,2009.

[31] 赵瑞莲主编. 软件测试[M]. 北京：高等教育出版社,2008.

[32] 宫云战,杨朝红,金大海,等著.软件缺陷模式与测试[M].北京:科学出版社,2011.

[33] 赵斌编著.软件测试技术经典教程[M].北京:科学出版社,2007.

[34] 段念编著.软件性能测试过程详解与案例剖析[M].北京:清华大学出版社,2006.

[35] 51 testing 软件测试网 http://www.51testing.com/.

[36] 泽众软件 http://www.spasvo.com/.

[37] 谷歌网 http://www.google.com/.

[38] 百度网[OL]. http://www.baidu.com/.

[39] 领测国际[OL]. http://www.ltesting.net/.

[40] IBM developerWorks[OL]. https://www.ibm.com/developerworks/cn/.

[41] Test8848[OL]. http://www.testage.net/.

[42] http://www.testingstuff.com/.

[43] http://www.softwareqatest.com/.

[44] http://www.testing.com/.

[45] http://www.csdn.net/.

[46] http://www.uml.org.cn/.